U0336885

总主编 伍 江 副总主编 雷星晖

陈家斌 张亚雷 著

几种PPCPs的毒性作用及降解反应研究

Toxic Effect and Degradation Mechanism of Several PPCPs

内 容 提 要

本书从污染物跨膜输运途径、与大分子相互作用、个体毒性表现3个方面综合阐述了 PPCPs 污染物的致毒作用;从反应机制角度出发,为从分众、细胞和个体水平上解释污染物的致毒机理奠定理论基础;且通过 PPCPs 降解反应的机理研究对 PPCPs 的污染控制提供理论基础和技术保障。

本书可为从事同类污染物研究的研究人员、高校科研人员提供强有力的实验依据、机理分析,可作为理论基础用于实验教学。

图书在版编目(CIP)数据

几种 PPCPs 的毒性作用及降解反应研究 / 陈家斌,张亚雷著.
—上海:同济大学出版社,2017.5
(同济博士论丛 / 伍江总主编)
ISBN 978-7-5608-6936-0

Ⅰ.①几… Ⅱ.①陈… ②张… Ⅲ.①污染物—毒性—研究 ②污染物—降解反应—研究 Ⅳ.①X5

中国版本图书馆 CIP 数据核字(2017)第 090264 号

几种 PPCPs 的毒性作用及降解反应研究

陈家斌　张亚雷　著

出 品 人　华春荣　　责任编辑　葛永霞　胡晗欣
责任校对　徐春莲　　封面设计　陈益平

出版发行　同济大学出版社　　www.tongjipress.com.cn
(地址:上海市四平路1239号　邮编:200092　电话:021-65985622)
经　　销　全国各地新华书店
排版制作　南京展望文化发展有限公司
印　　刷　浙江广育爱多印务有限公司
开　　本　787 mm×1092 mm　1/16
印　　张　14
字　　数　280 000
版　　次　2017年5月第1版　2017年5月第1次印刷
书　　号　ISBN 978-7-5608-6936-0

定　　价　66.00元

“同济博士论丛”编写领导小组

组　　长：杨贤金　钟志华

副 组 长：伍　江　江　波

成　　员：方守恩　蔡达峰　马锦明　姜富明　吴志强
　　　　　徐建平　吕培明　顾祥林　雷星晖

办公室成员：李　兰　华春荣　段存广　姚建中

“同济博士论丛”编辑委员会

袁万城　莫天伟　夏四清　顾　明　顾祥林　钱梦騄
徐　政　徐　鉴　徐立鸿　徐亚伟　凌建明　高乃云
郭忠印　唐子来　闫耀保　黄一如　黄宏伟　黄茂松
戚正武　彭正龙　葛耀君　董德存　蒋昌俊　韩传峰
童小华　曾国荪　楼梦麟　路秉杰　蔡永洁　蔡克峰
薛　雷　霍佳震

秘书组成员： 谢永生　赵泽毓　熊磊丽　胡晗欣　卢元姗　蒋卓文

总序

在同济大学110周年华诞之际，喜闻"同济博士论丛"将正式出版发行，倍感欣慰。记得在100周年校庆时，我曾以《百年同济，大学对社会的承诺》为题作了演讲，如今看到付梓的"同济博士论丛"，我想这就是大学对社会承诺的一种体现。这110部学术著作不仅包含了同济大学近10年100多位优秀博士研究生的学术科研成果，也展现了同济大学围绕国家战略开展学科建设、发展自我特色，向建设世界一流大学的目标迈出的坚实步伐。

坐落于东海之滨的同济大学，历经110年历史风云，承古续今、汇聚东西，秉持"与祖国同行、以科教济世"的理念，发扬自强不息、追求卓越的精神，在复兴中华的征程中同舟共济、砥砺前行，谱写了一幅幅辉煌壮美的篇章。创校至今，同济大学培养了数十万工作在祖国各条战线上的人才，包括人们常提到的贝时璋、李国豪、裘法祖、吴孟超等一批著名教授。正是这些专家学者培养了一代又一代的博士研究生，薪火相传，将同济大学的科学研究和学科建设一步步推向高峰。

大学有其社会责任，她的社会责任就是融入国家的创新体系之中，成为国家创新战略的实践者。党的十八大以来，以习近平同志为核心的党中央高度重视科技创新，对实施创新驱动发展战略作出一系列重大决策部署。党的十八届五中全会把创新发展作为五大发展理念之首，强调创新是引领发展的第一动力，要求充分发挥科技创新在全面创新中的引领作用。要把创新驱动发展作为国家的优先战略，以科技创新为核心带动全面创新，以体制机制改革激发创新活力，以高效率的创新体系支撑高水平的创新型国家建设。作为人才培养和科技创新的重要平台，大学是国家创新体系的重要组成部分。同济大学理当围绕国家战略目标的实现，作出更大的贡献。

大学的根本任务是培养人才，同济大学走出了一条特色鲜明的道路。无论是本科教育、研究生教育，还是这些年摸索总结出的导师制、人才培养特区，"卓越人才培养"的做法取得了很好的成绩。聚焦创新驱动转型发展战略，同济大学推进科研管理体系改革和重大科研基地平台建设。以贯穿人才培养全过程的一流创新创业教育助力创新驱动发展战略，实现创新创业教育的全覆盖，培养具有一流创新力、组织力和行动力的卓越人才。"同济博士论丛"的出版不仅是对同济大学人才培养成果的集中展示，更将进一步推动同济大学围绕国家战略开展学科建设、发展自我特色、明确大学定位、培养创新人才。

面对新形势、新任务、新挑战，我们必须增强忧患意识，扎根中国大地，朝着建设世界一流大学的目标，深化改革，勠力前行！

万　钢

2017 年 5 月

论丛前言

承古续今，汇聚东西，百年同济秉持“与祖国同行、以科教济世”的理念，注重人才培养、科学研究、社会服务、文化传承创新和国际合作交流，自强不息，追求卓越。特别是近20年来，同济大学坚持把论文写在祖国的大地上，各学科都培养了一大批博士优秀人才，发表了数以千计的学术研究论文。这些论文不但反映了同济大学培养人才能力和学术研究的水平，而且也促进了学科的发展和国家的建设。多年来，我一直希望能有机会将我们同济大学的优秀博士论文集中整理，分类出版，让更多的读者获得分享。值此同济大学110周年校庆之际，在学校的支持下，“同济博士论丛”得以顺利出版。

“同济博士论丛”的出版组织工作启动于2016年9月，计划在同济大学110周年校庆之际出版110部同济大学的优秀博士论文。我们在数千篇博士论文中，聚焦于2005—2016年十多年间的优秀博士学位论文430余篇，经各院系征询，导师和博士积极响应并同意，遴选出近170篇，涵盖了同济的大部分学科：土木工程、城乡规划学(含建筑、风景园林)、海洋科学、交通运输工程、车辆工程、环境科学与工程、数学、材料工程、测绘科学与工程、机械工程、计算机科学与技术、医学、工程管理、哲学等。作为“同济博士论丛”出版工程的开端，在校庆之际首批集中出版110余部，其余也将陆续出版。

博士学位论文是反映博士研究生培养质量的重要方面。同济大学一直将立德树人作为根本任务，把培养高素质人才摆在首位，认真探索全面提高博士研究生质量的有效途径和机制。因此，“同济博士论丛”的出版集中展示同济大学博士研究生培养与科研成果，体现对同济大学学术文化的传承。

"同济博士论丛"作为重要的科研文献资源，系统、全面、具体地反映了同济大学各学科专业前沿领域的科研成果和发展状况。它的出版是扩大传播同济科研成果和学术影响力的重要途径。博士论文的研究对象中不少是"国家自然科学基金"等科研基金资助的项目，具有明确的创新性和学术性，具有极高的学术价值，对我国的经济、文化、社会发展具有一定的理论和实践指导意义。

"同济博士论丛"的出版，将会调动同济广大科研人员的积极性，促进多学科学术交流、加速人才的发掘和人才的成长，有助于提高同济在国内外的竞争力，为实现同济大学扎根中国大地，建设世界一流大学的目标愿景做好基础性工作。

虽然同济已经发展成为一所特色鲜明、具有国际影响力的综合性、研究型大学，但与世界一流大学之间仍然存在着一定差距。"同济博士论丛"所反映的学术水平需要不断提高，同时在很短的时间内编辑出版110余部著作，必然存在一些不足之处，恳请广大学者，特别是有关专家提出批评，为提高同济人才培养质量和同济的学科建设提供宝贵意见。

最后感谢研究生院、出版社以及各院系的协作与支持。希望"同济博士论丛"能持续出版，并借助新媒体以电子书、知识库等多种方式呈现，以期成为展现同济学术成果、服务社会的一个可持续的出版品牌。为继续扎根中国大地，培育卓越英才，建设世界一流大学服务。

伍　江

2017年5月

前言

近年来，新兴污染物对全球环境和人类健康的潜在危害越来越引起各国政府、学术界和公众的重视，现已成为一个倍受关注的全球性环境问题。本文选择几种被广泛关注的药品和个人护理品（PPCPs），如三氯生（TCS）、双氯芬酸（DCF）、β-内酰胺抗生素为研究对象，首先研究了污染物对斑马鱼胚胎的毒性作用，重点从污染物的跨膜输运过程、胚胎发育内在分子机制和外观毒性表现3方面综合分析污染物的毒性作用；随后采用荧光光谱、毛细管电泳、圆二色谱、平衡透析等方法研究了污染物与人血清白蛋白（HSA）的结合反应，以及该结合反应对HSA的结构和功能的影响；然后就常见过渡金属离子对β-内酰胺抗生素的降解反应机理进行了深入的研究，重新审视了金属铜离子在β-内酰胺抗生素降解中所起的作用，探讨了目标污染物分子结构和降解反应的内在关联性；最后采用基于硫酸根自由基的新型氧化技术氧化降解β-内酰胺抗生素，重点研究了污染物和金属铜离子络合物的电子转移在降解反应中的作用，评估了合成方法对纳米磁铁矿颗粒表观特性和活化过硫酸盐（$S_2O_8^{2-}$）性能的影响，探讨了金属铜离子在磁铁矿表面的界面化学反应特性以及协同活化$S_2O_8^{2-}$性能。对PPCPs的毒性作用和降解反应的研究，将对保护人类健康及生态系统安全具有重要理论价值，同时也为

PPCPs 的污染控制提供理论基础和技术保障。本文研究内容主要包括以下 4 个方面：

（1）以斑马鱼胚胎为研究对象，从污染物的跨膜输运过程，胚胎发育内在分子机制和外观毒性表现 3 方面综合分析污染物的毒性作用，具体结果如下：

① 跨膜输运。DCF 在低浓度时通过分配作用进入膜上和膜内；高浓度时通过非共价键综合作用吸附于胚胎表面，符合 Freundlich 模型。大部分 DCF 都停留在胚胎膜外，而只有少于 5% 的 DCF 与胚胎膜发生相互作用。TCS 主要通过疏水性作用分配进入膜上和膜内。膜外、膜上、膜内 TCS 分布的比例约为 2∶1∶2。

② 毒性表现。斑马鱼胚胎暴露 DCF 后主要为心血管毒性和神经毒性，毒性表型包括诱导斑马鱼心包水肿、循环系统异常及身体水肿、肝脏缺失、躯干/尾变短、下颌畸形、眼变小、肠道缺失、肌肉变性、体节异常、着色异常。而暴露于 TCS 后有肝脏毒性，心血管毒性以及肠道毒性，毒性表型包括肝脏缺失、变小和变性，卵黄囊吸收延迟，心包水肿、血流变慢，肠道褶皱缺失或者变少。

③ 内在分子毒性机制。DCF 会抑制 Wnt3a 和 Gata4 基因的表达，但是上调 Wnt8a 基因的表达，但对 Nkx2.5 表达的影响与浓度有关，低浓度时为抑制，高浓度时增加。这些基因表达的异常会导致心血管系统和神经系统发育异常。

（2）采用荧光光谱、毛细管电泳、圆二色谱、平衡透析等方法，研究了 TCS、DCF 和 HSA 的相互作用，具体结果如下：

① DCF 与 HSA 的结合常数为 3.36×10^{4}，结合位点数为 8.1，两者相互作用力以疏水性作用占主导，同时也存在静电引力作用。而 TCS 主要以氢键和疏水性作用结合在 HSA 上，结合距离为 1.81 nm，发生非辐射能量转移形成复合物。

② DCF 或 TCS 与 HSA 结合后，导致 HSA 中色氨酸和铬氨酸残基微环境极性改变，蛋白质多肽链骨架展开，二级结构发生改变，从而影响 HSA 对维生素 B_2 的载运功能。

(3) 从氧化还原和水解催化角度研究了 Cu^{II} 对 β-内酰胺抗生素的降解反应，探讨了目标污染物分子结构和降解途径的内在关联性，具体结果如下：

① 青霉素 G(PG) 被 Cu^{II} 催化降解速度快于阿莫西林(AMX)和氨比西林(AMP)；苯基甘氨酸类头孢降解速度慢于青霉素，快于非苯基甘氨酸类头孢；无氧条件下，青霉素和苯基甘氨酸类头孢降解最终趋于停滞，而氧气可以迅速提高它们的降解效率。

② PG 在 pH 7.0 和 9.0 时先被 Cu^{II} 催化水解成青霉素 G 噻唑酸(BPC)，BPC 随后被 Cu^{II} 直接氧化，最终转化为苯基乙酰胺；与此同时，Cu^{II} 被还原为 Cu^{I}，Cu^{I} 在有氧条件下能够重新氧化为 Cu^{II}，Cu^{I}/Cu^{II} 的循环维持着 PG 的快速降解；无氧时 Cu^{I} 会在反应过程中积累。pH 5.0 时，PG 降解速度相对较慢，Cu^{II} 所起的作用主要是水解催化，水解产物 BPC 在反应过程中积累。

③ 苯基甘氨酸类头孢，如头孢氨苄(CFX)被 Cu^{II} 直接氧化降解而不是催化水解，并且氧化作用跟溶液 pH 有关。pH 5.0 时，Cu^{II} 不易与 CFX 络合，从而不能氧化降解 CFX；pH 7.0 和 9.0 时，Cu^{II} 络合于 CFX 侧链苯基甘氨酸上的伯胺，直接作用于该络合位点产生氧化产物。

④ AMP 与 CFX 和 PG 结构上的相似性导致其与 Cu^{II} 降解反应既有 PG 的特征，也有 CFX 的特征。AMP 既可以通过侧链伯胺和 Cu^{II} 络合直接被氧化，也可以和 β-内酰胺环络合催化水解，水解产物能够被 Cu^{II} 进一步氧化降解。

(4) 采用基于硫酸根自由基的新型氧化技术氧化降解 β-内酰胺抗生素，重点关注了络合状态 Cu^{II} 对 $S_2O_8^{2-}$ 活化机制以及 $S_2O_8^{2-}$ 的协同活化机制，具体结果如下：

① 游离态 $Cu^{Ⅱ}$ 不能有效活化 $S_2O_8^{2-}$；与β-内酰胺抗生素络合后，$Cu^{Ⅱ}$ 能高效活化 $S_2O_8^{2-}$ 产生活性自由基 HO^- 和 SO_4^{2-}，并快速降解β-内酰胺抗生素；在络合态 $Cu^{Ⅱ}$ 活化 $S_2O_8^{2-}$ 的反应体系中，CFX 的降解速度先快后慢，并且随着 $Cu^{Ⅱ}$ 浓度或 pH 的升高而加快。

② 络合状态 $Cu^{Ⅱ}$ 活化 $S_2O_8^{2-}$ 的能力和有机配体种类和络合方式有关，含氮原子基团络合的 $Cu^{Ⅱ}$ 有利于活化 $S_2O_8^{2-}$；$Cu^{Ⅱ}$ 和供电基团络合后，$Cu^{Ⅱ}$ 周围的电子密度加大，和 $S_2O_8^{2-}$ 进一步络合后电子转移，$Cu^{Ⅱ}$ 失去电子被氧化为 $Cu^{Ⅲ}$，$Cu^{Ⅲ}$ 很不稳定，重新转化为 $Cu^{Ⅱ}$；$S_2O_8^{2-}$ 得电子被活化产生活性自由基，降解有机配体。

③ 磁铁矿本身对 $S_2O_8^{2-}$ 的活化在酸性条件随着 pH 的降低而升高；而在中性和碱性条件活化能力很弱。与磁力搅拌法合成相比，超声混合法合成的磁铁矿有更小的粒径和更大的比表面积，从而能更好地活化 $S_2O_8^{2-}$ 产生活性自由基，但是其化学稳定性和重复利用性相对较低。

④ 磁铁矿/$Cu^{Ⅱ}$ 能协同活化 $S_2O_8^{2-}$。$Cu^{Ⅱ}$ 首先吸附到磁铁矿表面，被表面的 $Fe^{Ⅱ}$ 还原成 $Cu^{Ⅰ}$，而 $Cu^{Ⅰ}$ 和 $S_2O_8^{2-}$ 发生氧化还原反应被重新氧化为 $Cu^{Ⅱ}$，同时产生活性自由基。$Cu^{Ⅰ}$/$Cu^{Ⅱ}$ 在磁铁矿表面的循环维持着 $S_2O_8^{2-}$ 的活化产生自由基。

⑤ 磁铁矿/EDTA 也能协同活化 $S_2O_8^{2-}$。EDTA 降解的中间产物参与到 $Fe^{Ⅱ}$/$Fe^{Ⅲ}$ 的氧化还原循环，而 $Fe^{Ⅱ}$/$Fe^{Ⅲ}$ 的循环维持活化 $S_2O_8^{2-}$ 产生活性自由基。而当磁铁矿、$Cu^{Ⅱ}$ 和 EDTA 三者共同存在时，通过拮抗作用反而会降低 $S_2O_8^{2-}$ 的活化效率。

目 录

第1章 绪论

1.1 药品和个人护理品(PPCPs)的环境污染问题

过去几十年里,人们对化学污染物的关注主要集中在比较典型的环境污染物,如多氯联苯(PCBs),滴滴涕(DDT)、二噁英和农药,这些污染物在环境中持续存在且具有急性毒性或致畸致癌作用。近年来,由于环境分析技术的迅速发展,以及公众和环境研究人员对环境中一些痕量污染物危害的关注,研究的焦点逐渐延伸到所谓的"新兴污染物",如药品和个人护理用品(Pharmaceuticals and Personal Care Products, PPCPs)。PPCPs 最早在 1999 年出版的 *Environmental Health Perspectives* 中由 Daughton 和 Terner 提出[1],2000 年在北美召开了第一次相关会议,并出版了配套的会议论文集。美国环保局也建立了关于 PPCPs 的网站,收集关于 PPCPs 研究的最新进展和文献资料。在欧洲,1998—2002 年期间,"环境中药品和个人护理用品的残留"被选定为欧盟第五研发框架计划(European Union 5th Framework Programme for Research)优先研究的课题,在整个欧洲范围内开展了多项针对环境中 PPCPs 类物质的环境风险和生态毒理学评价与去除技术等多项课题的研究。

PPCPs 与人类生活密切相关，是一个庞大的化合物体系，包括各种处方药和非处方药，如退烧药、止痛剂、降血脂药、抗生素、抗抑郁药、减肥药和避孕药等，以及日常护理用品，如个人皮肤护理及化妆用品、芳香剂、防腐剂、消毒剂、洗涤剂、遮光剂、发型定型剂、牙齿护理用品等系列，涵盖范围极为广泛，日常生活中大量使用和排泄的化合物。据估计，全球人用药物年消费量大约为 100 000 t，对应的平均总消费量 15 g·cap^{-1}·a^{-1}[2]。随着经济的发展及生活质量的不断提高，PPCPs 的产量和用量日趋巨大，种类日趋繁多，结构日趋复杂。环境中 PPCPs 的污染来源与人类的活动密切相关，可以通过多种途径进入环境中。PPCPs 进入城市受纳水体的主要途径是生活污水、工业废水和医院废水等已处理水的排放；农业、畜牧业、水产业废水的直接排放或地下渗滤；过期药品及化妆品的处理等。人和牲畜服用的药物未经代谢部分随着排泄物进入到环境中；农用杀虫剂、除草剂等污染物经过长期的迁移也会渗入到地下水中；个人护理用品在洗浴、游泳时则可直接进入水体中[3]。美国地质调查局(USGS)早在 20 世纪末已经开始跟踪调查 PPCPs 污染物的存在现状。1999—2000 年期间，美国地质调查局对美国 139 条河流中关于工业、农业和生活废水中 95 种污染物的存在情况进行了全面调查，结果发现水体中含有 24 种药物，平均每个水样发现 7 种化合物，有的甚至高达 38 种[4]。在德国柏林地区的地表水甚至饮用水中也发现有多种药物[5]。巴西[6]、英国[7]、罗马尼亚[8]、法国[9]、瑞典[10]、澳大利亚[11]、加拿大[12]等国的研究表明，水环境中也检测出大量 PPCPs 及其代谢产物。近年来，亚洲国家也已重视这方面的研究，日本[13]、韩国[14]、印度[15]等国地表水中也检测出 PPCPs。我国关于 PPCPs 的研究起步较晚，但是在京津塘[16]、长三角[17-18]、珠三角[19]等经济发达地区水域中，同样发现有大量 PPCPs 的存在，且浓度与国外报道的相当，甚至更高，其环境影响不容忽视。

近年来,PPCPs的环境污染和人体健康风险问题已引起公众的广泛关注。2011年,基于美国食品药品监督管理局等相关部门重新评估三氯生的安全性,牙膏中的广谱抗菌剂三氯生对人体健康风险引起人们担忧,而"牙膏中的三氯生可能会致癌"的广泛报道更是引起了公众对这一新兴污染物安全性的广泛讨论和密切关注[20]。抗生素是PPCPs中的重要组成,中国每年生产的药物70%属于抗生素,养殖行业中抗生素被滥用作预防动物疾病、促进动物生长,最终使得零售肉类中富集抗生素,最终通过食物链进入人体;而排放到农场周围环境中的抗生素在野生动物体内富集抗生素,甚至使一些细菌和人类致病微生物产生抗药性。而抗生素的临床滥用已成为中国医疗行业的一个普遍问题,中国已成为世界上抗生素滥用最严重的国家。临床上出现的多重耐药菌,如耐多药肺炎链球菌对多种抗生素具有多重耐药性,是抗生素滥用的直接后果。而最近"泛耐药性"细菌,如产NDM-1耐药细菌致病在印度、英国等国的出现使得抗生素滥用造成的环境和健康风险引起各国政府和科研工作人员的高度重视;而超级细菌致死更是引起了全球的广泛关注,甚至发生一定的恐慌[21]。环境中低浓度的PPCPs,通常不易引起急性毒性,因此其环境危害常常被人们忽视;但是这些污染物在被去除的同时也在源源不断地被引入环境中,即表现出"假持续性",它们对非靶向生物存在着慢性毒性的潜在可能,这些毒理效应不断积累,最终可能产生不可逆转的改变。人们不断地在污水排放口附近水域发现鱼类等水生生物异常生长发育现象[22],经证实这是由于水体环境中残留的雌激素等PPCPs引起的。《自然》杂志上也曾报道过兽医使用的双氯芬酸残留物引起了秃鹰肾功能衰退,最终导致巴基斯坦秃鹰数量急剧下降了95%[23]。因此,PPCPs的环境污染和危害问题日益受到人们的关注,其环境和人体健康风险方面的研究已成为国内外研究的焦点。

目前,环境中PPCPs普遍存在已成为全球共识,其人类与环境健康风险也得到越来越多研究的证实,因此如何控制或者削减环境中PPCPs已成为目前环境工作者面临的重大课题。虽然源头控制是 PPCPs 控制的最理想的选择，但是源头控制是一个复杂艰巨的庞大工程，牵涉产品设计、消费管理、处理排放等方方面面，甚至关系到社会经济发展的每一个角落，并将是一个长期而艰巨的任务，必将是 PPCPs 控制的优先发展的目标和方向。但是，就目前而言，PPCPs 的末端处理仍是这类污染物控制的最务实的选择，如何最大限度地降解 PPCPs 已成为 PPCPs 研究领域的另一个热点。以往污染物的降解反应研究中，人们往往比较关注采用新材料和新技术提高污染物的降解速度。其实有些污染物如 β-内酰胺抗生素，在环境中很不稳定，很容易被环境介质的组成成分催化降解，金属离子催化降解 β-内酰胺抗生素已成为其在环境中重要的降解途径之一，因此研究常见金属离子对污染物的降解反应同样有着重要意义，甚至有着更为重大的现实意义。与此同时，很多新材料、新技术都是以常见金属离子为基础，因此金属离子对污染物的降解反应的基础研究也将为其提供理论基础。近年来，基于硫酸根自由基的新型氧化技术也成为 PPCPs 控制领域的一个焦点和热点，过硫酸根活化产生硫酸根自由基成为这一新型氧化技术应用的关键；同样很多环境学者致力于合成新材料，采用新技术活化过硫酸盐，这些手段虽然能取得较好的效果，却仅限于理想研究而不能现实应用，而环境中常见离子和矿物作为活化手段的基础研究同样有着更为重大的现实意义。因此，本文还从反应机制角度出发，研究环境中常见离子和矿物对污染物的降解反应机制，以及它们对新型氧化剂过硫酸盐的活化机制；该基础研究将为 PPCPs 控制提供强大的理论支撑和技术保障。

1.2 污染物的致毒机理研究

在环境污染物的致毒作用研究中，人们最初采用动物模型暴露方法研究污染物暴露后的剂量效应特征；随着科学技术的进步，越来越多的研究集中于从基因、蛋白分子相互作用等微观水平上探讨污染物的致毒机理；但无论是宏观动物暴露还是微观相互作用，外界污染物和生物体发生作用前，都必须和生物体的膜结构发生作用。只有了解污染物与生物膜的作用规律和输运过程，才能更好地阐述污染物与分子相互作用以及随后的毒性表现。因此，本文从污染物跨膜输运途径、与大分子相互作用、个体毒性表现3方面综合阐述PPCPs污染物的致毒作用。

1.2.1 污染物的动物模型暴露

动物模型暴露是人们研究环境污染物毒性的常用方法，其中动物模型的选取包括了从低等到高等的各类生物，常用的动物模型有水生生物水蚤、青鳉、斑马鱼等；两栖类中的蛙和爪蟾等；哺乳类中的兔子、鼠等。其研究的终端包括了生物的生殖系统、神经系统、心血管系统、免疫系统等。近年来，斑马鱼广泛用于研究污染物的水生生物毒性，并作为一种模式生物。OECD制定了其毒性评价的操作规范。

双氯芬酸是一种衍生于苯乙酸类的非甾体消炎药，是一种新型的强效消炎、解热、镇痛、抗风湿药，适应症为各种风湿、类风湿关节炎、各种手术后引起的疼痛及各种原因引起的发热等。自1964年由萨尔曼等合成，1970年雷诺等阐明药理作用之后，双氯芬酸很快就进入临床应用，现在全球年需求量高达近千吨。双氯芬酸可抑制环氧酶的活性来阻断花生四烯酸转化前列腺素，抑制前列腺素的合成；同时可促进花生四烯酸和甘油三酯结合，降低细胞中游离花生四烯酸浓度而间接抑制白三烯的合成。双氯芬酸在临床应用中可能会引起皮肤过敏，同时对环氧酶的抑制作用致使血小板破坏减少而产生不良反应。双氯芬酸对于神经系统、肠胃消化系统、肝肾具有毒性作用，双氯芬酸引起肾功能衰竭更是被广泛报道[24-25]。在雏鸡、鸽子等动物服用双氯芬酸后有肝脏痛风症状，动物解剖后发现肾脏和肝脏肿大，肾小管坏死、肝脏脂肪变形以及肝细胞坏死[26-27]。双氯芬酸对禽类的肾功能损伤直接影响尿酸的排泄，造成尿酸盐在器官表面和组织内部沉积，因此禽类对双氯芬酸非常敏感，服用少量就可发生死亡。在大鼠致畸实验中，双氯芬酸可以透过胎盘屏障，虽未发现明显的致畸作用，但也会造成难产，生长和成活率下降[27]。

由于双氯芬酸用量巨大以及难生物降解，双氯芬酸已成为水环境中常被检测到的药物之一。在 1998 年 Ternes[5] 的水质调查中，污水处理厂出水水样和地表水中都有检测出双氯芬酸，浓度甚至达到 μg/L 水平。Paxeus[28] 曾检测过 5 个欧盟国家的 10 个污水处理厂出水水样，其中双氯芬酸浓度为 140～1 480 ng/L。德国柏林地表水中双氯芬酸浓度最大值为 1 030 ng/L[29]。双氯芬酸也同样存在于江河口，Thomas and Hilton[30] 调查过英国 5 个江河口，检测出双氯芬酸的最大浓度为 195 ng/L，而平均浓度小于 8 ng/L；北海的易北河河口，双氯芬酸的浓度为 6.2 ng/L[31]；目前还没有关于海洋中双氯芬酸存在情况的报道。在地中海 Herault 流域，饮用水井水样检测出 2 ng/L 的双氯芬酸；在柏林饮用水厂附近排水流域的地下水中，双氯芬酸的最大浓度达到 380 ng/L[32]；而在柏林饮用水水样中，双氯芬酸浓度小于 10 ng/L[33]。在中国的污水进出水、地表水中也发现有双氯芬酸的存在，其浓度与国外报道相当[19,34-35]。双氯芬酸在水环境中的普遍存在，有必要评估其生态环境健康风险。在鱼体内有一种类似于人体内 Cox-2 的环氧化酶，因此，其可能成为水体中双氯芬酸潜在的靶向目标，从而影响鱼的生理活动[36]。Dietrich and Prietz[37] 研究过双氯芬酸对斑马鱼胚胎的致死和致畸性，暴露 96 h 后，双氯芬酸对斑马鱼胚胎的半致死浓度为(480±50)μg/L，半效应浓度为(90±20)μg/L。为了评估双氯芬酸对鱼的慢性毒性效应，Schwaiger 等[38] 和 Triebskorn 等[39] 研究了虹鳟鱼在 1～500 μg/L 双氯芬酸中暴露 28 d 后，肾和鳃发生了组织病理学改变，肾脏损害和鱼鳃病变的最低可观察效应浓度为 5 μg/L。Schwaiger 等[38] 同时也研究了鱼体内双氯芬酸的生物累积性，双氯芬酸的最高浓度出现在肝脏中，肾脏次之，鱼鳃中浓度最低；肝脏中双氯芬酸的生物富集系数（BCF）为12～2 732，肾脏为5～971，鱼鳃为3～763。Triebskorn等[39]研究发现，即使暴露在1 μg/L的双氯芬酸中，肝脏、肾脏和鱼鳃也会发生细胞学改变。褐鲑鱼在0.5 μg/L双氯芬酸暴露21 d后，同样表现出明显的细胞损伤[40]。在对细菌、水藻、微甲壳类动物的毒性效应研究中，双氯芬酸对这些研究对象都有一定的急性毒性，其中发光细菌的半效应浓度为11 454 μg/L；在慢性毒性实验中，萼花臂尾轮虫的无可观察效应浓度为246 μg/L[41]。在大型蚤繁殖慢性毒性试验中，双氯芬酸的无可观察效应浓度为1 mg/L，最低可观察效应浓度为0.2 mg/L[38]。海洋单细胞微藻（Dunaliella tertiolecta）暴露于25 mg/L以上浓度的双氯芬酸后，生长受到抑制，其96 h的EC_{50}为18 569 mg/L[42]。双氯芬酸在水环境中降解转化后，有可能产生比母体化合物毒性更大的产物，因此其产物毒性评估也极其重要。Schmitt-Jansen等[42]评估了双氯芬酸的植物毒性和其光降解产物对栅藻的毒性，研究发现在双氯芬酸暴露浓度达到23 mg/L时，藻类的繁殖受到抑制；而当双氯芬酸在阳光下光照53 h后，其毒性作用显著增加。双氯芬酸在二氧化钛光催化降解后，单细胞藻类和大型蚤对其降解后样品比较敏感，被认为是降解产物比母体毒性作用强[43]。双氯芬酸药物残留在体内富集后可通过食物链传递，从而可严重危害食物链上游的动物，印度半岛秃鹰数量剧减的原因被认为是摄食服用过双氯芬酸止痛药的家畜尸体后，双氯芬酸在体内富集，引起肾衰竭而死亡[44-45]。水环境中含有多种污染物，双氯芬酸和其他污染物共存时的协同毒性效应同样不容忽视[46]。

三氯生（TCS，2，4，4′-三氯-2′-羟基二苯醚）属于PPCPs中的广谱杀菌剂，普遍存在于牙膏、漱口水、化妆品、洗涤用品等个人护理品中；个人护理品中的三氯生质量分数在0.1%～0.3%[47-48]。随着个人护理品的使用，三氯生进入污水中。在污水处理系统中，三氯生一部分被生物降解，一部分被光解转化，还有一部分被污泥吸附[49-51]。未被去除的三氯生随着污水出水或者污泥土地利用进入到地表水、地下水、土壤等环境介质中[52-54]。三氯生被人类使用后源源不断地进入到水体环境，使得水生生物持续暴露在三氯生环境中，最终可能在生物体内富集。三氯生在污水厂受纳河流的取丝状藻样品中被检测到，其浓度为 100～150 μg/kg，生物富集因子高达 1 400[55]。Coogan 和 La point 研究中得出三氯生在丝状藻内的生物富集因子为 1 400，而在淡水螺内为 500[56]。藻类作为一些水生无脊椎动物的食物来源，三氯生会通过食物链富集到高水平生物体内。在荷兰河湖中东方真鳊的胆汁内，三氯生浓度高达 14 000～80 000 μg/kg[57]。在野生鱼体内以及水族馆喂养的虎鲸血液中，都有检测出三氯生的存在[58-60]。人类通过使用个人护理品直接暴露于三氯生中，目前在人体内发现有三氯生的存在，在人奶中三氯生的质量浓度甚至高达 0.07～300 ng/g[61]，在哺乳期的母亲血液中也发现有 0.06～16 ng/L 的三氯生[62]。人类和水生生物体直接暴露在三氯生环境中，因此三氯生对人类和生态环境健康的风险评估显得尤其重要。

近年来，越来越多的学者致力于研究三氯生对水生生物的毒性效应。藻类对水体中三氯生有较强的敏感性，暴露于 1.4 μg/L 的三氯生后，淡水藻的生物量会受到影响[63]。而裸藻(C. ehrenbergii)暴露于 0.5～1.0 mg/L 的三氯生 48 h 后，只有 10%细胞存活，而存活细胞体型变小，且叶绿体数量减少[64]。鱼类不仅是水生环境食物链中高水平生物，从而富集环境中三氯生；而且更是人类重要的食物来源，从而成为人类暴露于三氯生的潜在途径之一。三氯生对鱼类的毒性效应研究越来越引起人们的关注。研究者们选取黑头呆鱼、日本青鳉鱼、斑马鱼的胚胎或者成鱼为对象，得出了暴露 96 h 的半致死量，1 mg/L 浓度级三氯生对这些鱼类都有不同程度的致死效应[65-67]。相对于上述急性毒性研究，三氯生对鱼类生长发育的慢性毒性研究能提供更多的信息。虹鳟鱼幼鱼暴露于 71.3 μg/L 的三氯生后，平衡失调、游动异常、脊柱弯曲及活动减少。而青鳉鱼成鱼在 0.17 mg/L 三氯生中暴露 5～9 d 后游动速度改变[68]。斑马鱼成鱼暴露在 0.5 mg/L 的三氯生后，平衡失调，游动和鳃盖运动异常，胚胎孵化显著延迟，而幼鱼脊柱变形、心包水肿、个体变小[67]。除了上述急性、亚急性毒性外，近年来越来越多的学者在分子水平上探讨三氯生的毒性，不仅可以更灵敏的检测出三氯生的毒性作用，也可以从更微观、更深层次来解释三氯生的毒性机制。无论是急性致死，还是生长发育异常，都只是分子水平毒性机制的外观表现。地中海贻贝暴露于三氯生后，血细胞中溶酶体稳定性降低、溶酶体水解酶释放，而不同器官中糖酵解酶水平异常[69]；而斑马贻贝的血细胞和淋巴中出现不同程度的基因损伤[70-71]。斑马鱼胚胎暴露于三氯生后其体内的 ChE、LDH 和 GST 等酶活性增强，说明三氯生造成了胁迫损伤促使这些酶的表达[67]。分子水平毒性一般比较灵敏，可以用作生物标记物作为早期预警信息。由于三氯生和甲状腺素结构类似，三氯生可能对甲状腺素有潜在的干扰性。有研究表明三氯生会影响两栖类动物如南美牛蛙、南非爪蛙甲状腺素调控下的发育过程[72-73]，对鱼类也同样具有内分泌干扰性，表现为鱼性别倾向于雄鱼，肝脏卵黄蛋白原增加[74-75]。除此之外，三氯生还被报道为有致畸致癌性以及生殖毒性[76]。除了三氯生本身的毒性外，其产物毒性也引起了人们的关注。三氯生在高 pH 并且紫外照射下，会转化为二噁英，而二噁英的毒性远大于三氯生本身[77]。三氯生也被报道为可转化为三氯甲烷，而三氯甲烷可作用于中枢神经系统，具有麻醉作用，对心、肝、肾也有损害[78]。

1.2.2 污染物与生物大分子相互作用

在环境污染物致毒作用中，污染物与生物大分子之间的相互作用才是其致毒的内在机制，而剂量效应关系仅仅是外在宏观表现。因此研究污染物与生物分子相互作用可以从更深层次探讨污染物致毒的作用。近年来越来越多的研究从分子水平上来探究致毒机理，在体外模拟条件下直接研究相互作用。以往的大分子和小分子物质相互作用中，针对小分子药物研究比较多，而药物本身在人体内是治疗疾病的活性成分，而排入环境后却是具有人类生态环境风险的污染物质，况且大多数污染物和小分子药物都属于小分子范畴，用于药物与大分子相互作用的研究方法完全可以应用于污染物的研究，只是它们研究目的不同，小分子药物与大分子作用研究主要针对药物对生物机体的活性作用，而污染物与大分子作用研究在于探讨污染物对生物体的损伤效应以及其分子致毒机理。污染物进入生物体内后，可与 DNA、蛋白质等生物大分子发生相互作用，甚至影响其正常的生理功能，产生毒性效应。血清白蛋白(SA)是血液中最丰富的蛋白质，它能够维持血液的渗透压，调节血液 pH 值，同时也能够作为输运蛋白、输运一系列内源营养成分或外源环境污染物。在环境污染物与生物大分子相互作用研究中，常常以 SA 为模式蛋白，研究污染物和蛋白质相互间的反应平衡、分子间相容性和结合稳定性，以便从分子生物学的角度研究有机物的毒理学和药理学。研究学者研究了农药甲基对硫磷、除草剂阿特拉津、砒霜和赭曲霉毒素等传统污染物与人血清白蛋白(HSA)或者牛血清白蛋白(BSA)的相互作用[79-82]。近年来，随着人们对环境中新兴污染物的关注，越来越多的学者致力于研究新兴污染物和生物大分子相互作用，如全氟辛酸、纳米材料、双酚 A、抗生素等与 HSA，BSA 或者其他生物大分子的相互作用[83-87]。在以往小分子和生物大分子相互作用研究中，人们建立和优化了一系列方法，如光谱法(紫外可见光谱、荧光光谱、红外光谱、圆二色谱、拉曼光谱等)、平衡透析法、电化学法、毛细管电泳、高效液相色谱、核磁共振、质谱、共振光散射等方法，与本文相关的研究手段有以下几种：

(1) 毛细管电泳法

毛细管电泳是一种以毛细管为分离通道、以高压电场为驱动力、按趟度或者分配系数不同而进行分离的新型液相高效分离技术。毛细管电泳法测定相互作用参数有多种方法可供选择，按其原理可分为两类：一是依据溶质表观电泳趋度的变化来测定;二是根据从结合物中分离出的溶质平衡浓度来测定,如前沿分析法、空峰法。在实际应用中,可根据体系特性来选择合适的测定方法。本研究中选取前沿分析法来分析小分子污染物和蛋白质大分子相互作用。前沿分析法比较适合于分析蛋白质和小分子相互作用体系,由于蛋白质结合小分子后其在电场中迁移速度几乎不受影响,而小分子因为电泳趋度不同于蛋白质而在迁移过程中逐渐分离,当进样量到足够大时,两者会以两个平台峰的形式分离,而小分子平台峰的高度即对应于其浓度,根据固定浓度蛋白质和系列浓度小分子污染物的结合试验,选取适合方程就能得到相互作用的参数[88-89]。

(2) 荧光光谱法

荧光光谱法是研究小分子有机物与蛋白质相互作用的重要手段,也是目前研究较为活跃的方法之一。蛋白质分子中铬氨酸、色氨酸、苯丙氨酸3种氨基酸残基能够发射荧光,只是由于它们侧链生色团不同,从而有不同的荧光激发和发射特征,选择合适的激发波长可以发射出对应的荧光光谱。当蛋白质结合小分子物质后,蛋白质的内源荧光强度会减弱,即发生荧光猝灭。通过在荧光猝灭过程中一系列参数的测定,可得到许多关于蛋白质与小分子作用的信息,如结合常数、结合位点数、结合位置、作用力类型以及蛋白质分子在相互作用中结构变化等相关信息。荧光猝灭法已被广泛应用于药物、污染物等小分子与生物大分子相互作用的研究[90-91]。

(3) 圆二色谱法

平面偏振光可以分为左旋和右旋偏振光,这两个圆偏振光也可以合成一束平面偏振光。如果两束偏振光的振幅或强度不同,合成的将是椭圆偏振光。光活性物质对左右旋偏振光吸收率不同时,可使通过该物质的平面偏振光变为椭圆偏振光,而左右偏振光吸收的差值即为该物质的圆二色性(CD)。在一定波长范围内,记录下左旋和右旋偏振光吸收差值的连续变化并对波长作图,就可以得到该物质的圆二色谱。蛋白质的圆二色谱图能够反映其分子内二级结构的组成，如螺旋、折叠和卷曲等。当和污染物或者其他小分子物质结合后，如果蛋白质二级结构发生改变，其圆二色谱也会发生相应的改变，因此圆二色谱常用于定性分析以支持其他分析手段而得到的定量数据，目前在研究药物和生物大分子相互作用中应用较为普遍。

（4）平衡透析法

平衡透析法是利用具有截留分子量的透析膜将游离态的污染物与生物大分子及生物大分子与污染物结合后的复合物进行分离，直接测量游离药物的浓度。平衡透析法被广泛应用于小分子和生物大分子相互作用的研究[86-87]。平衡透析法是测定蛋白质和药物相互作用结合参数的标准参考方法，但是该方法耗时、实验条件要求苛刻。

小分子和生物大分子相互作用的表征方法还有很多。但无论哪一种方法都不能完全系统地阐述相互作用过程，只有将各种表征方法结合起来，才能综合得到结合反应的相关信息，如结合常数、结合位点、结合部位、结合距离、结合作用力以及结合对构象引起的改变。

1.2.3 污染物与细胞膜作用和跨膜输运

细胞膜又称质膜，是细胞结构的一个重要组成部分。细胞膜是将细胞内环境和外环境分隔开的屏障，当环境污染物进入到生物体内部发生毒性效应前，首先必须要与细胞膜发生作用，跨过细胞膜后才能够进一步作用于毒性靶器官。但是在以往的环境污染物对生物体致毒作用研究中，大多集中在通过动物模型暴露研究污染物对动物生长发育的影响以及相应的剂量-效应关系，或者从分子水平上研究对基因序列的改变以及蛋白质表达的变化；以及通过体外模拟条件下研究污染物和蛋白质、DNA 等生物大分子的相互作用。对于污染物如何进入生物体内，在进入生物体过程中发生何种物理化学作用研究较少。因此在对污染物致毒作用的研究中，污染物和生物膜的相互作用研究显得极其必要，对污染物从膜外环境进入膜内基质过程中发生的反应、结合和平衡等方面的研究，更能反映污染物的最初毒性作用，也有可能是造成生物体毒性宏观终端表现的微观机制。随着对环境中持久性污染物的关注，研究学者越来越关注污染物在环境微界面如水体颗粒物、沉积物表面的界面过程规律，类似的研究方法同样可用于研究污染物的微生物膜毒性作用[92-93]。目前，也有研究学者针对染料、DDT、多环芳烃以及一些新兴污染物的跨膜疏运过程和膜毒性进行研究[94-96]。在这些研究中，环境污染物与生物膜相互作用规律往往与污染物本身的分子结构有重要联系，其中最主要的是污染物的带电特性以及脂水分配特征。一般来说，亲脂性污染物通过疏水性作用与生物膜发生相互作用，通过分配作用在细胞膜上积累；而对于离子型污染物，往往先通过静电作用力靠近带有静电层的细胞膜，进而发生进一步的跨膜输运；对于兼具亲脂性和带电污染物，既可以通过静电吸引靠近细胞膜，也可以通过疏水性分配直接作用于生物膜。同济大学宋超博士根据污染物的结构特征，选取了一系列结构不同的污染物，建立完善了一整套污染物与胚胎膜相互作用的研究方法，从分子结构和性质角度分析了污染物与胚胎膜的作用规律、在胚胎不同部位分配特征和跨膜输运路径，探讨了不同的致毒过程[97]。在丙烯酰胺和双酚A的跨膜分配对比研究中，极性丙烯酰胺主要通过氢键和范德华力富集在胚胎膜表面，仅有0.3%进入到膜内基质中；而亲脂性的双酚A有超过10%被吸附的部分通过脂水分配作用富集在基质内。可见亲水性和亲脂性污染物呈现出不同的跨膜输运途径和分配特征；亲水性污染物主要富集在胚胎膜表面，而亲脂性污染物通过膜分配作用进入膜内基质中[98]。在卡那霉素和氯霉素的跨膜研究中，亲水性卡那霉素主要通过静电吸引力和氢键作用吸附在胚胎膜表面，并且吸附过程符合Langmuir等温吸附规律；而亲脂性氯霉素通过疏水性分配作用进入膜基质内[99]。以上4种污染物的胚胎膜跨膜输运研究说明，物质性质决定了跨膜输运规律和在胚胎不同部位的分布特征，亲水性物质主要富集于胚胎表面，而亲脂性物质易于进入胚胎膜内部。有些污染物分子结构比较复杂，分子内既有亲水性基团，又有亲脂性基团，因此不能够简单地界定为亲水性物质或者亲脂性物质，其跨膜过程更加复杂。藻毒素 MC－LR 分子量较大，分子内既有极性羧基和氨基，也有非极性苯环，其跨膜输运规律与其浓度有关。在低浓度时，MC－LR 主要通过静电吸引、氢键和范德华力吸附于胚胎表面，该吸附符合 Langmuir 等温吸附规律，且暴露 36 h 后有 75％分布在胚胎膜表面；随着 MC－LR 暴露浓度的增加，吸附于胚胎膜表面的污染物会通过脂水分配作用进入膜内基质中，该过程符合 Freundlich 模型；当污染物浓度升高到大于 0.5 mM 时，胚胎膜变薄和破坏，污染物更易于通过疏水性作用进入膜内基质，宏观上表现为分配规律，且 36 h 暴露后有大于 70％ MC－LR吸附于胚胎膜后进入膜内基质中[100]。由此可见，污染物的跨膜输运是复杂的物理化学过程，既跟污染物结构性质有关，又跟污染物环境浓度有关。污染物在生物膜不同部位的分布特征可能直接会影响污染物的毒性效应。对于亲脂性污染物，即使环境中浓度很低，也很容易进入生物膜内部与生物大分子发生相互作用，进而有宏观毒性表现。当污染物和膜磷脂结合形成稳定物后，有可能改变细胞膜的通透性、膜电位、pH、离子平衡等，从而抑制细胞中的物质和能量转化，破坏膜的结构和功能，影响细胞的正常生理活动产生膜毒性[101-102]。污染物与生物膜相互作用过程是其致毒作用中极其重要的一步，污染物的跨膜输运和分布过程本身就有可能是毒性效应的内在机制，直接影响污染物的剂量效应特征以及宏观特性表现。因此在环境污染物的毒性作用研究中，污染物的跨膜输运和分布特征研究极其必要和重要。

1.3 水体 β-内酰胺抗生素处理方法

随着新兴污染物，如 PPCPs 的大量使用和滥用，该类物质被持续不断地进入水体环境中，并且随着人类社会经济的发展，这类物质使用量仍在持续的增长，其最终进入环境的量也必将越来越多。β-内酰胺抗生素在大多数国家的人用抗生素中占最大份额，其占总抗生素用量的50%～70%。但奇怪的是，在PPCPs研究中，对该类抗生素的关注远远不够，与它们的庞大用量并不相称，到目前为止对该类抗生素降解的研究远少于其他类抗生素，如氟喹诺酮、磺胺、四环素等。其原因也许是β-内酰胺抗生素内β-内酰胺环很不稳定，在水环境中很容易水解，因此其对环境影响的重要性自然被人们忽视。氟喹诺酮、磺胺抗生素相对稳定，在环境中降解速度远慢于β-内酰胺抗生素，从而在环境中普遍存在，在环境分析调查中常常被选为目标污染物；而在环境风险评估中，这些污染物的潜在环境风险又进一步引起研究者们对它们的关注。以上也正是当前PPCPs研究的普遍思路，从污染物环境赋存调查开始，选取优先控制污染物，然后再对其提出污染控制策略和进行生态风险评估。这一研究思路目的性较强，可以大大提高PPCPs研究的效率，但同时也受限于赋存调查分析对目标污染物的选取。β-内酰胺抗生素的不稳定性，使得其在环境中检出的频率远低于其他抗生素，其受关注程度自然比不上其他“优先控制污染物”。即使如此，β-内酰胺抗生素在某些地区的环境中也频频检出。一些常见的β-内酰胺抗生素在污水处理进出水、地表水、甚至海水中都有报道存在，其出现的地域范围包括中国香港[103-105]、中国台湾[106]、中国大陆地区[107-108]、澳大利亚[109]、意大利[110]、美国[111]、巴西[112]。而在中国香港、中国台湾、中国大陆和澳大利亚的污水中，β-内酰胺抗生素的浓度甚至高达1 μg/L以上，并且其检出频率也相当之高。因此，虽然β-内酰胺抗生素很不稳定，其也可在环境中普遍存在。中国是抗生素生产的大国，同时也是抗生素消费的大国，而抗生素临床和养殖中的滥用也普遍存在，其在环境中频频检出也就不足为奇。与此同时，正因为β-内酰胺抗生素本身的不稳定性，在采样运输保存中也可能继续降解，现在监测痕量污染物的环境样品在运输保存中常加酸化或者采用其他方法抑制微生物活性，但是有些β-内酰胺抗生素在酸性条件下相当容易水解，即使在中性条件下，水体中复杂的水质成分，也可能促使不稳定的β-内酰胺环断裂降解，这进一步减少了β-内酰胺抗生素在环境样品分析中被检出的可能性。β-内酰胺抗生素的不稳定性和环境分析方法的局限性使得β-内酰胺抗生素往往被环境工作者忽视，而该类抗生素的巨大用量以及在部分地区的频频检出又使得其不容忽视。为此，本文选取不同结构的β-内酰胺抗生素，从反应机制角度对环境中β-内酰胺抗生素的降解反应进行基础性研究，重点关注金属离子对该类污染物的催化降解机制，以及基于硫酸根自由基的新型氧化技术对其降解反应，为该类污染物的环境污染控制提供理论基础和技术保障。

1.3.1 β-内酰胺抗生素降解反应

β-内酰胺抗生素是指化学结构中具有β-内酰胺环的一大类抗生素。根据和β-内酰胺环链接的五元环或六元环的不同，β-内酰胺抗生素可主要分为两类常见的抗生素：青霉素和头孢类抗生素。β-内酰胺类抗生素的作用机制为抑制胞壁黏肽合成酶，从而阻碍细胞壁黏肽合成，使细胞壁缺损，菌体膨胀裂解；而哺乳动物无细胞壁，不受β-内酰胺类药物的影响，因而β-内酰胺抗生素具有对细菌的选择性杀菌作用，对宿主毒性小。因此，在人类疾病治疗和预防中得到广泛的应用，远超过其他类别的抗生素。

青霉素分子中含有不稳定、高度扭曲的活性β-内酰胺键，很容易在下列条件下降解：酸性、碱性条件，β-内酰胺酶，甚至弱亲核试剂如水分子和金属离子存在。高度扭曲的β-内酰胺环在酸性条件下很容易断裂，产生一系列复杂的中间产物，如 penillic acid，penicilloic acid，penicillenic acid，最终转化为 penilloic acid，penicillamine 以及 penilloaldehyde 等产物。Peniciloic acid 会通过四氢噻唑环开环转为其异构体形式 penamaldic acid，该化合物在 320 nm 处有强吸收峰。Penicilloic acid 同时能够通过 penaldic acid 和 penicillamine 中间产物最终转化为 penilloaldehyde；也可以通过脱羧作用产生 penilloic acid。在强酸条件下,penicilloic acid 通过重排形成 oxazoline,最终产生 penillic acid[113]。在侧链 N-酰基的 α 位置引入吸电子基团后,能够减少侧链羰基的电子密度,从而减少其亲核进攻的能力,防止青霉素在酸性条件下降解。这一构想直接导致耐酸青霉素如阿莫西林和氨苄西林的产生。青霉素在碱性条件下能够快速降解[114-115],酰胺键断裂产生 penicilloic acid,开环后 penicilloic acid 分子中的羧基容易脱去生成 penilloic acid,这些产物的形成直接导致青霉素活性的失去。氨苄西林碱性条件下降解被广泛研究,首先降解为 5R-penicilloic acid,随后通过 C-5 处的亚胺异构互变产生 5S-异构体[116]。青霉素很容易被青霉素酶降解,而这些青霉素酶在对青霉素有抗性的细菌中产生[117-118]。青霉素在酶催化作用下的开环方式与酸性催化相同,为了克服对这些酶的敏感性,在青霉素侧链可以引进大体积基团,从而能够起空间位阻作用阻碍与酶的结合。这一思路导致了对以上酶具有抗性的青霉素的出现,并在临床上得到广泛的应用。尽管头孢类抗生素比青霉素类抗生素稳定,它们仍能够通过化学转化或酶促反应而降解,降解速度取决于 C-7 侧链或者 C-3 处取代基基团[119]。在 C-3 位置没有离去基团时,头孢在酸性条件下更稳定,更适合于口服使用。因此头孢氨苄比比头孢来星更易于被吸收,正是由于其 C-3 位置只含有甲基,而后者含有易离去的乙酰羟甲基。头孢被 β-内酰胺酶催化水解速度慢于青霉素[120],是因为 β-内酰胺环扭曲程度比青霉素小,同时双环结构中噻嗪环上的双键与 β-内酰胺环上氮原子的孤对电子共轭,从而减少了 β-内酰胺环被亲核进攻的可能性。然而不同种类的头孢酶促反应的水解速率不同,跟 C-7 和 C-3 位取代基性质以及空间特性有关。

金属离子促进青霉素或者头孢降解已被广泛报道,如 Hg^{II}[121],Zn^{II}[122-123],Cd^{II}[124],Co^{II}[125]和 Cu^{II}[126-127]。这些金属离子能够催化 β-内酰胺抗生素失活或者水解开环,降解反应被认为是通过形成降解中间产物-金属离子络合物的途径进行。金属离子催化降解青霉素是通过以下两种途径进行，其一是与 penicillenic acid 中间体的硫原子形成金属硫醇盐；其二是与青霉素络合形成络合物，而第一种方式被认为是金属离子催化青霉素降解的主要途径[128]。青霉素中性条件下被金属离子如 Cu^Ⅱ，Hg^Ⅱ 催化降解效果明显，该降解过程产生 penicillenic acid，在 320 nm 处有强吸收峰，因此可通过监测 320 nm 处吸光度变化来反应青霉素的降解。Zn^{2+} 对青霉素降解的催化效果弱于 Cd^Ⅱ，这是因为 Cd^Ⅱ 有更小的离子半径，并且降解中形成的 penamaldic acid 衍生物与金属离子络合。头孢被金属离子催化降解情况比青霉素复杂。金属 Cu^Ⅱ 能够促进所有的青霉素水解，而对于头孢，Cu^Ⅱ 催化水解的速度与其结构有关，对于侧链有苯基甘氨酸的头孢，Cu^Ⅱ 可以大大提高其水解速率；而对于非苯基甘氨酸类头孢，Cu^Ⅱ 的作用不很明显[129]。苯基甘氨酸类头孢中，侧链伯胺很容易和 β-内酰胺环上的羰基发生分子内氨解，β-内酰胺环断裂而形成新的六元环，这进一步增大了该类头孢降解的复杂性。金属离子催化降解 β-内酰胺抗生素是一个极其复杂的过程，不仅跟环境条件(如 pH)密切相关，而且 β-内酰胺环本身活性产生的分子内反应也进一步增加了反应的复杂性。尽管目前有关于金属离子催化降解 β-内酰胺抗生素的报道，但是很少有关于其降解途径和降解产物的具体报道，已有的零星报道也存在自相矛盾之处，因此还需要进一步深入系统的研究。金属离子广泛存在于人体内，同时也是各种代谢酶的重要组成，因此对金属离子催化降解 β-内酰胺抗生素的研究不仅有助于理解该类抗生素在人体内的代谢转化；金属离子在水体环境中普遍存在，该研究同时也有利于理解该类污染物在环境中的转化和归趋。

1.3.2 硫酸根自由基对 β-内酰胺抗生素氧化降解反应

过硫酸盐由于其氧化特性，过去常在聚合反应中用作引发剂，也用于分析测试降解目标污染物。我们最熟悉的是过硫酸盐用于 TOC 测试[130]。近年来，越来越多的学者致力于将硫酸盐应用于环境中新兴污染物的降解，尤其是污染物的原位化学氧化（ISCO）中。过硫酸盐与传统的ISCO氧化剂过氧化氢，高锰酸钾，臭氧一起成为ISCO中4种常见的氧化剂。过硫酸盐比过氧化氢稳定，在环境中能够缓慢释放从而可以提高其利用效率；与高锰酸钾相比产物硫酸根离子具有更好的环境兼容性，并且能够降解大多数污染物；过硫酸盐同时比臭氧成本低，溶解度大，能更有效地作用于污染物。因此过硫酸盐兼具其他3种氧化剂的优点。基于过硫酸根自由基的新型氧化技术降解污染物已成为新兴污染物研究领域的一个热点。

在过硫酸盐氧化降解污染物的过程中，过硫酸盐本身氧化能力有限，而其活化后产生的硫酸根自由基具有较强的氧化能力，其氧化还原电位仅次于羟基自由基等少数几种氧化剂。由于过硫酸根自由基是大气和聚合物启动反应中的一个重要的自由基，大气化学家和聚合物工程师曾经详细研究过硫酸根自由基的反应性，以及硫酸根自由基与Cl^-、Br^-、Fe^{II}、Cr^{III}、CO_3^{2-}等无机离子以及有机化合物的反应产物和动力学过程[131-134]。早期关于过硫酸根自由基的文献大多来源于大气化学和聚合物合成等领域，其中自由基的反应特性可以借鉴用于研究污染物的降解反应中。硫酸根自由基和羟基自由基都可以氧化很多化合物，但是他们的降解机理不一样，如硫酸根自由基倾向于发生电子转移反应，从而有机分子失去电子而产生有机物自由基阳离子[135]；而羟基自由基倾向于加成到C═C，或C—H键中脱氢。硫酸根自由基是亲电子试剂，这意味着它倾向于与供电子基反应，如侧链带有$-NH_2$、$-OH$、$-OR$的芳香分子；而与含吸电子基的物质反应速率降低，与带有卤素的化合物反应速率也降低[136]。

过硫酸根自由基是过硫酸盐氧化技术中的关键。因此，过硫酸盐如何活化产生硫酸根自由基已成为过硫酸盐应用的关键。常用的活化方式包括热活化、过渡金属活化、碱活化、过氧化氢活化、紫外活化等。

（1）热活化

热活化基于高温下过硫酸盐不稳定，容易均裂产生硫酸根自由基[137]。

温度越高，污染物降解越快；但与此同时，过硫酸盐分解也越快，可能会导致污染物去除总量减少。热活化过程与 pH 有关，当低 pH 时，过硫酸盐直接分解而不产生自由基，因此，在低 pH 时，污染物降解效果相对较低[138]；与此同时，高温和低 pH 都有利于自由基的产生，综合作用导致自由基彼此猝灭而不是污染物降解[139]。有研究表明，温度和反应速率符合阿伦尼乌斯方程，则温度对污染物的降解影响取决于污染物本身的热力学特征[140]。环境系统中存在的其他有机物和无机离子同样会影响反应，因此环境修复过程中最适温度的选择要综合考虑以上两个方面的因素，而该最适温度的选择对于修复应用至关重要。

(2) 金属活化

金属离子活化过程中涉及自由基的产生和抑止两个过程。优化金属离子的量达到最有效的活化显得至关重要。在 ISCO 应用时，Ag^{+} 能高效活化过硫酸盐，但是由于其毒性和成本限制了其应用[141]；Mn^{2+} 虽然不是很有效的活化剂，但是，Mn^{2+} 是在土壤和水系统中含量最丰富的过渡金属元素[142]；Fe^{II} 和 Fe^{III} 是最常用的金属离子活化剂，因为它们在自然界含量丰富而且有良好的环境兼容性。Fe^{II} 活化过硫酸盐同样遇到活化效率的问题，同时也会遇到与很多类芬顿反应相似的问题，因此可以借鉴类芬顿反应中的对策来解决活化过硫酸盐反应中的问题。Fe^{II} 活化过硫酸盐过程中遇到的最重要问题是过硫酸盐/Fe^{II} 比例问题，过多的 Fe^{II} 会与自由基反应而不是污染物反应，有研究表明，逐次投加 Fe^{II} 比一次性投加会更有效[143]。为了保持中性 pH 条件下 Fe^{II} 的溶解度，通常加入各种螯合剂[144-145]，常用的有 EDTA、NTA、柠檬酸，其中柠檬酸最有效，而活化过程中过硫酸盐/Fe^{II}/柠檬酸比例也极其重要，一般来说柠檬酸要过量[146]。为了维持 Fe^{II} 的活性，也可以加入还原剂硫代硫酸钠，控制 Fe^{II} 的氧化，提高活化效率[147]。除了采用离子态的 Fe^{II} 外，也有采用固体形态的铁或者铁氧化物作为铁源，如零价铁和四氧化三铁[148-149]。固体形态的铁源在活化过程中

能够缓慢地释放出 Fe^{II}，因此具有更高的利用效率和持续的活化能力；与此同时，零价铁和四氧化三铁等纳米颗粒本身也具有较强的反应活性，纳米颗粒的界面反应活性进一步降解污染物。

（3）碱活化

采用 NaOH 或者 KOH 碱活化过硫酸盐是最新的活化方法，但是也被认为是效率最低的活化方法，因为碱性条件下过硫酸盐分解的很快[150-151]；同时，环境中存在中和碱的物质要求使用大量的碱液才能达到较好的活化效果，环境和经济上也不合算。

（4）过氧化氢活化

过氧化氢活化是迄今为止过硫酸盐现场应用中最常见的活化技术，但是其活化效率低于 Fe^{II}，目前其活化机理还不是很清楚。有研究认为，活化机理是过氧化氢产生羟基自由基进而活化过硫酸盐；也有研究认为，是由于过氧化氢溶解放热而热活化过硫酸盐[141]。

（5）紫外活化

紫外活化也是过硫酸盐活化的一种重要方式，一般认为在波长小于 270 nm 时，过硫酸根中的 O—O 键能断裂产生过硫酸根自由基[152]。

除以上活化方法外，还有超声辅助活化[153]、微波辅助活化[154]、电化学活化等，这些新型活化手段都能够取得较好的活化效果。除了以上单一的活化方式外，两种或两种以上的活化方法同时使用的复合活化也得到广泛的应用[155]。复合活化方式既能够发挥单一活化方式的优势，同时也可以克服其不足，甚至在活化过程起协同作用，提高活化效率。紫外光与过渡金属离子联合活化过硫酸盐已有报道，但是该活化过程中过渡金属离子产生的色度和浊度有可能影响紫外吸收，从而影响活化效率[156]。紫外光和过硫酸盐以及过氧化氢联合活化体系具有较高的反应活性，紫外本身既能够活化过硫酸盐，同时也能够活化过氧化氢，系统中产生丰富的硫酸根自由基和羟基自由基，高效降解污染物[157]。高温和金属离子的复合活化技术也有过广泛的报道[158]。在复合活化方式中，要综合各方式的优势，扬长避短，以期达到最优的活化效果。随着材料科学的迅猛发展，越来越多的学者致力于合成新材料用于过硫酸盐的活化，大多数新材料都是基于过渡金属离子，或者将不同金属离子混合形成复合材料[159-160]，或者将过渡金属离子负载在新材料上[161-163]，无论何种方法，都能够提高过硫酸盐的活化效率，同时可以克服过渡金属离子单独使用时存在的问题。这些新材料一般都能够很好的分离再生，其结构稳定性和重复利用性也成为其环境应用的一大优势。有些新材料能够利用环境中常见的资源，如太阳光[164]、常见矿物[165]，作为催化材料而催化活化过硫酸盐，这在环境应用中有着巨大的潜力。

由于过硫酸根自由基对污染物具有选择性反应，因此在过硫酸盐的活化技术中，需要注意根据污染物对象的结构选择合适的活化方法。有些污染物易于被过硫酸盐氧化，只需选择较温和的方式就可以达到完全降解的目的；而有些污染物结构稳定，难以降解，则需采用剧烈的活化方式降解污染物，甚至要采用复合活化方式才能够达到良好的去除效果[166]。反应过程产生色度或者浊度的污染物最好避免采用紫外活化的方式。而 PFOA 被报道只跟硫酸根自由基而不跟羟基自由基反应[167]，因此在活化过程中也要避免选择采用产生较多羟基自由基的活化方式，如碱活化或者过氧化氢活化。合理的活化方式的选择既可以提高污染物的降解效率，也可以降低处理成本。此外，还要注意活化过程中环境条件的影响，研究表明溶液中的各种共存离子都有可能会影响过硫酸盐的活化效率[168]，而 pH 也是影响过硫酸盐活化的重要条件[169]。不同 pH 条件下，产生的自由基种类和比例不同，甚至活化机理也会不一样。本文针对 β-内酰胺抗生素不稳定易降解的特性，采用比较温和的方式活化过硫酸盐，即金属离子活化；根据该类抗生素易于和各种金属离子络合的特点，主要研究了金属离子的络合作用在过硫酸盐活化过程中的角色。此外，还重点研究了金属铜离子和磁铁矿矿物复合活化方式活化过硫酸盐，探讨复合氧化方式中的协同作用机理。

1.4 论文研究意义和内容

1.4.1 研究目的和意义

近年来,随着人类社会经济的发展,越来越多的PPCPs被人类使用,最终通过各种途径进入环境系统。这些外源性化合物在环境中原来并不存在,持续不断地进入可能会造成环境系统结构和功能的潜在影响,因此PPCPs的环境污染问题已成为各国政府、学术界和公众共同关注的焦点和热点。PPCPs在环境中的普遍存在,急需人们对其生态环境风险进行评估。以往关于环境污染物对生物体的毒性研究多集中在体外模拟条件下研究污染物与生物大分子的相互作用,探讨其对生物分子的潜在毒性作用;或通过动物模型暴露的方法研究污染物对生物体暴露后在分子水平上对生物体的基因序列或蛋白表达的影响及在个体水平上的行为变化或剂量-效应关系;而对于环境污染物如何从生物体的膜外输运到膜内以及输运过程中发生的反应、结合和平衡等均缺乏相应研究。而实际上,污染物在进入生物体内发生毒性效应以前,首先必须与细胞膜接触并发生相互作用,通过膜结构跨膜输运进入细胞或组织内,然后和细胞内DNA或者其他生物大分子作用影响其相应的功能,最终导致生物体的基因序列或者蛋白质表达的改变,在个体形式上表现出相应的毒性特征。可见,在对环境污染物的毒性作用中,跨膜输送输运、内在分子机制、外在毒性表现是三个相互联系、密不可分的过程。在毒性作用研究中,只有将它们有机结合起来,全面分析污染物的致毒作用,才能全面系统的阐述污染物的致毒过程和机制。

PPCPs在环境中的普遍存在和潜在环境风险已得到越来越多的证实,因此,如何控制或者削减这些PPCPs已成为环境工作者面临的重大课题。

为了解决这个问题，人们采用物理、化学、生物等一系列的方法来降解这些 PPCPs，并且取得了令人瞩目的成就；并且随着科学技术的发展，越来越多的新材料、新技术被应用到污染物的降解反应中。但是环境中 PPCPs 种类繁多，结构复杂，它们降解性能差异大，因此在考虑对 PPCPs 降解技术的过程中，应充分考虑到其结构特异性和反应倾向性。对于不稳定易降解污染物，即使采用温和的方法也能达到很好的去除效果。β-内酰胺抗生素是人用抗生素的重要组成部分，占抗生素总量的 70%。但由于其在环境中的不稳定性和环境分析技术的局限性，环境工作者对该类抗生素的关注远远不够，与它们巨大用量并不相称。β-内酰胺抗生素在环境中很不稳定，很容易被环境介质成分催化降解，金属离子催化降解 β-内酰胺抗生素已成为其在环境中重要的降解途径之一，因此研究常见金属离子对污染物的降解反应同样有着重要意义，甚至有着更为重大的现实意义。同时，很多新材料、新技术都是以这些金属离子为基础，因此金属离子对污染物的降解反应的基础研究也将为其提供理论基础。近年来，基于硫酸根自由基的新型氧化技术也成为 PPCPs 控制领域的一个焦点和热点，产生硫酸根自由基的活化技术成为这一新型氧化技术应用的关键。环境中常见离子和矿物活化过硫酸盐的基础研究同样有着重大的现实意义，直接为该新型氧化技术的环境应用提供理论保障。因此，本文还从反应机制角度出发，研究常见金属离子对 β-内酰胺抗生素的降解反应机制，以及基于硫酸根自由基的新型氧化技术在 β-内酰胺抗生素降解反应中的活化机制，从该基础研究角度为 PPCPs 控制提供强大的理论支撑和技术保障。

1.4.2 研究内容

本文研究内容来源于国家自然科学基金(41072172)，污染控制与资源化研究国家重点实验室自主课题(PCRRY11004)。

三氯生、双氯芬酸和 β-内酰胺抗生素是几种使用频率较高的 PPCPs，其庞大的使用量和潜在的人类健康和环境风险引起人们广泛的关注。近年来,"三氯生致癌"和"双氯芬酸引起动物肾脏衰竭"的报道尤其引人关注。为了进一步评估它们的生态环境风险,本文从致毒过程、分子作用机理和毒性表现3方面系统研究了三氯生和双氯芬酸的毒性作用。PPCPs潜在的生态环境风险,使得如何控制或者削减PPCPs的研究极其重要。尽管抗生素的生态环境风险已被广泛报道,但是对β-内酰胺抗生素的降解行为和削减技术研究远少于其他类抗生素,与它们庞大用量并不相称。为此,本文研究了常见金属离子和基于硫酸根自由基的新型氧化技术对β-内酰胺抗生素的催化降解,从反应机制和分子结构等基础研究角度阐述降解反应,为该类抗生素的污染控制提供理论基础。具体研究内容如下:

(1) 以斑马鱼胚胎为研究对象,通过超声破碎、离心分离和提取等手段,对胚胎膜上、内、外的污染物定量,研究目标污染物,即双氯芬酸和三氯生与胚胎膜的作用方式和规律,以及目标污染物在胚胎不同部位的分配特征和规律。

(2) 通过对斑马鱼胚胎的毒性暴露,研究双氯芬酸和三氯生对斑马鱼胚胎的毒性效应,鉴定筛选出毒性靶器官。

(3) 通过采用PCR等技术,研究目标污染物双氯芬酸对斑马鱼胚胎发育相关基因表达的影响,评估分子毒性内在机制和胚胎发育外在毒性特征的关联。从全过程分析目标污染物的致毒作用。

(4) 通过荧光光谱,紫外光谱,毛细管电泳,圆二色谱,平衡透析等方法,研究双氯芬酸和三氯生与生物大分子的相互作用;得出目标污染物与生物大分子的结合常数、结合位点、结合热力学能、结合距离等,并评估这些污染物对生物大分子的结构构象和生理功能的影响。

(5) 通过高效液相色谱和液相色谱质谱联用仪,研究金属铜离子对目标污染物β-内酰胺抗生素的降解,深入研究其降解特性和降解机理;探讨目标污染物分子结构和降解途径的内在关联性。

(6) 通过金属铜离子活化过硫酸盐，研究基于硫酸根自由基的新型氧化技术对β-内酰胺抗生素的降解反应，评估金属铜离子和有机物络合反应在过硫酸盐活化中的作用。

(7) 通过采用不同方法合成的纳米磁铁矿活化过硫酸盐，研究该体系对β-内酰胺抗生素的降解性能，评估合成方法对纳米颗粒表观特性和活化性能的影响，探讨金属铜离子在磁铁矿表面的界面化学反应特性以及协同活化过硫酸盐机制。

1.4.3 研究方案和路线

本文首先选取斑马鱼胚胎作为模式对象，对污染物与胚胎膜的作用方式和规律进行了研究，并进一步研究了不同污染物在胚胎不同部位的分配特征和跨膜输运途径和过程。同时，以早期发育胚胎为暴露对象，通过对暴露后胚胎发育异常和畸形的观察和评价，从宏观上分析污染物对胚胎毒性的外在表现；通过特定基因的基因表水平分析，从微观上阐述污染物对胚胎毒性的内在分子机制。然后采用荧光光谱，紫外光谱，毛细管电泳，圆二色谱，平衡透析等方法，以人血清白蛋白为对象，研究了 PPCPs 和生物大分子的相互作用，分析其结合反应平衡和结构功能变化。本文随后以β-内酰胺抗生素为研究对象，研究金属铜离子对其的降解机理，建立有机物分子结构和降解性能和降解机理的关联性。然后以基于硫酸根自由基的新型氧化技术为手段，研究金属铜离子、纳米磁铁矿活化过硫酸盐产生硫酸根自由基，进而降解目标 PPCPs。本文综合跨膜输运、分子作用和毒性暴露 3 个方面的研究对污染物的致毒机理进行了全面分析，旨在为从分子、细胞和个体水平上为揭示污染物的致毒机理奠定理论基础；并且通过 PPCPs 降解反应的机理研究，为 PPCPs 的污染控制提供理论基础和技术保障。具体的技术路线如图 1-1 所示。

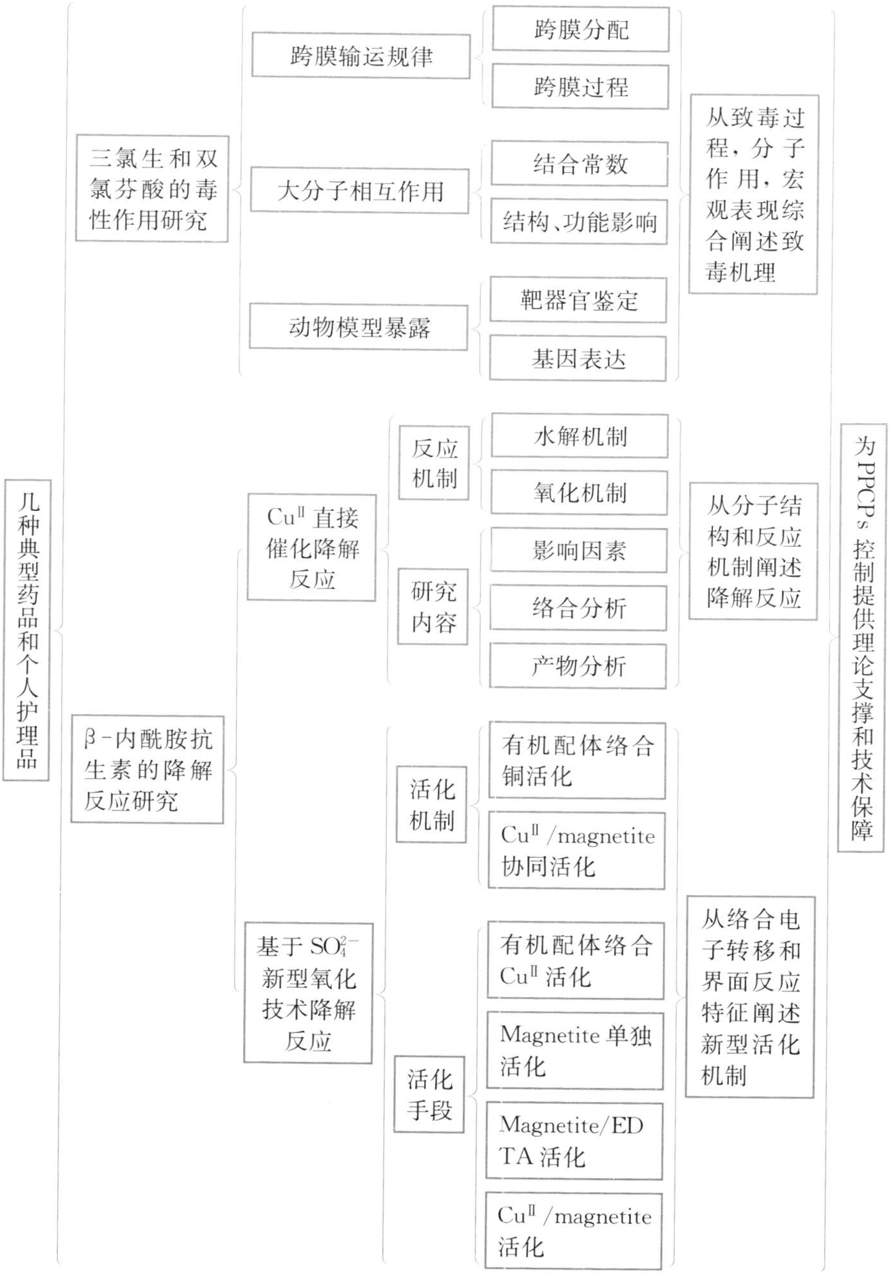

- 几种典型药品和个人护理品
  - 三氯生和双氯芬酸的毒性作用研究
    - 跨膜输运规律
      - 跨膜分配
      - 跨膜过程
    - 大分子相互作用
      - 结合常数
      - 结构、功能影响
    - 动物模型暴露
      - 靶器官鉴定
      - 基因表达
    - → 从致毒过程，分子作用，宏观表现综合阐述致毒机理
  - β-内酰胺抗生素的降解反应研究
    - Cu^{II} 直接催化降解反应
      - 反应机制
        - 水解机制
        - 氧化机制
      - 研究内容
        - 影响因素
        - 络合分析
        - 产物分析
      - → 从分子结构和反应机制阐述降解反应
    - 基于 SO_4^{2-} 新型氧化技术降解反应
      - 活化机制
        - 有机配体络合铜活化
        - Cu^{II} /magnetite 协同活化
      - 活化手段
        - 有机配体络合 Cu^{II} 活化
        - Magnetite 单独活化
        - Magnetite/EDTA 活化
        - Cu^{II} /magnetite 活化
      - → 从络合电子转移和界面反应特征阐述新型活化机制
- → 为 PPCPs 控制提供理论支撑和技术保障

图 1-1　技术路线流程

第2章

PPCPs对斑马鱼胚胎毒性作用研究

近年来，由于持续排放到环境以及潜在的环境和人体健康风险，环境中PPCPs等新兴污染物的环境污染问题引起了人们的广泛关注。三氯生(TCS)是一种广谱抗菌剂，广泛用于各种个人护理品中。双氯芬酸钠(DCF)是一种常用的消炎药，常应用于减轻各种疾病引起的感染和痛苦。随着广泛使用，TCS和DCF通过各种途径进入到水体环境，成为环境中两种常见的PPCPs，在城市污水出水、地表水、地下水，甚至饮用水中都有检测到其存在，浓度在ng/L～μg/L数量级。尽管环境浓度的DCF和TCS不会造成生物体的急性毒性，但是慢性毒性仍有可能。随着人类持续暴露于TCS环境，TCS的安全性逐渐引起人们的关注；而“牙膏中TCS可能会致癌”的广泛报道更是引起公众对这一新兴污染物安全性的广泛讨论和密切关注。南亚大陆秃鹰数量的急剧减少被认为与它们暴露于DCF有关。DCF在这些地区广泛用于治疗患病的牛类等牲口，秃鹰在摄食这些DCF治疗的家畜牲口后，DCF在秃鹰体内蓄积，最终导致肾脏衰减而死亡。因此PPCPs仍旧有潜在的人类健康和生态环境风险，对其致毒作用的研究尤其必要。

斑马鱼是一种热带淡水鱼，它养殖方便、繁殖周期短、产卵量大、胚胎体外受精、体外发育、胚体透明。斑马鱼与哺乳动物生物结构和生理功能高度相似，与人类基因同源性高达87%，信号传导通路基本相似，已成为评估化学物环境和人类健康风险的模式生物。斑马鱼模型兼具体外模型的高效优势和体内模型的可靠优势，其分析成本远低于猴子、老鼠等传统的脊椎动物模型。斑马鱼早期胚胎试验(ESL)是常用的评估水体污染物对鱼类急性和慢性毒性的手段，针对鱼类发育过程最敏感阶段的暴露，可提供一系列关于其生长发育指标作为污染物毒性评估的毒性终端，如发育延迟、体节和眼睛发育异常、自主运动次数、体内循环异常、心率跳动快慢、心包和身体水肿、尾部和躯干弯曲等。近年来，越来越多关于斑马鱼胚胎基因毒理学研究，在分子层次上阐述污染物对鱼类生长发育的毒性作用。但无论是微观上的分子作用，还是宏观上的动物模型暴露研究，在外界污染物与生物体发生作用前，首先必须与生物体的膜结构发生相互作用。只有了解了污染物与膜结构的作用规律和跨膜输运途径，明确其致毒过程，才能进一步研究其与生物分子的作用及作用后产生的毒性表现，本章从外源污染物与膜结构的跨膜输运、分子致毒机理和个体毒性表现3个方面研究出发，综合探讨、全过程分析PPCPs的致毒作用。

2.1 实验部分

2.1.1 仪器和试剂

高效液相色谱仪(HPLC 1200, Agilent, USA)；超高压液相色谱-三重四级杆质谱联用仪(Thermo Accela UPLC - TSQ Quantum Access, Thermo Fisher Scientific, USA)；超声细胞破碎仪(JY92 - II，宁波新芝生物科技有限公司)；离心机(TGL - 16M，长沙湘仪仪器公司)；解剖显微镜(SMZ645，Nikon，Japan)；显微镜数码相机(JVC, Japan)；精密电子天平

(CP214，奥豪斯)；六孔板(Nest Biotech)；PCR 扩增仪(TC－96/G/H(b)A，杭州博日科技有限公司)；分光光度计(SP－752，上海光谱)；水平电泳仪(DYY－6C，北京六一)；凝胶成像系统(JS－680，上海培清科技有限公司)；ReverTra Are－α－反转录试剂盒(TOYOBO)；2×PCR MasterMix (BioTeKe)；100 bp Marker(TIANGEN)；TRI reagent(Sigma，USA)；DCF (Sigma，USA)，TCS(Sigma，USA)；无水乙醇(杭州长征化学试剂有限公司)；异丙醇(临海市浙东特种试剂厂)；NaOH、NaCl、$NaHCO_3$、Na_2HPO_4、KH_2PO_4、KCl、$CaCl_2 \cdot 2H_2O$、$MgSO_4 \cdot 7H_2O$ 等都购于国药集团化学试剂有限公司，纯度均为分析纯。

DCF 直接由固体药品溶于水配得储备液。TCS 由于其溶解度低，在溶解过程中加入少量 NaOH 助溶。重组培养液的配制(ISO 6341—1982)方法是称取 0.294 g $CaCl_2 \cdot 2H_2O$、0.123 g $MgSO_4 \cdot 7H_2O$、0.065 g $NaHCO_3$ 和 0.006 g KCl 固体粉末，用去离子水溶解并定容到 1 000 mL，配成重组培养液，充分曝气后用于斑马鱼胚胎的培养。0.1 M 磷酸缓冲液由一定量的 KH_2PO_4 和 Na_2HPO_4 混合溶于水配得，用 NaOH 或 HCl 调到 pH 5.5、6.5、7.5、8.5 和 9.5。0～0.25 M NaCl 由 NaCl 固体直接溶于水配得，用作调节离子强度。

成熟斑马鱼饲养在 25.0 L 的玻璃缸中，水质条件要求硬度以 $CaCO_3$ 计为 250 mg/L，pH 为 7.5±0.5，溶解氧为(10.5±0.5)mg/L，培养条件符合 EPA 的标准。斑马鱼产卵的光照周期为 14 h 光照/10 h 黑暗，温度控制在(26±1)℃。每天投喂 2 次无菌冷冻的红血虫，每天换水总水量的 1/3。在实验的前一天晚上，把底部含有隔板(3～4 mm)的孵化盒(12 cm×20 cm×12 cm)放入玻璃缸中，然后在每个孵化盒中放入雄鱼和雌鱼(2∶1)。第二天早晨开灯后 30 min 内斑马鱼产卵完成，受精卵落在孵化盒的底部，然后用直径为 5 mm 的塑料软管把受精卵从孵化盒底部吸出，接着用已充分曝气的重组培养液把受精卵冲洗干净，在显微镜下选取正常发育的受精卵用于跨膜输运和毒性暴露研究。毒性暴露实验中，在受精后 6 hpf（即 6 min）和 24 hpf 对胚胎进行清理（移除已死亡胚胎），并根据胚胎的发育阶段挑选合适的胚胎拍照[170]。因为胚胎可以从自身的卵黄囊中获取营养物质，所以在受精后 9 d 内（9 dpf）不需要喂食。实验完成后，用三卡因甲磺酸对各个发育阶段的斑马鱼进行过度暴露处理，从而将斑马鱼麻醉处死。麻醉处死的操作步骤符合美国兽医协会（AVMA）对动物麻醉处死的规范要求。

2.1.2　污染物的跨膜输运

在 5 mL 比色管中分别加入不同体积的 DCF/TCS 储备液，用去离子水定容到 2 mL，胚胎在 DCF 溶液中暴露 8 h（TCS 溶液暴露 24 h）。为了研究污染物在胚胎不同部位的分布情况，需要对胚胎不同部位的污染物进行分离、提取和测定。首先把胚胎和暴露溶液分离，用 HPLC 测定溶液中剩余 DCF/TCS 浓度，即为膜外溶液中剩余污染物的量；然后把分离出来的胚胎用去离子水清洗 3 遍后，重新溶于 2 mL 去离子水，再用细胞破碎仪在冰浴中超声破碎，超声功率为 120 W，破碎时间为 90 s（10 s 工作，5 s 间隔），破碎过程中膜内基质分散到悬浮液中，在 6 000 r/min 下离心 5 min，使破碎的细胞膜和含膜内基质的悬浮液分离，由于膜内基质中污染物含量低，用更灵敏的 UPLC－MS/MS（TCS 仍采用 HPLC）测定悬浮液中污染物浓度即为膜内污染物的量；破碎的细胞膜重新溶于 2 mL 甲醇，继续超声破碎 90 s，超声功率为 240 W，悬浮液在 12 000 r/min 下离心 5 min，取上清液测定污染物浓度即为膜上污染物的量。空白对照在重组水中进行，经历以上所有试验过程。为了评估污染物在以上提取过程中的回收率，已知浓度的污染物加入空白对照组，经历每一个步骤时测定污染物的浓度，计算其在膜内、膜上、膜外的回收率。

TCS 采用 HPLC 检测，色谱柱为 Kromasil ODS C18（250×4.6 mm，

5 μm），检测波长为 280 nm，流动相为 75% 乙腈/25%水，流速为 1 mL/min。高浓度 DCF 钠也采用 HPLC 检测，流动相为 60%乙腈/40%水（含 0.4%醋酸），其他条件与 TCS 相同。低浓度 DCF 采用 UPLC－MS/MS 检测，色谱柱为 zorbax extend－C18 column（100×2.1 mm，1.8 μm）。流动相 A 为含 0.4%醋酸的水，流动相 B 为乙腈，梯度为 38% B 保持 1 min，在 12 min 时增加到 60% B，17 min 时降低到初始流动相并保持 3 min；流速保持在 0.2 mL/min。质谱分析部分条件为电喷雾离子源，负离子模式，喷雾电压为 3 500 V，碰撞电压为 20 eV，子离子 m/z 214 用于定量，m/z 250 用于辅助定性。

2.1.3　污染物对斑马鱼胚胎的毒性暴露

用 DCF 处理 1 hpf 的野生型 AB 系斑马鱼幼鱼 4 d，四个暴露浓度分别为 1.01 μM、3.38 μM、10.13 μM 和 15.20 μM，同时设置空白对照组，每个浓度均处理 30 尾斑马鱼。在 1 dpt、2 dpt、3 dpt 和 4 dpt 时均进行观察，移除并记录死亡斑马鱼，并对典型个体进行照相，同时在处理结束后针对 12 个器官或组织进行观察统计。评价的器官与组织包含心脏，脑部，下颌，眼，肝脏，肠，躯干/尾/脊索，肌肉/体节，身体着色，循环系统，身体水肿，出血。分析采用 Fisher 精确检验法，p 小于 0.05 为显著。

用 TCS 处理 1 hpf 的野生型 AB 系斑马鱼幼鱼 5 d，5 个暴露浓度分别为 0.35 μM、1.04 μM、1.73 μM、2.42 μM、3.11 μM 和 5.19 μM，同时设置空白对照（control）、溶剂对照（solvent）和阳性对照组（positive）。每个浓度处理 30 尾胚胎，除空白对照、溶剂对照和阳性对照设置一个重复外，每个浓度均分别设置 4 个重复，对每个重复进行编号，分别为实验 1、实验 2、实验 3 和实验 4。药物处理期间的操作程序如下：

（1）在 48 hpf、72 hpf 和 96 hpf 时，分别统计四组实验中每个浓度的胚胎孵化率。

(2) 在96 hpf时,分别观察实验组1和实验组2中每个浓度(存活的所有斑马鱼均做观察和统计)中的斑马鱼,评价的器官与组织包含心脏,脑部,下颚,眼,肝脏,肠,躯干/尾/脊索,肌肉/体节,身体着色,循环系统,身体水肿,出血,鳔,鳍,神经系统(身体侧翻);对典型图片拍照。

(3) 在120 hpf时,分别观察实验组3和实验组4中每个浓度(存活的所有斑马鱼均做观察和统计)中的斑马鱼,评价的器官与组织包含心脏,脑部,下颚,眼,肝脏,肠,躯干/尾/脊索,肌肉/体节,身体着色,循环系统,身体水肿,出血,鳔,鳍,神经系统(身体侧翻);对典型图片拍照。

(4) 在整个药物处理期间,每天(即在24、48、72、96和120 hpf)统计4个实验组每个浓度中斑马鱼死亡数量并及时移除;药物处理结束后,统计各实验组的斑马鱼死亡数量,绘制最佳的浓度效应曲线,若可以,并使用orign统计学软件计算LC_{10}和LC_{50}值。

2.1.4 污染物对斑马鱼胚胎基因表达影响

根据DCF对斑马鱼胚胎毒性暴露实验,药物暴露浓度分别为1.01、3.38、10.13和15.20 μM,同时由于10.13和15.20 μM暴露组在3 dpt和4 dpt时发生死亡,故本次实验观察点为1 dpt和2 dpt。

用药物处理1 hpf的野生型AB系斑马鱼幼鱼2 d,各浓度暴露组以及空白对照组中,每组均处理200尾斑马鱼。在1 dpt和2 dpt时每组随机挑选100尾斑马鱼,破膜后提取总RNA。分光光度计测定总RNA浓度和纯度,计算公式如式(2-1)。

$$\text{RNA 样品的浓度}(\mu g/\mu L) = OD260 \times \text{稀释倍数} \times 40/1\,000 \tag{2-1}$$

RNA提取后用1.2%琼脂糖凝胶进行凝胶电泳,电泳结果见图2-1,

5S、18S 和 28S 条带均清晰可见。将 RNA 稀释 300 倍，用分光光度计测定 RNA 的 A260 和 A280，并计算 A260/A280（表 2－1），比值均在 1.62～1.72。将 RNA 浓度用 DEPC 水稀释成 1 μg/μL，取 10 μL 用 20 μL 体系逆转录成 cDNA，cDNA 浓度为 1 μg/μL。

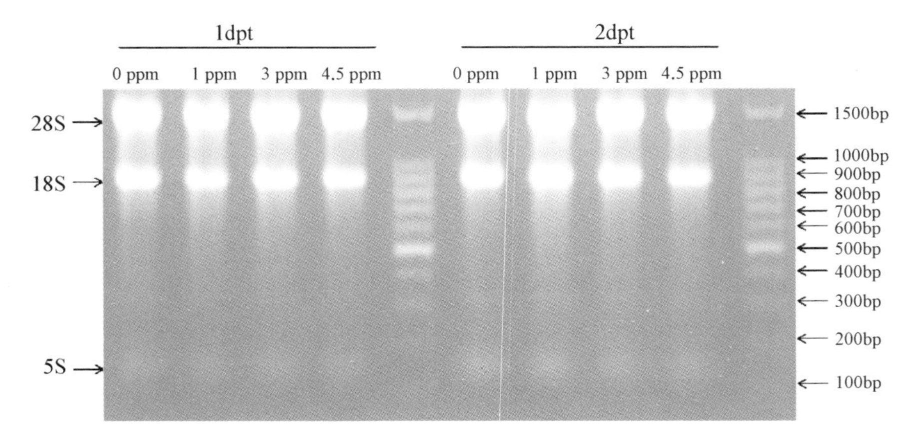

图 2－1　斑马鱼总 RNA 琼脂糖凝胶电泳

表 2－1　总 RNA 的浓度及纯度

阶　段	浓度/μM	A260	A280	总 RNA 浓度/(μg·mL^{-1})	A260/A280
1 dpt	0	0.124	0.074	1.49	1.68
	3.38	0.100	0.058	1.20	1.72
	10.13	0.102	0.062	1.22	1.65
	15.20	0.097	0.059	1.16	1.64
2 dpt	0	0.126	0.076	1.51	1.66
	3.38	0.146	0.090	1.75	1.62
	10.13	0.111	0.068	1.33	1.63
	15.20	0.108	0.065	1.30	1.66

利用上述实验得到的 cDNA 模板进行 PCR，PCR 加样体系及梯度反应程序如下：

20 μL 反应体系：		梯度反应程序(34 cycles)：	
PCR MIX	10 μL	95℃	2 min
Primer forward	0. 5μL	94℃	30 s
Primer reverse	0. 5 μL	45℃～60℃	30 s
cDNA	0. 8 μL(0. 8 μg)	72℃	30 s
Ultra water	8. 2 μL	72℃	10 min
		4℃	∞

PCR 结束后进行琼脂糖凝胶电泳并照相，选取目的条带明亮清晰且无杂带的温度作为最佳退火温度，具体见表 2 - 2。

表 2 - 2　各基因引物的基本参数

Gene		Primers	Tm/℃	Best cycle number	Product length/bp
β - actin	Forward	5′- CATCAGCATGGCTTCTGCTCTGTATGG - 3′	60	30	389
	Reverse	5′- GACTTGTCAGTGTACAGAGACACCCT - 3′			
GATA4	Forward	5′- TCCAGGCGGGTGGGTTTATC - 3′	57. 5	38	286
	Reverse	5′- TGTCTGGTTCAGTCTTGATGGGTC - 3′			
Nkx2. 5	Forward	5′- GTCCAGGCAACTCGAACTACTC - 3′	51	38	281
	Reverse	5′- AACATCCCAGCCAAACCATA - 3			
Wnt3a	Forward	5′- TACGCCTTCTTCAAGCATCC - 3′	56	38	198
	Reverse	5′- CTCTTTGCGCTTTTCTGTCC - 3′			
Wnt8a	Forward	5′- CAAGCAAGGAAGTTGGAGATGG - 3′	59	40	334

根据上述反应体系以及最佳退火温度，设置 β - actin 的反应循环数为 20～34，GATA4 和 Nk×2.5 的反应循环数为 26～40，Wnt3a 和 Wnt8a 的反应循环数为 28～42，每隔 1 个循环取出一管，共 8 管。反应结束后进行琼脂糖凝胶电泳并照相，分析目的条带的光密度，确定光密度强且未到平台期的循环数为最佳循环数，具体见表 2 - 2。

根据各基因引物的最佳退火温度和循环数进行 PCR，每个组重复 3 管，1.2%琼脂糖凝胶电泳后照相，并用软件分析条带光密度。

$$\text{相对光密度等于 } n \text{ dpt 处理组光密度} / n \text{ dpt 空白对照光密度}$$
$$n = 1,2$$

分析采用 ANOVA 分析及 Dunnet t 检验，p 小于 0.05 为显著。

2.2 结果和讨论

2.2.1 污染物的跨膜输运

斑马鱼胚胎暴露在 DCF 溶液中 8 h 后，胚胎膜外面溶液中剩余的 DCF 用 HPLC 分析，计算不同 DCF 暴露浓度时，结合在胚胎膜上 DCF 浓度 γ。图 2 - 2 为胚胎在不同浓度 DCF 溶液中暴露后 γ 的变化趋势，随着 DCF 初始浓度 C_0 的增加，γ 也不断增加。γ 随 DCF 初始浓度 C_0 升高分为两个阶段，低浓度（0.3～162 μM）时，γ 呈线性增加；高浓度（162～1 620 μM）时，γ 继续增加但是增减幅度变慢。为了更好地阐述 DCF 和胚胎膜的相互作用，我们采用吸附热力学方程来模拟相互作用过程。低浓度时，DCF 在斑马鱼胚胎上的结合符合线性分配模型，分配方程见式（2 - 2），其中分配常数 P 为 3.3 μL/embryo。高浓度时，DCF 与斑马鱼胚胎作用符合 Freundlich 模型，其异质因子 $1/n$ 为 0.697 2。由于 DCF 分子结构中含有苯环和氯原子，

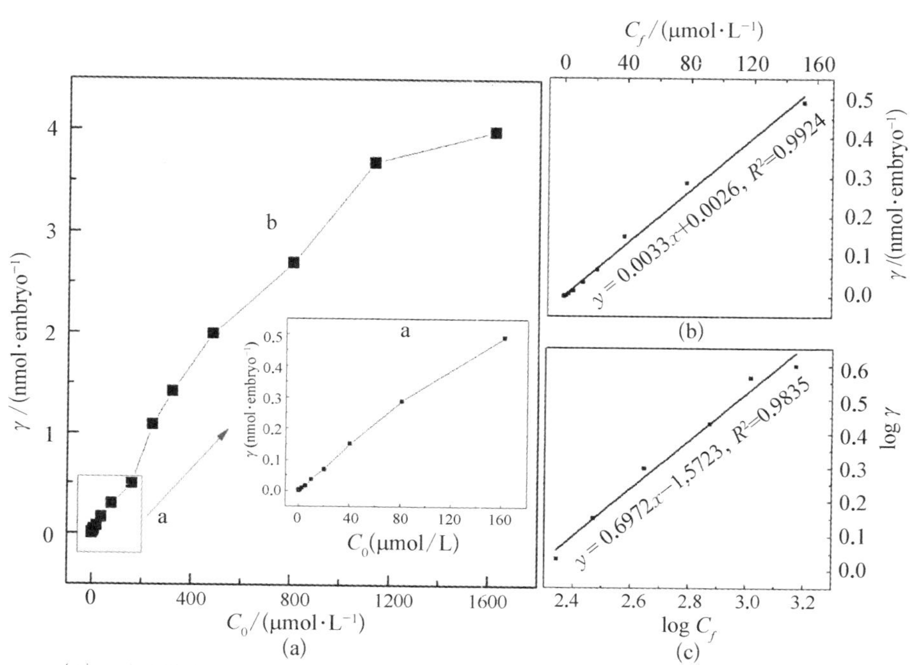

(A) a, 分配阶段；b, Freundlich吸附阶段；(B) 低浓度时线性分配模型拟合γ和C_f曲线，
(C) 高浓度时Freundlich吸附膜性拟合logγ和logC_f曲线

图 2-2　斑马鱼胚胎在不同浓度(0.3～1 620 μM) DCF 溶液中暴露 8 h 后结合数的变化趋势

DCF 会与胚胎膜表面的脂肪链基团发生疏水性相互作用，因此在低浓度时呈现分配特征。在生理条件下，DCF 分子中的羧基带负电(pKa=4.15)，而膜双分子层中含有 $-NR_4^+$，DCF 也可通过静电吸引作用吸附到膜分子层上。此外，DCF 也可能与胚胎膜上面的极性基团如 -COOH 和 $-NH_2$ 等通过氢键或者范德华力结合在一起。在高浓度时，DCF 不仅可以通过分配作用进入到胚胎膜内，而且可能以多种非共价键联合作用共同作用吸附到胚胎膜表面。

$$\gamma = 0.003\,3C_f + 0.002\,6,\ R^2 = 0.992\,4 \tag{2-2}$$

$$\lg\gamma = 0.697\,2\lg C_f - 1.572\,3,\ R^2 = 0.983 \tag{2-3}$$

斑马鱼胚胎暴露在不同浓度 TCS 溶液中 24 h 后，结合在胚胎膜上

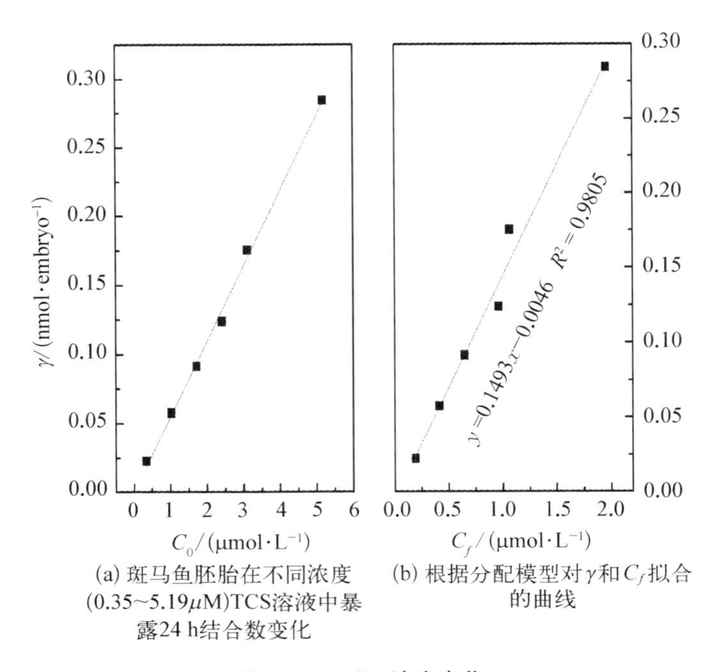

(a) 斑马鱼胚胎在不同浓度(0.35~5.19μM)TCS溶液中暴露24 h结合数变化

(b) 根据分配模型对γ和C_f拟合的曲线

图 2-3　TCS 浓度变化

TCS 的浓度变化趋势见图 2-3。随着 TCS 初始浓度 C_0 的增加，γ 呈线性增加趋势，该特点与低浓度 DCF 和胚胎膜作用时类似，表明 TCS 和胚胎的作用方式也符合脂水分配规律。采用线性分配模型拟合得到良好的线性(式(2-4))，其分配系数 P 为 149.3 μL/embryo。和 DCF 不同，TCS 分子在生理条件下没有带电基团，只能通过疏水性作用分配到胚胎膜中疏水性的脂肪链之间。其分配系数远大于低浓度时 DCF 与胚胎膜的分配系数，说明 TCS 比 DCF 更容易分配进入到胚胎膜内部。

$$\gamma = 0.1493C_f - 0.0046,\ R^2 = 0.9805 \quad (2-4)$$

溶液 pH、离子强度、温度对 DCF 和 TCS 与胚胎膜结合率 γ 的影响如图 2-4。随着离子强度的升高，DCF 与胚胎膜的结合率 γ 也逐渐增大，这是由于随着离子强度的增加，DCF 和胚胎膜的疏水性相互作用也增加，有利于 DCF 通过疏水性分配作用进入到胚胎膜内[99]。当离子强度高于

0.15 M后，γ 逐渐降低。这是由于离子强度较高时，超出了胚胎正常的生理离子强度，胚胎的正常生理代谢受到影响，不利于其对 DCF 吸收和输运。随着温度的升高，γ 也呈增加趋势，表明高温有利于 DCF 与胚胎的结合，因为相对较高的温度加速了胚胎膜蛋白的转移和膜磷脂的旋转，有利于 DCF 通过疏水性作用快速分配到胚胎膜上和膜内。但当温度超过 35℃时，γ 开始降低，这是由于在高温时，胚胎的正常生理活动受到影响，不利于 DCF 与其结合。pH 对 γ 的影响没有明显规律。

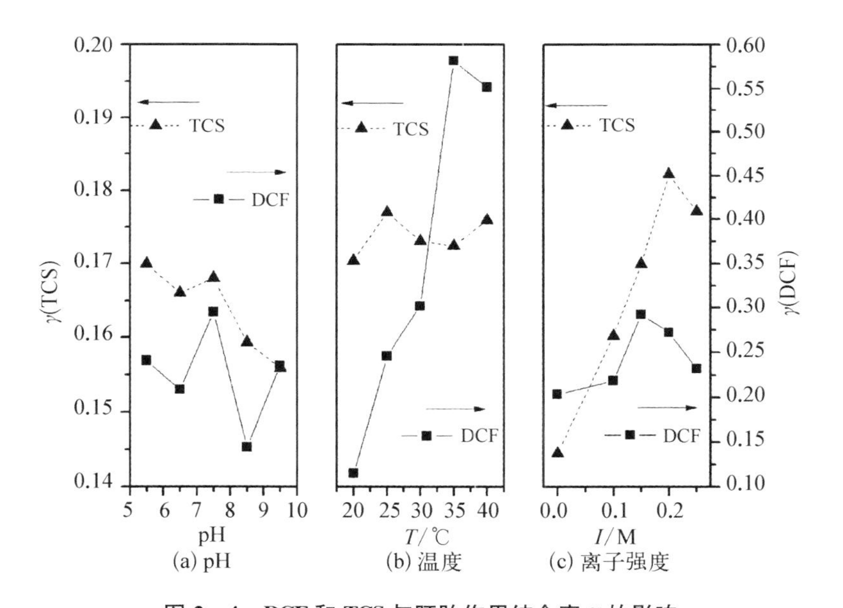

图 2-4　DCF 和 TCS 与胚胎作用结合率 γ 的影响

随着离子强度的升高，TCS 与胚胎膜结合率 γ 先增大后减小，离子强度的增加有利于 TCS 通过疏水性相互作用分配到胚胎膜内，过高的离子强度不利于胚胎的正常生理活动，代谢活性下降，γ 也下降。随着温度由 20℃升高到 25℃，胚胎膜流动性增强，有利于 TCS 通过疏水性作用分配到胚胎膜内基质中，γ 呈升高趋势，但是当温度超过胚胎正常生长发育温度 25℃时，胚胎正常生理活动受到影响，输运 TCS 的能力降低，于是在膜流动性增强和胚胎输运 TCS 能力降低的双重作用下,γ 在超过 25℃时没有明显的变化规律,很有可能是这两者贡献的作用大致相当。随着 pH 的升高,γ 呈降低趋势。这是因为 TCS 的 pKa 为 7.8,随着 pH 的升高,TCS 分子中的羟基逐渐去质子化而带负电,与胚胎膜表面带负电的基团静电排斥,不利于 TCS 进入到胚胎膜内部。

生物膜作为细胞的基本组成部分,是细胞结构中起着重要保护作用的天然屏障,对维持细胞内环境的稳定性具有重要作用。细胞膜除了其特有的磷脂双层外,膜外还有一些寡聚糖链、膜蛋白镶嵌在其表面。细胞膜在细胞的生理活动中具有营养运输、离子交换和信号传导等生理作用。污染物在进入细胞内对生物体起毒性作用前,必须首先与细胞膜发生作用。当污染物与膜结构相互作用后会引起膜结构膨胀、阻碍膜的运输功能和影响膜内外的渗透压平衡等毒性作用,因此研究污染物与膜的相互作用方式和跨膜输运过程对污染物的致毒机理研究有着重要的意义。斑马鱼胚胎在 DCF 溶液中暴露 8 h 后,95%以上的 DCF 分布在胚胎膜外溶液,只有少于 5%的 DCF 与胚胎膜发生相互作用。对于与胚胎膜相互作用的部分,有大约 53%的 DCF 分布在膜上,剩下部分进入膜内基质中(图 2-5)。随着 DCF 暴露浓度的升高,分布到膜上面和进入膜内的 DCF 线性增加,采用分配模型对其模拟呈现良好的线性,分配系数 P 分别为 0.001 6 μL/embryo 和 0.001 45 μL/embryo。和其他疏水性污染物如氯霉素,跨膜输运一样,大部分污染物停留在胚胎膜外面的溶液中[99]。对于与胚胎膜发生作用的部分,氯霉素有大约 80%分布在胚胎膜上,而 DCF 只有一半分布在膜上。污染物不同的分布行为可能与膜的脂成分和脂水分配系数有关。膜上磷酸酯的脂水分配系数小于膜内储存脂类的分配系数,而本研究采用的为 DCF 钠盐,其脂水分配系数小于氯霉素,因此 DCF 比氯霉素更难进入膜内卵黄囊中储存脂类。

TCS 在胚胎不同部位的分布规律如图 2-6 所示。与 DCF 在胚胎的

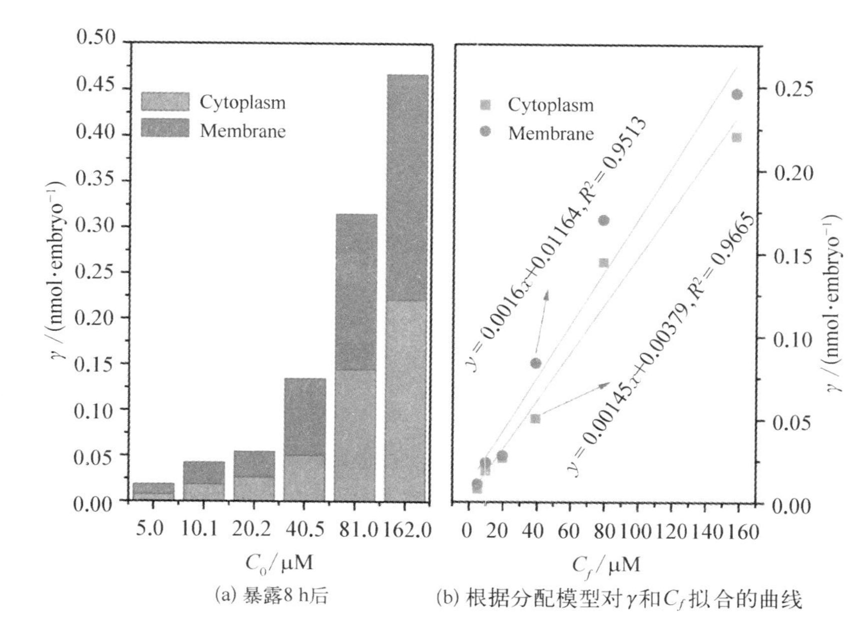

(a) 暴露8 h后 (b) 根据分配模型对γ和C_f拟合的曲线

图2-5 DCF(5～162 μM)在胚胎膜上和膜内的分布

分布特征不同，超过一半的TCS与胚胎相互作用，只有少于一半的TCS停留在膜外溶液中，为了比较TCS在胚胎不同部位分布的相对含量，由图2-6(a)每个部位的γ值计算出其相对百分含量，结果如图2-6(b)所示。大约40%的TCS停留在膜外溶液中，而与胚胎膜发生相互作用的部分中，大约有20%的TCS分布在膜上，而剩下的40%进入膜内基质中，TCS在膜外、膜上、膜内的分布比例约为2∶1∶2。由于TCS的脂水分配系数大于DCF，TCS通过疏水性作用分配进入膜上和膜内的能力远大于DCF。和氯霉素在膜上和膜内分布行为一样，由于膜内卵黄囊中储存脂类的脂水分配系数比膜上磷酸脂的分配系数大，与胚胎膜发生作用的TCS更容易进入膜内基质；只是由于TCS在膜内储存脂类的分配系数弱于氯霉素，TCS分配进入膜内的能力弱于氯霉素，于是进入膜内基质的TCS百分比少于氯霉素。

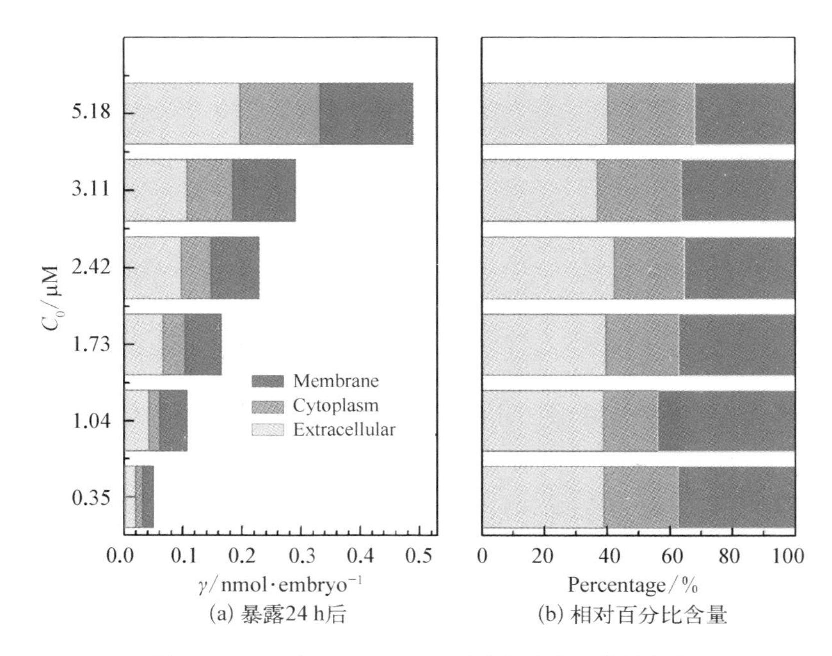

图 2-6 TCS(0.35～5.19 μM)在胚胎各部位的分布

2.2.2 污染物对斑马鱼的毒性表型

2.2.2.1 DCF 对斑马鱼胚胎的毒性表型

实验处理过程中，每天统计斑马鱼的死亡数量并移除死亡个体。各阶段死亡统计见表 2-3。1.01 μM 暴露组在 1 dpt 有 1 例胚胎自然死亡，非污染物诱导死亡；3.38 μM 组在 4 dpt 时发生死亡，死亡率 26.7%；10.13 μM 和 15.2 μM 组在 3 dpt 开始发生死亡，且在 4 dpt 时均 100%死亡。因此 DCF 对斑马鱼的最大非致死浓度介于 1.01～3.38 μM 之间。

表 2-3 斑马鱼阶段死亡统计

	空白组	1.01 μM	3.38 μM	10.13 μM	15.2 μM
1 dpt	0	1	0	0	0
2 dpt	0	0	0	0	0

续　表

	空白组	1.01 μM	3.38 μM	10.13 μM	15.2 μM
3 dpt	0	0	0	4	13
4 dpt	0	0	8	26	17
合计	0	1(3.3%)	8(26.7%)	30(100%)	30(100%)

斑马鱼胚胎暴露于 DCF 1～4 dpt 的毒性表型如图 2-7 所示，其中图 2-7(a) 为对照组中正常发育的胚胎，图 2-7(b)—(e)为暴露于 1.01，3.38，10.13 和 15.20 μM DCF 后的胚胎。污染物处理 1 d 后，1.01 μM 和 3.38 μM 暴露组斑马鱼胚胎未观察到形态学异常，10.13 μM 和 15.20 μM

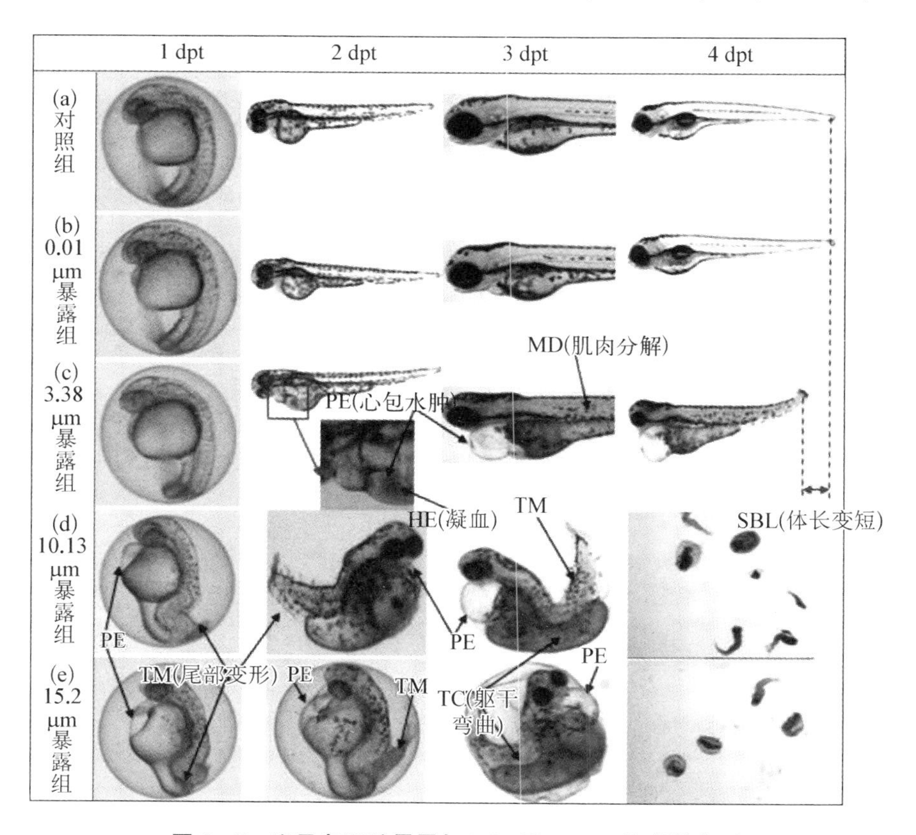

图 2-7　斑马鱼胚胎暴露与 DCF 后 1～4 d 的毒性表型

暴露组均发现斑马鱼胚胎尾部发生严重的刚性弯曲，同时有轻微的心包水肿；药物处理 2 d 后，1.01 μM 暴露组斑马鱼胚胎生长发育正常，3.38 μM 暴露组发生轻微的心包水肿，10.13 μM 和 15.20 μM 暴露组均发现斑马鱼尾部严重弯曲，同时有明显的心包水肿；药物处理 3 d 后，1.01 μM 暴露组斑马鱼生长发育正常，3.38 μM 暴露组斑马鱼发生严重的心包水肿、肌肉变性，10.13 μM 和 15.20 μM 暴露组均发生死亡，死亡率分别为 13.3% 和 43.3%，其余存活斑马鱼尾部发生严重躯干弯曲、心包水肿以及肌肉变性；药物处理 4 d 后，1.01 μM 暴露组斑马鱼生长发育正常，3.38 μM 暴露组斑马鱼体长变短、下颌畸形、眼变小、肝脏、肠道和循环缺失(图 2－8)、心包和身体水肿、肌肉变性以及色素异常，10.13 μM 和 15.20 μM 暴露组均全部死亡。斑马鱼暴露于 DCF 4 d 时畸形率统计如表 2－4 所示，由表可以看出，3.38 μM 暴露组内，所有存活的胚胎都有以下畸形特征：心包水肿、下颚畸形、眼变小、肝脏缺失、肠道缺失、躯干和尾部变短，肌肉和体节异常；80%存活的胚胎身体着色异常，而 60%胚胎有循环缺失和身体水肿。

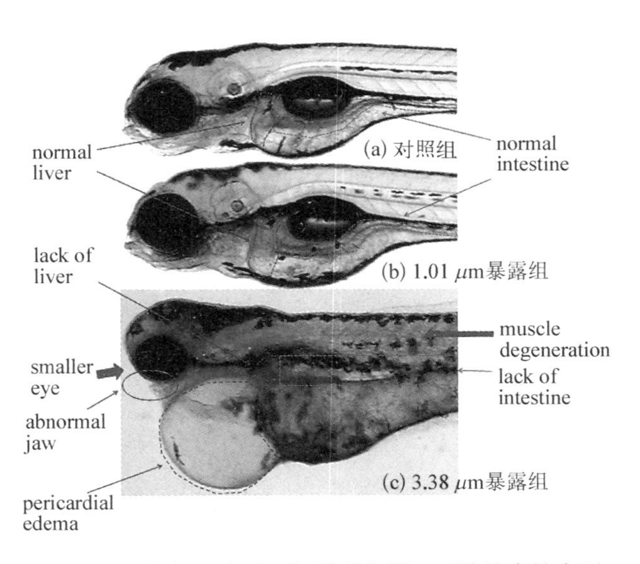

图 2－8　眼睛、肌肉、肝脏、肠道和循环系统的毒性表型

表 2-4　斑马鱼暴露 DCF 4 dpt 时畸形率统计

	空白组	1.01 μM	3.38 μM	10.13 μM	15.2 μM
心包水肿	0	0	100	—	—
下颌畸形	0	0	100	—	—
眼变小	0	0	100	—	—
肝脏缺失	0	0	100	—	—
肠道缺失	0	0	100	—	—
躯干/尾变短	0	0	100	—	—
肌肉/体节异常	0	0	100	—	—
身体着色	0	0	80	—	—
循环缺失	0	0	60	—	—
身体水肿	0	0	60	—	—

DCF 对斑马鱼胚胎的 4 dpt LOEC 在 1.01～3.38 μM 之间，低于以前文献报道的 25.15 μM 10 d LOEC[171]和 4.71 μM 3 d LOEC[172]。Hallare 等人[173]报道斑马鱼胚胎暴露于 3.24 μM 和 6.29 μM DCF 中 96 h 后发育迟缓，但没有明显致死和致畸作用。Praskova 等人[174]研究中也发现暴露 DCF 溶液 144 h 后，胚胎发育和孵化滞后，且有明显的形态异常，如身体水肿。在另一研究中暴露于 4.71 μM DCF 后，胚胎不仅发育和孵化滞后，而且有卵黄囊和尾部变形等畸形特征[172]。除了水肿、尾部畸形等已报道过的毒性表型外，本书新发现 DCF 对斑马鱼胚胎还有其他致畸毒性，如体长变短、眼睛变小、心脏、肾脏和循环缺失、肌肉分解和色素沉积异常。

2.2.2.2　TCS 对斑马鱼胚胎的毒性作用

(1) TCS 对自主运动的影响

斑马鱼胚胎孵化前在绒毛膜内进行有规律的自主运动，该自主运动是由运动神经元引起而不受中枢神经系统控制。TCS 暴露 24 h 对胚胎两次连续自主运动时间间隔的影响如图 2－9 所示。与空白对照组相比，TCS 会抑制斑马鱼的自主运动，即使是暴露于低浓度 TCS，自主运动也受到明显的抑制，两次自主运动间隔时间由 18 s 增加到 28 s，随着 TCS 浓度继续提高，自主运动抑制作用加强，当 TCS 浓度升高到 5.19 μM 时，自主运动抑制更加明显，自主运动时间间隔高达 45 s。

（2）TCS 对心率的影响

斑马鱼胚胎发育到 48 h 时，心脏已形成两个心室，并开始有规律的心跳。TCS 暴露 48 h 对斑马鱼胚胎 10 s 内心跳次数的影响如图 2－9 所示。胚胎暴露于 0.35 μM 和 1.04 μM TCS 后，心率并没有受到影响；浓度升高到 1.73 μM 后，TCS 对胚胎心跳有促进作用，但是随着浓度的继续升高，心跳促进作用减缓，在暴露于 3.11 μM 时甚至有抑制作用；在 5.19 μM 暴露组，TCS 对胚胎心跳有显著的抑制，这可能是由于高浓度时胚胎心脏受损，从而影响其心跳等功能。

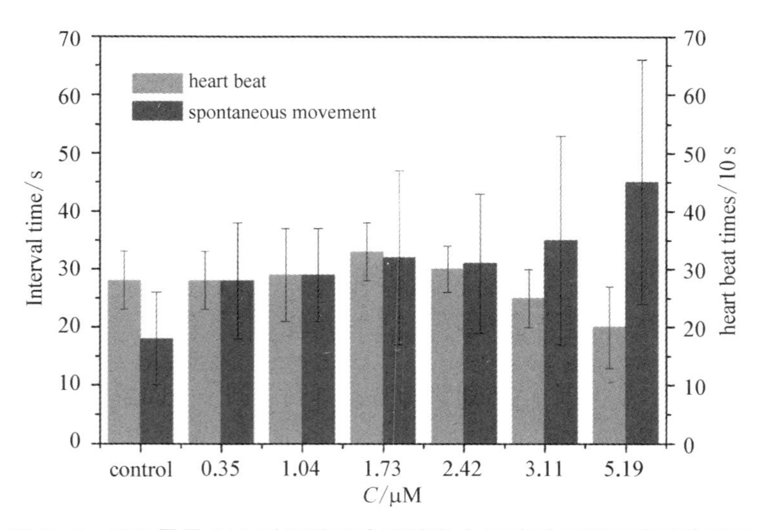

图 2－9　TCS 暴露 24 h 对胚胎两次连续自主运动时间间隔的影响以及暴露 48 h 对心率的影响

（3）TCS 对孵化率的影响

不同浓度 TCS 处理的胚胎分别至 48 hpf、72 hpf 和 96 hpf 时，在四组实验的每个浓度中分别随机选取 10 尾斑马鱼，观察并记录斑马鱼的孵化数。TCS 暴露对斑马鱼胚胎孵化率的影响如图 2－10 所示。定量分析表明，与溶剂对照组比较，在 48 hpf 时，TCS 显著地延迟斑马鱼的孵化过程，在 0.35～5.19 μM 范围内，斑马鱼的孵化率随 TCS 浓度的增加而减少，统计学差异非常显著（$p<0.001$），其中浓度为 5.19 μM 时，斑马鱼的孵化率为 0。在 72 hpf 和 96 hpf 时，与溶剂对照组比较，TCS 对斑马鱼孵化率无明显影响（$p>0.05$），除 5.19 μM 暴露组有少数未孵化外，其他 TCS 各浓度组及对照组均 100％地完成了孵化过程。

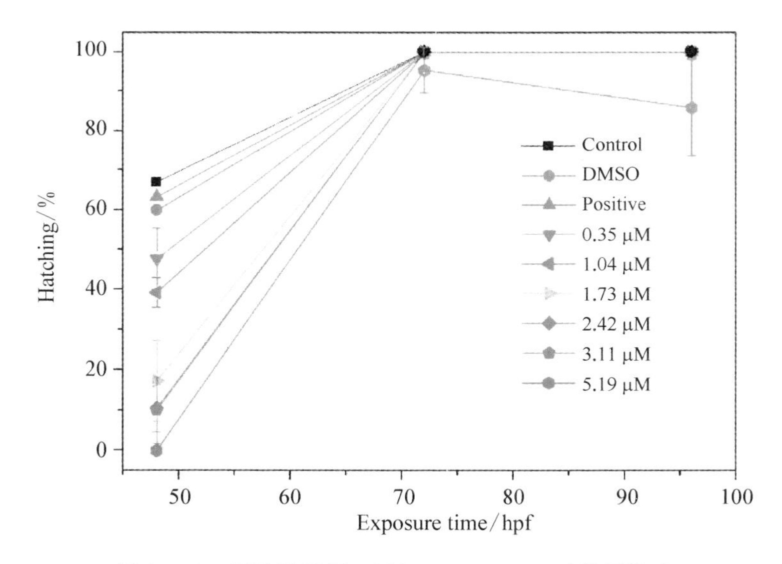

图 2－10　胚胎暴露于 TCS(0.35～5.19 μM)的孵化率

（4）TCS 对斑马鱼胚胎致死毒性

TCS 暴露不同时间对斑马鱼胚胎死亡率的影响如图 2－11 所示。由图 2－11 可知，在暴露 24 hpf 时，0.35 μM 和 1.04 μM TCS 暴露组没有任何胚胎死亡，但是暴露于 1.73 μM TCS 时，胚胎开始死亡，随着暴露浓度的

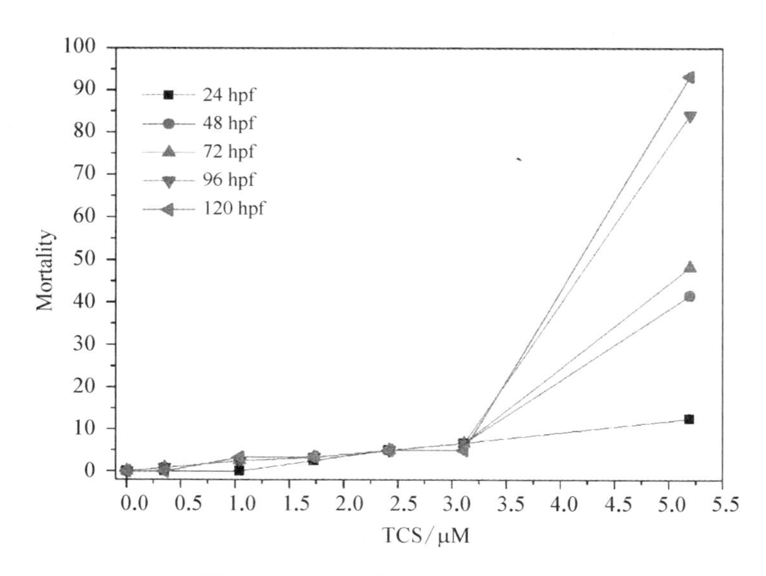

图 2-11 TCS 对胚胎致死率的影响

升高，胚胎死亡率也逐渐升高，从 1.73 μM 暴露组的 2.5%升高到 5.19 μM 暴露组的 12.5%。48 hpf 时，1.04 μM TCS 暴露组开始有胚胎死亡，死亡率为 2.5%，随着 TCS 暴露浓度升高到 5.19 μM，胚胎死亡率也逐渐升高到 40%。暴露更长时间后，0.35～2.42 μM TCS 暴露组死亡率较 48 h 没有明显变化，但 5.19 μM 暴露组胚胎死亡率在 72 hpf、96 hpf 和 120 hpf 分别升高到 45%、80%和 90%。根据 TCS 浓度-致死率统计数据，利用 origin 软件模拟求得 TCS 暴露 96 h LC_{10} 值为 3.37 μM，LC_{50} 值为 4.76 μM。而 TCS 暴露 120 h LC_{10} 值为 3.54 μM，LC_{50} 值为 4.75 μM。

（5）TCS 对胚胎的毒性靶器官鉴定

在暴露于 TCS 96 hpf 和 120 hpf 后，观察斑马鱼胚胎致畸毒性，评价的器官与组织包含心脏，脑部，下颚，眼，肝脏，肠，躯干/尾/脊索，肌肉/体节，身体着色，循环系统，身体水肿，出血，鳔，鳍，神经系统(身体侧翻)。不同浓度 TCS 对斑马鱼不同器官与组织诱发的毒性发生率统计数据如表 2-5(96 hpf)和表 2-6(120 hpf)，对应的 96 hpf 和 120 hpf 的毒性表型见图 2-12 和图 2-13。

表2-5　96 hpf TCS毒性靶器官鉴别统计表(%)(5.19 μM组,*N*=4;其他组*N*=30)

畸形类型		Control	DMSO	Positive	0.35 μM	1.04 μM	1.73 μM	2.42 μM	3.11 μM	5.19 μM
心　脏	心包水肿	—	—	100	—	—	—	—	3.3	75
	房室缺失	—	—	—	—					
下　颌	畸形	—	—	—	3.3	3.3	3.3	10	6.7	100
眼　睛	眼变小	—	—	—	—				3.3	50
	缺失	—	—	100	—	—	—	—	—	50
肝　脏	肝变小	—	—	—	—	3.3	6.7	13.3	26.7	25
	肝变性	—	—	—	6.7	6.7	10	13.3	23.3	25
鳔	发育异常	—	—	100	6.7	6.7	16.7	13.3	16.7	100
卵黄囊	吸收延迟	—	—	100	13.3	20	30	36.7	70	100
肠　道	肠腔发育异常	—	—	100	20	26.7	70	76.7	76.7	100
躯干/尾/脊索	尾部弯曲 身体侧翻	—	—	—	—	—	—	—		25
肌肉/体节	损伤肌肉	—	—	40	—	—	—	—	—	25
血液循环	血流过慢			30	—	6.7	6.7	13.3	13.3	50
	循环缺失	—	—	60	—					25
身体水肿		—	—	—	—					

表 2-6　120 hpf 时 TCS 毒性靶器官鉴别统计表(%)(5.19 μM 组, $N=4$; 其他组 $N=30$)

畸形类型		Control	DMSO	Positive	0.35 μM	1.04 μM	1.73 μM	2.42 μM	3.11 μM	5.19 μM
心　脏	心包水肿	—	—	100	—	3.3	3.3	10	16.7	70
	房室缺失	—	—	—	—	—	—	—	—	—
下　颌	—	—	—	100	10	20	40	40	43.3	100
眼睛	眼变小	—	—	—	—	—	—	—	—	—
	缺失	—	—	100	—	3.3	6.7	46.7	56.7	100
肝　脏	肝变小	—	—	—	6.7	13.3	23.3	30	26.7	0
	肝变性	—	—	—	13.3	6.7	—	—	—	—
鳔	发育异常	—	—	100	10	10	76.8	83.3	100	100
卵黄囊	吸收延迟	—	—	100	13.3	16.7	80	100	100	100
肠　道	肠腔发育异常	—	—	100	10	20	63.3	76.7	100	100
躯干/尾/脊索	尾部弯曲	—	—	60	—	3.3	10	6.7	10	20
	身体侧翻	—	—	—	—	—	—	—	10	70
肌肉/体节	损伤肌肉	—	—	—	—	—	—	—	—	—
血液循环	血流过慢	—	—	20	3.3	16.7	23.3	40	70	50
	循环缺失	—	—	80	—	—	—	6.7	3.3	50
身体水肿		—	—	—	—	—	—	—	—	—

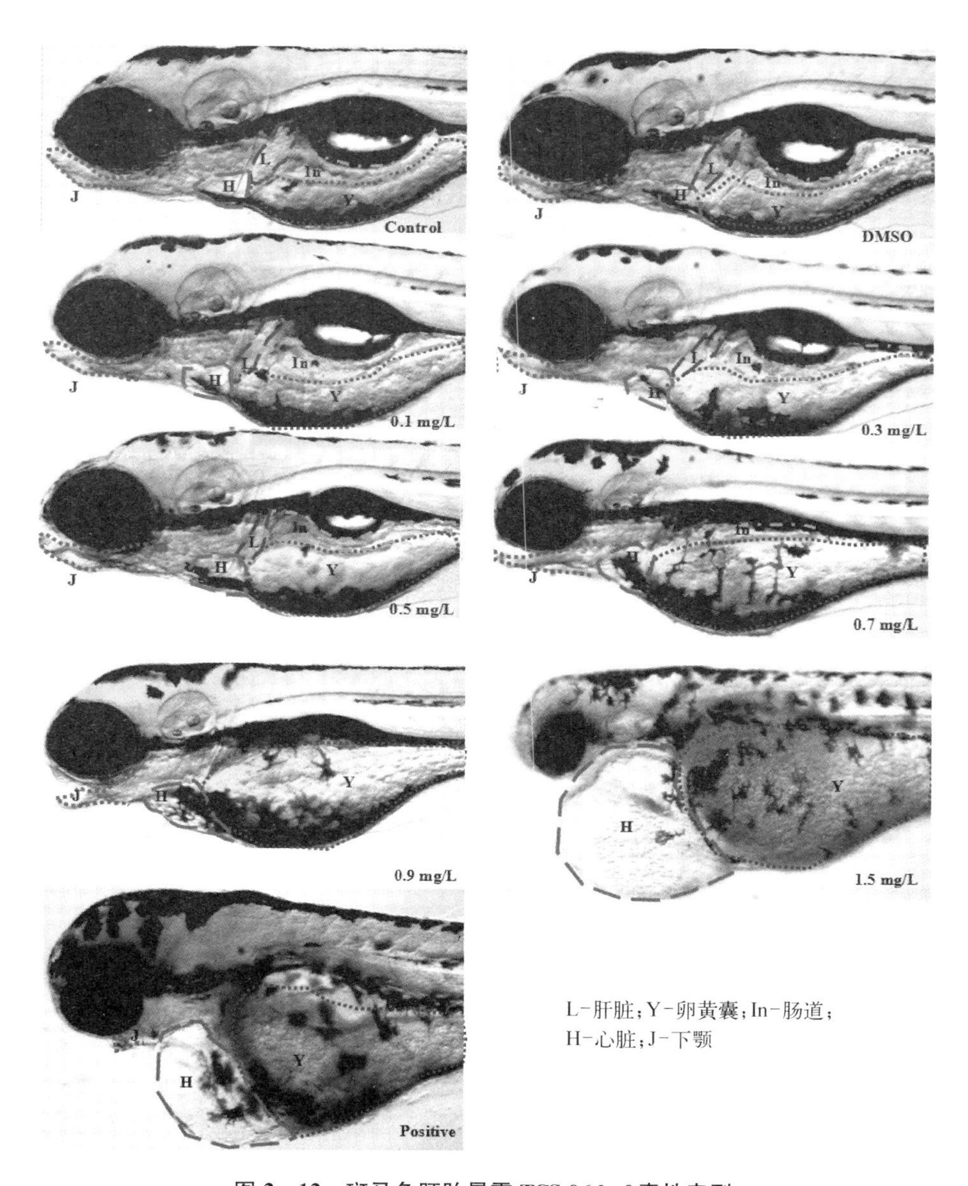

图 2-12　斑马鱼胚胎暴露 TCS 96 hpf 毒性表型

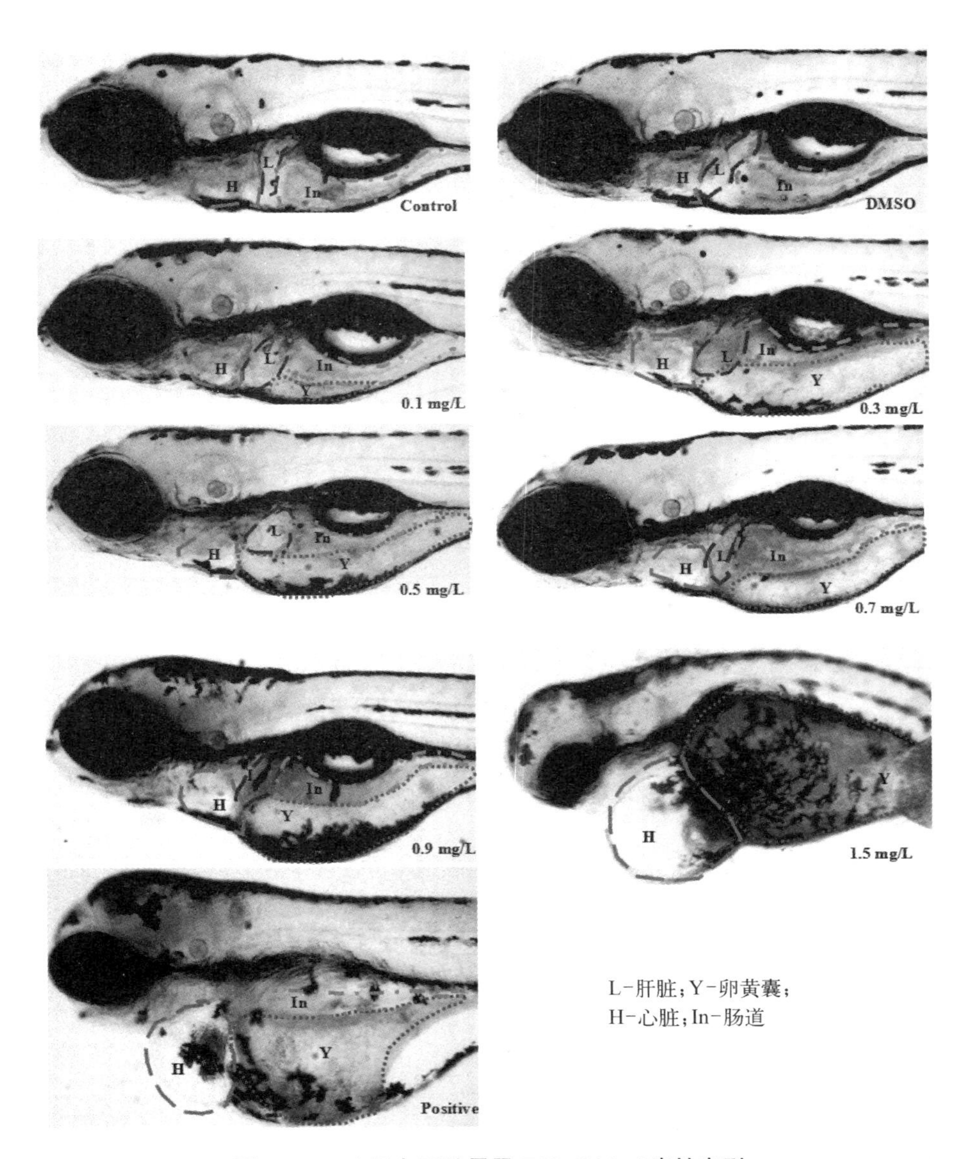

图 2－13 斑马鱼胚胎暴露 TCS 120 hpf 毒性表型

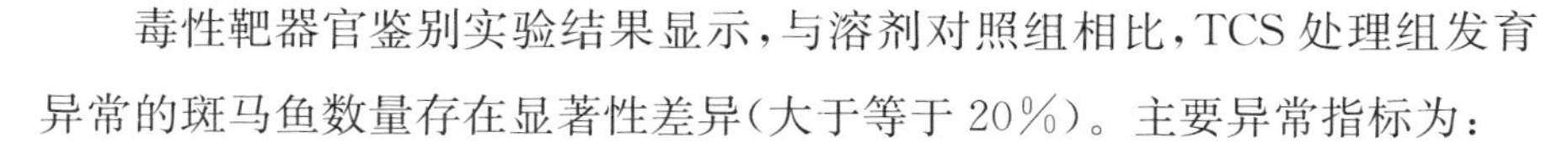

毒性靶器官鉴别实验结果显示，与溶剂对照组相比，TCS 处理组发育异常的斑马鱼数量存在显著性差异(大于等于 20%)。主要异常指标为：

(1) 肝脏异常

肝脏异常表现为肝脏缺失、变小及肝脏变性(图 2－14(a))。其中 5.19 μM TCS 处理组 96 hpf 时 50%胚胎都有肝脏缺失，在 120 hpf 时，所有胚胎都肝脏缺失。

(2) 心脏异常

心肝异常表现为心包水肿(图 2－14(b))，5.19 μM TCS 处理组发生率为 70%以上，低浓度时发生率较低。

(3) 血液循环异常

血液循环异常表现为血流过慢或者循环缺失。

(4) 下颚异常

下颚异常表现为下颚畸形(图 2－14(c))。在暴露 96 hpf 时，5.19 μM TCS 处理组发生率达 100%，而低浓度组发生率较低，均小于等于 10%。在暴露 120 hpf 时，低浓度组发生率都有所提高。

(5) 卵黄囊吸收延迟

卵黄囊吸收延迟表现为卵黄囊的面积比对照组大(图 2－14(d))。胚胎在 5.19 μM TCS 暴露 96 hpf 时，100%胚胎有卵黄囊吸收延迟，而在暴露 120 hpf 后，2.42 μM TCS 处理组所有胚胎都有卵黄囊吸收延迟。

(6) 肠道发育异常

肠道发育异常表现为肠道褶皱变少或缺失(图 2－15(a))。0.35 μM TCS 处理组在 96 hpf 和 120 hpf 时就表现出肠道发育异常，随着 TCS 浓度的升高，肠道异常发育发生率逐渐提高，在 5.19 μM TCS 处理组，所有胚胎都呈现这一毒性特征。

(7) 鳔发育异常

鳔发育异常表现为鳔缺失或者充气不完全，从而导致鳔体积变小(图

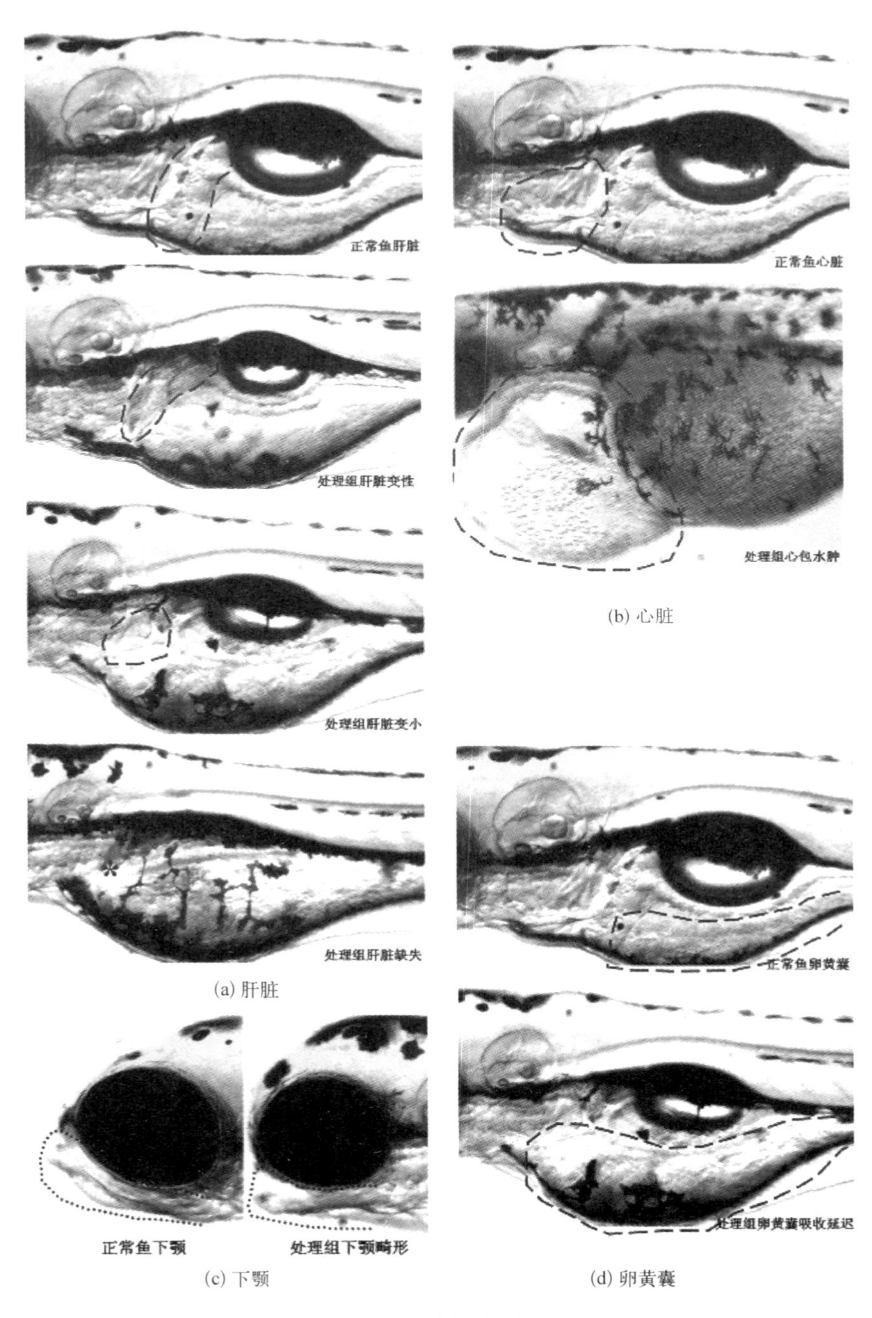
正常鱼肝脏
处理组肝脏变性
处理组肝脏变小
处理组肝脏缺失
(a) 肝脏
正常鱼心脏
处理组心包水肿
(b) 心脏
正常鱼下颚
处理组下颚畸形
(c) 下颚
正常鱼卵黄囊
处理组卵黄囊吸收延迟
(d) 卵黄囊

图 2-14 毒性表型(一)

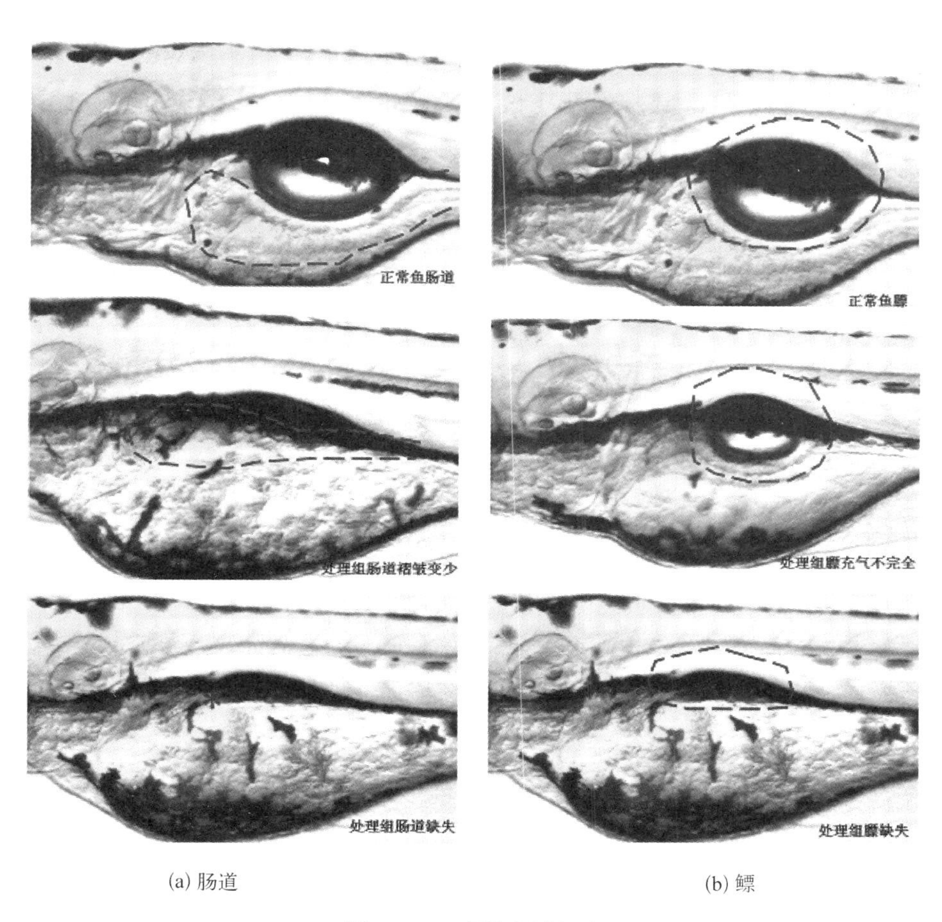

(a) 肠道　　(b) 鳔

图 2 - 15　毒性表型(二)

2 - 15(b))。胚胎暴露 96 hpf 后，5. 19 μM TCS 处理组表现出明显的鱼鳔发育异常，而在暴露 120 hpf 时，1. 04 μM 的 TCS 处理组就表现出鳔发育异常。

此外，在 5. 19 μM TCS 处理组中，还发现的毒性表型有眼睛变小，尾部弯曲以及肌肉损伤。

2. 2. 3　污染物对斑马鱼基因表达影响

DCF 对斑马鱼基因表达影响如图 2 - 16 所示。β - actin 作为内参基

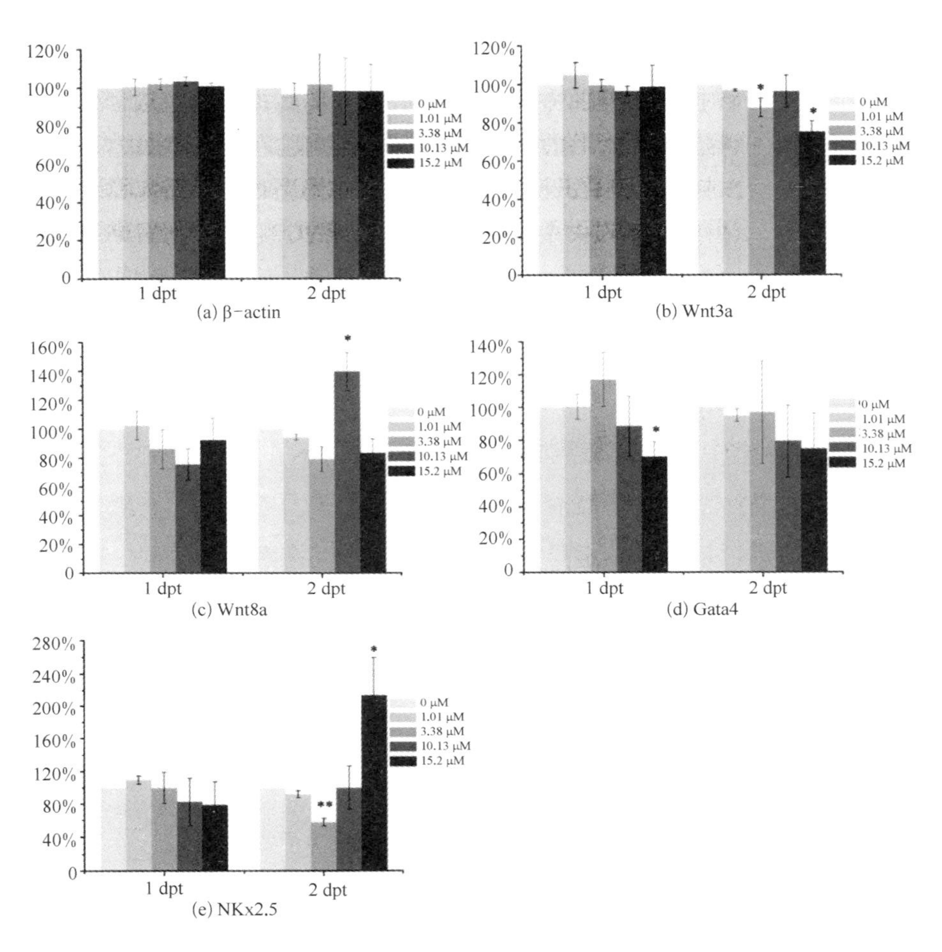

图 2-16 DCF 对基因表达的影响

因，表达稳定，且亮度较高，相对光密度值基本一致，说明本次试验各样品浓度调节较为一致，保证了后续目的基因表达分析的可靠性。Wnt3a 和 Wnt8a 与斑马鱼心脏早期发育和体轴发育有关。在 1 dpt 时，DCF 未显著抑制 Wnt3a 和 Wnt8a 的表达。而在 2 dpt 时，3.38 μM 和 15.2 μM 处理组 Wnt3a 基因表达较对照组显著下降，而 Wnt8a 在 10.13 μM 处理组较对照组显著升高。GATA4 基因与斑马鱼心脏及肠道的早期发育相关，随着药物浓度的增加基因表达有受抑制的趋势，但仅在 1 dpt 15.2 μM 组的表达抑制显著($p<0.05$)。Nkx2.5与斑马鱼心脏的早期发育有关,在1 dpt时表达相对稳定,在2 dpt时,3.38 μM组表达受抑制,而随着浓度增加,Nkx2.5表达上调。

Wnt基因编译分泌性糖蛋白,通过细胞表面或胞外基质调控细胞信号,在生物体身体发育、细胞增殖和分化过程中起重要作用[175-176]。Wnt3a和Wnt8a都与胚胎早期发育有关。斑马鱼Wnt8a基因表达抑制后会导致体长变短,轴后部组织扩张,影响胚胎轴旁中胚层和尾巴的形成[176-178]。Wnt8a的缺失同样也被报道会抑制尾部发育[179]。然而当体内注入Wnt8a RNA后导致gsc和ntl基因表达的变化,直接影响中胚层和轴形成[175]。Wnt8a是影响gsc和其他基因表达变化的因素,导致胚轴形成异常。Wnt3a的缺失会导致老鼠胚胎体节和体后结构变短[176,180]。本文研究表明,斑马鱼胚胎暴露DCF后导致Wnt3a基因表达抑制,Wnt8a表达上调。Wnt3a和Wnt8a可调控一系列下游基因表达从而调控Wnt信号通路,而Wnt信号通路在胚胎早期躯体发育过程中起重要作用,因此Wnt基因表达变化会导致斑马鱼躯体发育异常,如本文中造成斑马鱼胚胎躯干弯曲、尾部变形。

同源域转录因子Nkx2.5和锌指结构转录因子Gata4是心肌细胞早期发育的标志,它们在诱导心血管发育过程中起关键作用[181-182]。Nkx2.5可决定心肌细胞的归宿和诱导心脏分化过程[182-183]。老鼠中Nkx2.5的缺失会导致心肌脏损伤以及心脏肌肉异常,而Gata基因的缺失导致心脏形态建成运动有关基因表达的异常[182,184-185]。Nkx2.5和Gata4基因表达异常也被报道会导致心肌细胞分化异常和心脏缺失[186-188]。本研究中Gata4在1 dpt表达下调,Nkx2.5在1 dpt表达稳定;而在2 dpt 3.38 μM处理组中两者表达都受抑制。Gata4和Nkx2.5表达抑制可能会导致与心脏肌肉发育有关的基因表达异常,影响心脏早期分化,从而会导致严重的心包和身体水肿。在2 dpt,随着DCF暴露浓度的增加,Nkx2.5表达上调,这可能是由于心脏受损后，需 Nkx2.5 基因参与心脏修复。因此 Gata4 和 Nkx2.5 是导致胚胎暴露于 DCF 后心脏发育异常的目标基因，Gata4 和 Nkx2.5 表达异常可能是斑马鱼胚胎暴露于 DCF 后毒性表型的分子机制之一。

2.3 本章小结

本章从污染物对斑马鱼胚胎的跨膜输运、内在分子机制、外在宏观毒性表现 3 方面综合分析了目标污染物对斑马鱼胚胎的毒性作用(图 2 - 17)，得出了如下结论。

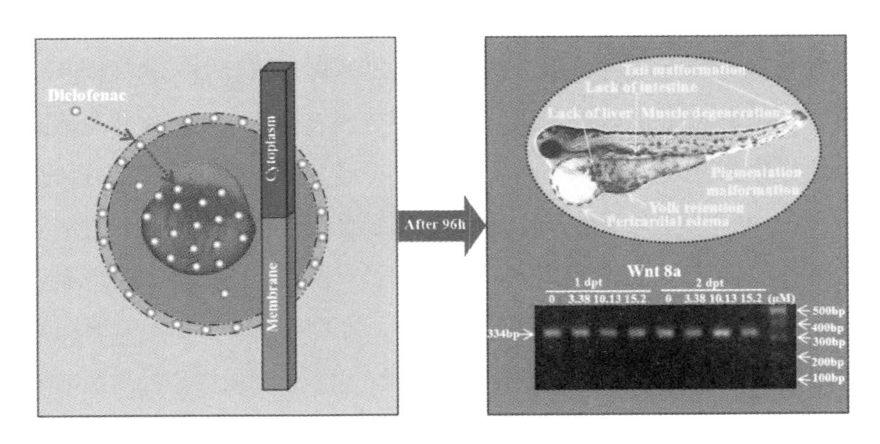

图 2 - 17　DCF 对斑马鱼毒性作用过程分析

(1) DCF 和 TCS 是两种结构不同的 PPCPs，它们极性不同，与斑马鱼胚胎作用时的作用方式和分布规律不一样。DCF 分子中含有疏水性部分，如苯环，低浓度时通过分配作用进入膜上和膜内，分配系数是 0.003 3 mL/embryo；高浓度时 DCF 分子中极性基团，如$-COO^-$与胚胎膜表面$-NR_4^+$等基团通过静电吸引、氢键、范德华力等非共价键综合作用吸附于胚胎表面，符合

Freundlich 模型。而 TCS 疏水性较强，主要通过疏水性作用分配进入膜上和膜内，其分配系数远高于 DCF，为 149.3 μL/embryo。大部分 DCF 都停留在胚胎膜外溶液中，而只有少于 5%的 DCF 与胚胎膜作用，这部分大概等比例分配在膜上和膜内；而 TCS 分配作用强于 DCF，约只有 40% TCS 停留在胚胎膜外，而 20%TCS 分布在膜上，剩下的 TCS 全部进入到膜内。

（2）DCF 对斑马鱼胚胎最大非致死浓度介于 3.38～10.13 μM 之间，胚胎暴露于 DCF 的毒性表型包含诱导斑马鱼心包水肿、循环系统异常及身体水肿、肝脏缺失、躯干/尾变短、下颌畸形、眼变小、肠道缺失、肌肉变性、体节异常、着色异常等；主要发育毒性靶器官是心血管系统和神经系统。TCS 对斑马鱼胚胎的 96 h LC_{50} 值为 4.76 μM。斑马鱼胚胎暴露于 TCS 后毒性表型主要包括肝脏毒性，心血管毒性以及肠道毒性。其中肝脏毒性表现为肝脏缺失、肝脏变小，肝脏变性，卵黄囊吸收延迟；心血管毒性表现为心包水肿、血流变慢；肠道毒性表现为肠道褶皱缺失或者变少。

（3）DCF 会影响斑马鱼 Wnt 信号通路的表达，抑制 Wnt3a 基因的表达，但是上调 Wnt8a 基因的表达；DCF 可抑制与心血管发育相关的基因 GATA4 的表达；但对与心血管发育相关基因 Nkx2.5 的影响与药物浓度有关，低浓度（3.38 μM）抑制，高浓度（15.2 μM）促进。这些基因表达的异常会导致心血管系统和神经系统发育异常，在个体水平上表现为心包和身体水肿，身体变短，躯干和尾部弯曲变形等毒性表型，这些基因表达的改变可能是 DCF 诱发斑马鱼毒性的分子机制之一。斑马鱼基因和人类基因有高度相似性，其生长发育过程和生理功能也与人类相似，斑马鱼胚胎是研究人类健康风险的重要模型之一。DCF 会影响斑马鱼胚胎的正常生长发育，因此 DCF 也有可能影响人类胚胎正常发育，对人类健康有潜在的风险。

第3章

PPCPs与人血清白蛋白结合反应研究

人血清白蛋白(HSA)是人体循环系统含量最多的蛋白质,其生理浓度为35～45 g/L。HSA在输运内源和外源污染物的过程中起着重要作用[189]。污染物在血液中的分布、输运和代谢和它们与HSA的结合有着重要关系;污染物和HSA结合后可能改变HSA的结构,从而影响其正常的生理功能,因此研究HSA和污染物的相互作用有重要意义。人们常采用平衡透析[84]、等量热滴定[190]、超滤[191]、高效液相色谱[192]、凝胶过滤[193]、微量渗析[194]、圆二色谱[195]、荧光光谱法[90]、毛细管电泳法[196]等方法来研究生物大分子和小分子配体的相互作用。由于其快速、灵敏、易操作等优点,分子荧光光谱已广泛用于研究HSA和小分子配体相互作用;通过测量和分析HSA荧光光谱的改变,最大波长位移,能量转移效率和荧光极化等,可以得到大量关于相互作用方式和机理的信息。毛细管电泳作为高效分离分析手段,被广泛应用于相互作用的研究中,其中前沿分析法(CE-FA)具有简单、快速、易操作、蛋白消耗量少等优点,已被用于大量具有不同性质的药物和血浆蛋白相互作用的研究。本文采用毛细管电泳-前沿分析法和分子光谱研究了HSA和消炎药DCF以及消毒剂TCS的相互作用,同时采用三维荧光、同步荧光、圆二色谱和平衡透析法研究了HSA结合这些污染物后的结构和功能的改变。

3.1 实验部分

3.1.1 仪器和试剂

毛细管电泳实验在 P/ACE MDQ(Beckman, Coulter, USA)毛细管电泳仪上完成;检测器为 UV 检测器,毛细管为 75 μm 内径的未涂层石英毛细管(Phoenix, USA),到检测器处毛细管长度为 50 cm。Lambda - 25 紫外-可见分光光度计(Perkin-Elmer, USA),F - 4500 荧光分光光度计(Hitachi, Japan),J - 715 圆二色谱旋光分光光度计(Jasco Instruments, Japan),RC 30 - 5K 半透膜(上海绿鸟公司,中国)。实验用水产自 Millipore Milli - Q 水净化系统(Millipore Corp, USA)。

人血清白蛋白(HSA)、TCS、DCF、维生素 B_2 购于 Sigma-Aldrich (USA)。氢氧化钠(NaOH)、盐酸(HCl)、磷酸二氢钾、磷酸氢二钠购于中国国药集团。67 mM 的磷酸缓冲液(pH 7.0)由一定量的磷酸二氢钾和磷酸氢二钠混合溶于水配得,用于研究 HSA 和 DCF 或 TCS 的相互作用的溶液体系。HSA 和 DCF 直接由固体药品溶于磷酸缓冲液配成储备液,而 TCS 在水中的溶解度很低,采用 NaOH 助溶。储备液使用前存于冰箱,且每周更新一次;使用时直接用缓冲液稀释成工作溶液。

3.1.2 毛细管电泳分析

新毛细管在使用前先用 1 M NaOH 在 60℃清洗 10 min,然后分别用 Milli - Q 水和磷酸盐缓冲液在 36.5℃下清洗 10 min。在每天实验开始和每次样品测试前,毛细管在 0.5 psi 下按以下步骤活化:Milli - Q 水清洗 3 min,1 M NaOH 清洗 3 min,再 Milli - Q 水清洗 3 min,最后用磷酸盐缓冲液清洗 3 min。这种清洗步骤能基本消除吸附在毛细管内壁蛋白质的影响。

毛细管电泳的运行缓冲液为 67 mM 磷酸盐缓冲液，不同浓度的药物小分子和固定浓度的 HSA 混合平衡 15 min，经 0.22 μm 滤膜过滤后直接注入毛细管，在正极的注入电压为 0.8 psi，时间为 60 s，分离电压为 18 kV，检测波长为 280 nm。

3.1.3 荧光光谱分析

2.5 mL HSA 溶液加入石英比色皿中，用微量注射器逐滴滴入小分子配体，记录荧光光谱。荧光激发和发射狭缝分别为 10 nm 和 20 nm，扫描速度为 2 400 nm/min，荧光发射光谱扫描波长范围为 290～500 nm。同步荧光光谱扫描 240～320 nm 及 260～320 nm 发射光谱，固定波长间隔（Δλ）分别为 15 nm 及 60 nm。

三维荧光光谱扫描条件为发射波长扫描范围为 200～500 nm，激发波长设定为 200～350 nm，增量为 10 nm，扫描速率保持在 12 000 nm/min，激发和发射狭缝宽度均为 5 nm。

3.1.4 圆二色谱(CD)分析

所有 CD 光谱都在 25℃下测定，光谱扫描速度控制在 100 nm/min，每个光谱为 3 次连续扫描的平均值。α-螺旋、β-折叠、β-转角和无规则卷曲等 HSA 二级构象的比例通过分光偏振仪的二级结构估算-标准分析软件进行分析。

3.1.5 平衡透析分析

采用 Zhang 等[195]的平衡透析装置进行透析实验，研究小分子配体结合 HSA 后对其输运维生素 B_2 能力的影响。0.025 mM HSA，0.076 mM 维生素 B_2，0～0.12 mM 小分子配体加入到透析袋中，总体积为 12.5 mL。

透析袋放入 37.5 mL 含 67 mM 磷酸盐缓冲液的透析液中，平衡 10 h 后，取样 2.5 mL 透析液分析。维生素 B_2 浓度采用荧光分光光度计测定，激发和发射波长分别为 440 和 525 nm。维生素 B_2 的总浓度减去透析液中的浓度即为被 HSA 结合的浓度。

3.2　结果与讨论

3.2.1　污染物与 HSA 的结合常数

3.2.1.1　毛细管电泳技术分析 HSA 和 DCF 的相互作用

毛细管电泳是近年来发展起来的研究生物大分子和小分子配体相互作用的技术，它兼具常规方法和色谱方法的共同特点。根据结合产物的稳定性和结合速率快慢，毛细管电泳通常包括区带毛细管电泳法，预平衡毛细管电泳法，Hummel-Dreyer 法，前沿分析法（CE－FA），空峰方法。前沿分析法最早由 James 和 Philips 于 1964 年提出。预先混合的生物大分子和小分子配体平衡后以较大的进样量注入毛细管中形成一段样品区带，在电场力作用下，游离的大分子、小分子配体和两者的结合物不断分离，最终产生游离配体小分子的宽平台峰，平台峰的高度与游离小分子配体浓度呈线性关系，由此计算出其浓度以及结合常数。本书首先优化建立了 CE－FA 法，利用该方法研究小分子配体和 HSA 的相互作用，得出结合常数、结合位点数等结合常数。由于 TCS 和 HSA 相互作用不适合用毛细管电泳研究分析，本文只采用 CE－FA 研究 HSA 和 DCF 的相互作用。

在样品进入毛细管之前，HSA 和 DCF 必须达到结合平衡状态，因此首先研究了 HSA 和 DCF 达到结合平衡的时间。HSA 和 DCF 混合物在混合 5，15，45，80，150 min 后，依次进样毛细管电泳仪，发现游离状态的 DCF 浓度几乎不变(图 3-1),表明 HSA 和 DCF 混合后马上可以达到结合平衡状态。对于药物-血浆白蛋白体系,由于药物-蛋白质络合物快速的结合和解离速率,两者的结合平衡几乎可以瞬时完成[197]。因此,HSA 和 DCF 在注入毛细管电泳前不需要特殊的平衡时间,但是为了维持进样样品和毛细管温度一致,所有样品在进样毛细管电泳仪前都在与毛细管内相同温度下平衡 15 min。

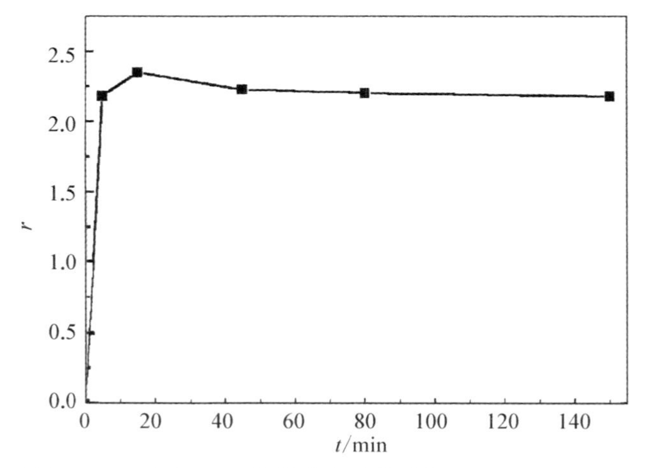

图 3-1　HSA 和 DCF 进样前预平衡时间(C_{HSA}=25.06 μM, C_{DCF}=81.08 μM, t=36.5℃, pH=7.4)

由于平台峰的高度不会受迁移时间、电渗流 EOF、毛细管长度和附加电压的影响,平台峰的形成能够使分析更精确、更稳定[88]。在 CE-FA 中通过较长时间进样将大体积样品进样到毛细管中得到平台峰。为了研究不同进样时间对平台峰形成的影响,25.06 μM HSA 和 150 μM DCF 混合 15 min后注入到毛细管,进样时间分别是 5,10,20,30,40,60 s,对应的毛细管色谱图见图 3-2。进样时间为 30 s 时,游离 DCF 的平台峰开始形成,不过该峰不够宽平,而进样 60 s 时形成明显的平台峰。随着进样时间的继续延长,该平台峰继续变宽,然而高度几乎不变,因此我们选用 60 s 作为毛细管电泳的进样时间。通过系列浓度 DCF 进样分析,DCF

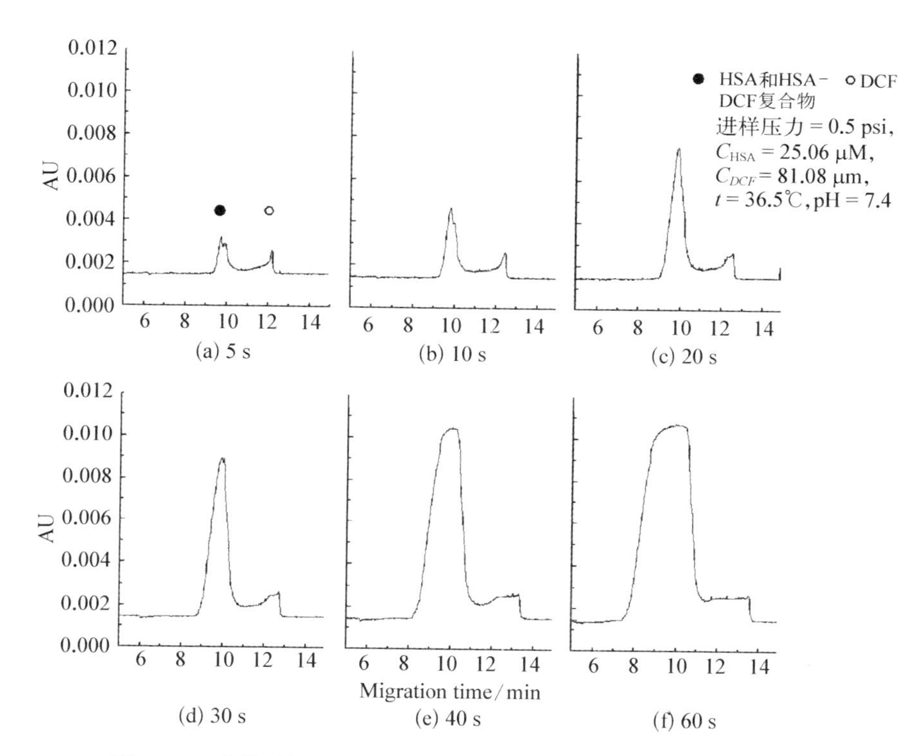

图 3-2　进样时间对 HSA 和 DCF 相互作用毛细管电泳曲线的影响

的浓度和平台峰的峰高其呈线性关系，线性方程为 $y=42.568x+431.56$，相关系数 $R^2=0.9997$，同一样品重复进样 6 次，其相对标准偏差 RSD<1.8%。

根据以上优化方法，将不同浓度 DCF 和固定浓度 HSA 的混合液依次注入到毛细管，其色谱图如图 3-3 所示。在分离过程中，游离 DCF、HSA、HSA-DCF 结合物随着电渗流一起向检测器方向移动。由于在结合小分子配体后，HSA 的电泳趋度不变[198]，HSA 和 DCF-HSA 结合物的电泳趋度一样，即结合状态的 DCF 随着 HSA 一起向检测器方向移动。由于游离 DCF 电泳趋度小，其在迁移过程中逐渐落后于 HSA，最终在 HSA 峰后面形成一个平台峰(图 3-3(a))，该峰高度与游离 DCF 浓度呈正比。单独进样同浓度 DCF 同样会出现一平台峰(图 3-3(b))，峰高低于 DCF-HSA

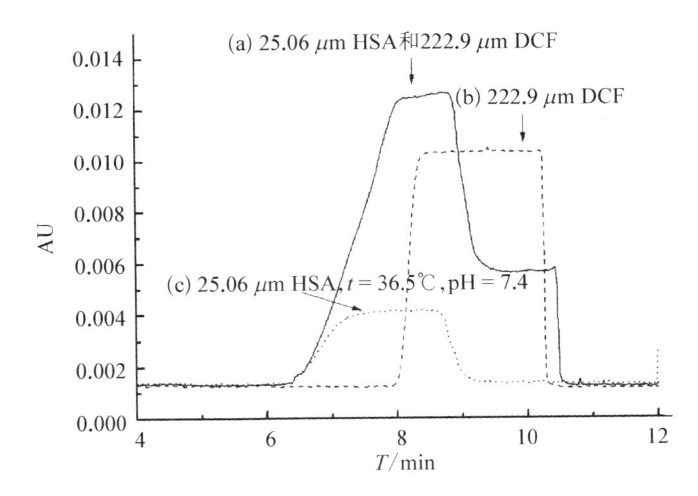

图 3-3　DCF 和 HSA 相互作用的毛细管电泳曲线

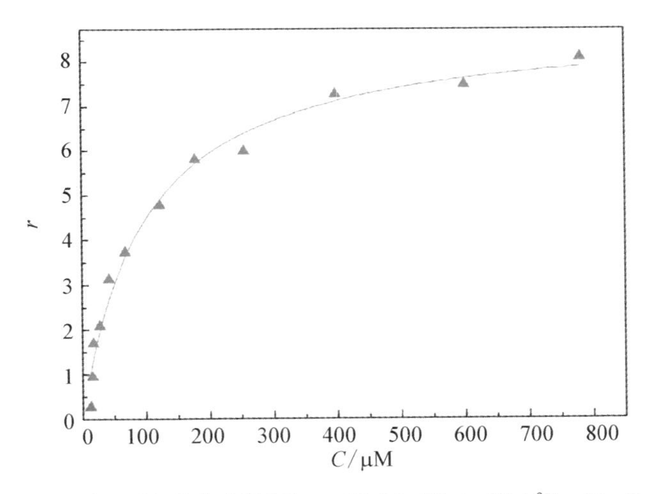

图 3-4　DCF 与 HSA 结合曲线(C_{HSA}=25.06 μM, t=36.5℃, pH=7.4)

结合物后 DCF 平台峰的高度，二者差值即对应于结合在 HSA 上的 DCF，通过 DCF 标准曲线可以定量 DCF 的结合浓度。DCF 和 HSA 的结合曲线如图 3-4 所示，根据结合方程[196]式(3-1)

$$r=\frac{C_b}{P}=\frac{C_t-C_f}{P}=\frac{nKC_f}{1+KC_f} \tag{3-1}$$

式中，r 为每摩尔 HSA 结合的 DCF 摩尔数；C_f 为 DCF 的游离浓度；P 为 HSA 浓度；C_b 为 DCF 的结合浓度；C_t 为 DCF 的总浓度；K 为结合常数；n 为结合位点数。采用非线性拟合得出 DCF 和 HSA 的结合常数 K 为 3.36×10^4，结合位点数 n 为 8.1。

在蛋白质和小分子配体之间可能同时会存在各种非共价键作用，如氢键、范德华力、静电作用力、疏水性相互作用，其中静电吸引力通常起诱导作用，即把小分子配体拉近到 HSA 附近[199]。多种非共价键联合作用会改变蛋白质的二级结构[195]。从 HSA 中一些氨基酸侧链残基的解离常数(赖氨酸 $K_a = 10.53$，精氨酸 $K_a = 12.48$)可以看出，在中性溶液中这些氨基酸的侧链会质子化并带正电。由于 DCF 分子结构中极性羧基在中性条件下成解离状态，因此带负电的羧基和带正电的 HSA 侧链氨基酸残基会静电吸引，在两者的结合反应中起重要作用。分子模型研究也表明极性氨基酸残基能够稳定带负电的分子[200]。此外，DCF 分子中的苯环和 HSA 中氨基酸非极性侧链也可能有疏水性相互作用。

热力学常数在研究生物大分子和小分子相互作用机理中起重要作用。通常可通过热力学常数数值的大小和正负来判断相互作用的作用力。为了得出 HSA 和 DCF 之间的结合力，根据不同温度下的结合常数，采用范特霍夫方程

$$\ln K = -\Delta H / RT + \Delta S / R \tag{3-2}$$

$$\Delta G = \Delta H - T\Delta S = -RT\ln K \tag{3-3}$$

式中，K 为不同温度下的结合常数；R 为气体常数。得出相互作用的焓变(ΔH)、熵变(ΔS)和自由能变(ΔG)，分别为 −6.6 kJ/mol，65.5 J/(mol·K)和 −26.1 kJ/mol。自由能变 ΔG 为负值，说明 HSA 和 DCF 相互作用自发进行。焓变 ΔH 值小于 60 kcal/mol，表明 DCF－HSA 相互作用为非共价键作用[199]。Ross 和 Subramanian 曾将热力学常数的大小、正负和蛋白质-小

分子相互作用过程中的作用力联系起来[201]。熵变 ΔS 大于 0 表明存在疏水性相互作用；熵变 ΔS 大于 0，同时焓变 ΔH 小于 0 表明存在静电引力作用。根据焓变 ΔH 小于 $-T\Delta S$，表明 HSA 和小分子相互作用由熵变驱动。因此 HSA 和 DCF 结合过程中不止一种相互作用力，很有可能是疏水性作用占主导，同时也存在静电引力作用。

HSA 是包含 585 个氨基酸的球蛋白，HSA 的晶体结构表明其分子结构为心形形状，包含有 3 个结构相似的域（Ⅰ，Ⅱ，Ⅲ），每一个域又分为两个亚域（A，B）[202]。这些螺旋亚域围成一个疏水腔，而疏水性残基暴露在疏水腔内部。在蛋白质和小分子相互作用过程中，在疏水腔外部极性基团占主导，形成极性键，通常是放热反应。而疏水腔内部通常是非极性相互作用，一般是吸热反应，熵变减少。由于 DCF 既含有极性羧基，又含有非极性苯环，其既可以结合在 HSA 的表面，也可以进入到疏水腔内部。DCF 通过静电吸引力结合到 HSA 的表面，在表面结合位点占据满后将进入到疏水腔内部发生疏水性相互作用。

3.2.1.2 分子荧光光谱技术研究 TCS 和 HSA 的相互作用

蛋白质分子因含有色氨酸、酪氨酸以及苯丙氨酸残基，从而具有内源荧光[203]。蛋白质和小分子配体作用后，其内源荧光强度下降，即发生了荧光猝灭。荧光猝灭过程包含分子重新排列，激发态反应，能量转移，基态复合物的形成以及碰撞猝灭。

为研究 TCS 对 HSA 内源荧光的猝灭作用，本实验中 HSA 的荧光激发波长设定为 295 nm。在该激发波长下，只有色氨酸残基的荧光会被激发，即此时的荧光光谱为色氨酸残基的荧光发射光谱。TCS 对 HSA 的荧光猝灭效应如图 3－5 所示，HSA 在 340 nm 处有一个最大发射峰，随着 TCS 浓度增加，HSA 荧光发射光谱强度逐渐降低，而 TCS 本身荧光强度影响可以忽略，可见发生了荧光猝灭作用，荧光光谱最大发射峰的位置没

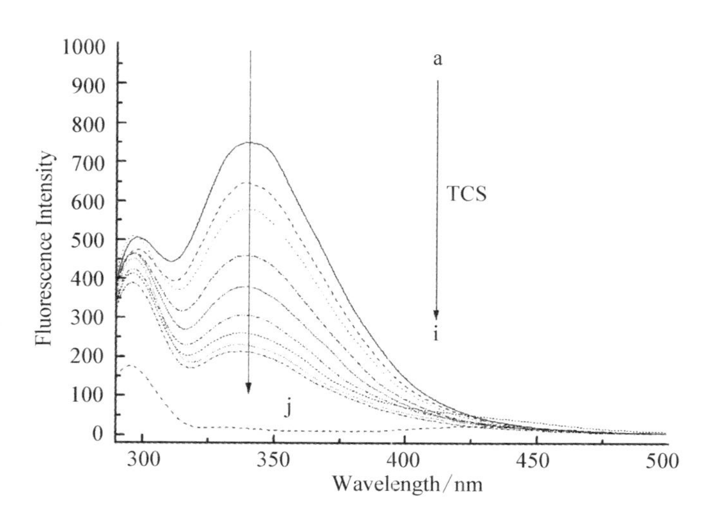

图 3-5　TCS 与 HSA 反应的荧光猝灭光谱曲线

有发生明显的位移。荧光猝灭过程一般可以分为动态猝灭和静态猝灭。动态猝灭是由于荧光体和猝灭剂间的碰撞，而静态猝灭是由于荧光体和猝灭剂之间发生了非辐射能量转移，二者形成了复合物[204]。根据猝灭常数随温度变化的规律可以区别出猝灭到底是静态猝灭还是动态猝灭。由于温度越高，扩散系数越大，因此动态猝灭常数随着温度的升高而增大；而温度越高，复合物的稳定性下降，因此静态猝灭常数随着温度的升高而减小。为了研究 TCS 对 HSA 的猝灭机理，采用 Stern-Volmer 方程[205]处理荧光数据。Stern-Volmer 方程见式(3-4)

$$\frac{F_0}{F} = 1 + K_{SV}[Q] = 1 + K_q\tau_0[Q] \tag{3-4}$$

式中，F_0 和 F 为加入猝灭剂前后的荧光强度；K_{SV} 为 Stern-Volmer 猝灭常数，L mol^{-1}；$[Q]$ 为猝灭剂浓度，mol L^{-1}；K_q 为双分子猝灭速率常数，L mol^{-1}s^{-1}，$K_{SV} = K_q\tau_0$；τ_0 为猝灭剂不存在时荧光分子平均寿命（$\tau_0 = 10^{-8}$s）。根据不同温度下 HSA 的荧光猝灭数据，以 F_0/F 对$[Q]$作图（图

3－6)。由图 3－6 可知，F_0/F 与[Q]呈现良好的线性关系。由图 3－6 中斜率可得出不同温度下 TCS 与 HSA 相互作用的 K_{SV} 和 K_q(表 3－1)。K_{SV} 随着温度的升高而降低，说明 TCS 对 HSA 的荧光猝灭不是由于动态猝灭引起，而是静态猝灭作用[206]。此外 K_q 值大于双分子极限扩散速率常数 2.0×10^{10} L $mol^{-1}s^{-1}$，进一步说明 TCS 对 HSA 的荧光猝灭不是由动态碰撞引起的，而是二者形成了复合物而引起的静态猝灭。

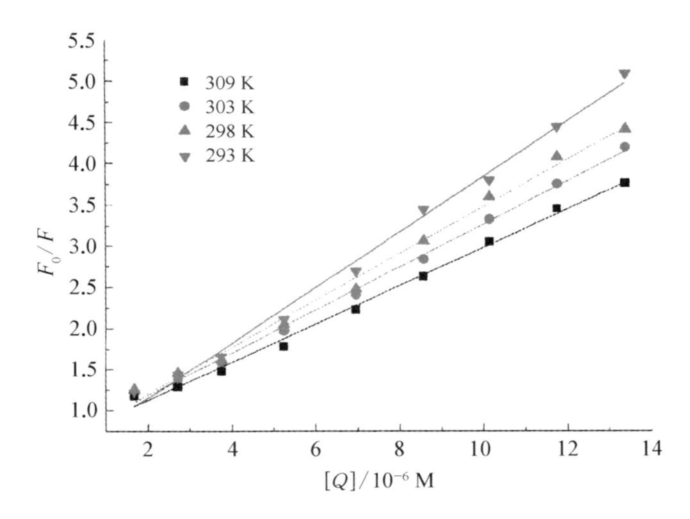

图 3－6　TCS 对 HSA 猝灭的 Stern-Volmer 曲线

表 3－1　TCS 与 HSA 相互作用的 Stern-Volmer 荧光猝灭常数

T/K	K_{SV}/($\times10^5$ M^{-1})	K_q/($\times10^{13}$ $M^{-1}\cdot S^{-1}$)	R^2
293	3.27	3.27	0.994 3
298	2.83	2.83	0.993 7
303	2.58	2.58	0.998 7
309	2.13	2.13	0.997 8

若猝灭过程属于静态猝灭，应符合 Lineweaver-Burk 方程[207](式(3－5))。

$$\frac{F_0}{F_0-F}=1+\frac{1}{K[Q]} \tag{3-5}$$

式中，K 为 TCS 与 HSA 的结合常数，$L \cdot mol^{-1}$。对 $F_0/(F_0-F)$ 和 $1/[Q]$ 进行线性回归，其斜率即为 K，不同温度下的 K 值见表 3－2。K 随着温度的升高而降低，进一步证明了 TCS 对 HSA 的静态猝灭机制。TCS 结合在 HSA 后，会随着 HSA 在血液内的输运而到达体内各个不同器官，从而具有潜在的毒性。

表 3－2　TCS 和 HSA 的结合常数及热力学常数

T/K	$K/(\times 10^5 M^{-1})$	$\Delta H/(kJ \cdot mol^{-1})$	$\Delta G/(kJ \cdot mol^{-1})$	$\Delta S/(J \cdot mol^{-1} \cdot K)$
293	1.14	−37.9	−47.5	32.6
298	0.875	—	−47.6	—
303	0.667	—	−47.8	—
309	0.500	—	−48.0	—

一般说来，小分子和生物大分子之间的作用力主要有范德华力、氢键、静电作用力和疏水作用力等。热力学常数 ΔS，ΔH 等是确定分子间作用力的重要参数。ΔH，ΔS 和 ΔG 可以通过范特霍夫方程（式（3－2）和式（3－3））得出。根据式（3－2），以 $\ln K$ 与 $1/T$ 作图（图 3－7），$\ln K$ 与 $1/T$ 呈线性关系。根据图 3－7 中的斜率和截距以及式（3－3），计算出 TCS 与 HSA 相互作用的热力学常数（表 3－2）。从表 3－2 计算结果可知，$\Delta G < 0$，证明 TCS 与 HSA 的结合反应能够自发进行；反应的 $\Delta H < 0$，表明反应为放热反应。小分子化合物和蛋白质大分子结合过程中，体系热力学常数 ΔH 减小是二者以氢键相结合的主要热力学特征[208]。从水分子结构角度来看，$\Delta S > 0$ 主要是疏水作用引起的。Bhattachary 等[209]关于异丙酚和 HSA 的研究显示，异丙酚的苯环可以和 HSA 的氨基酸残基侧链通过疏水作用发生反应；而异丙酚的酚羟基基团和 HSA 的亮氨酸主链的羰基氧经由氢键结合。TCS 和异丙酚有相似的化学结构，都包括苯环和酚羟基基团，因此，TCS 的苯环也可通过疏水作用和 HSA

的侧链结合，另外 TCS 中的氧原子和 HSA 的极性氨基酸残基间可形成氢键。由此可推断 TCS 与 HSA 之间作用力主要为疏水性作用力和氢键。

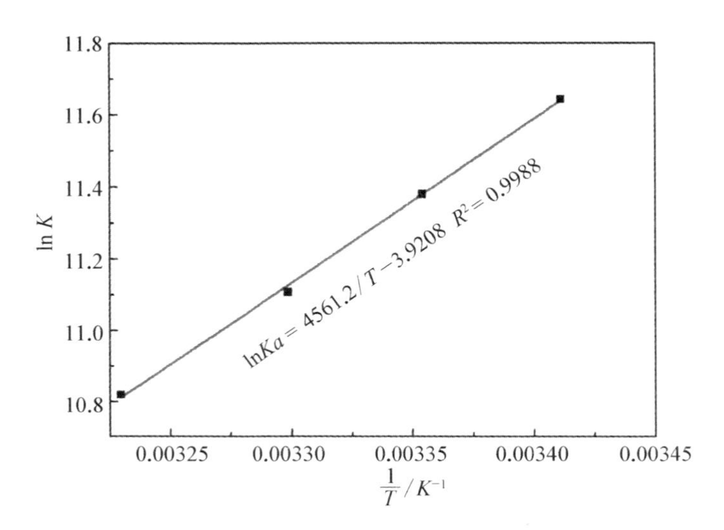

图 3-7　TCS 与 HSA 相互作用的 Van't Hoff 曲线

图 3-8 为 TCS 的紫外吸收光谱和 HSA 荧光发射光谱的重叠光谱，两光谱有较大程度重叠。根据 Főrster 非辐射能量转移理论[210]，当满足如下条件时，两种化合物分子间将会发生非辐射能量转移，供能体能够产生荧光猝灭：① 供能体和受能体偶极的相对取向；② 供能体的荧光发射光谱与受能体吸收光谱有较大重叠；③ 供能体与受能体的距离很近，不超过7 nm。而能量转移效率不仅与供体-受体之间距离有关，还与临界能量转移距离有关。供体-受体间能量转移效率 E 可由式(3-6)计算[211]：

$$E = 1 - \frac{F}{F_0} = \frac{R_0^6}{R_0^6 + r^6} \tag{3-6}$$

$$R_0^6 = 8.79 \times 10^{-25} K^2 n^{-4} \varphi J \tag{3-7}$$

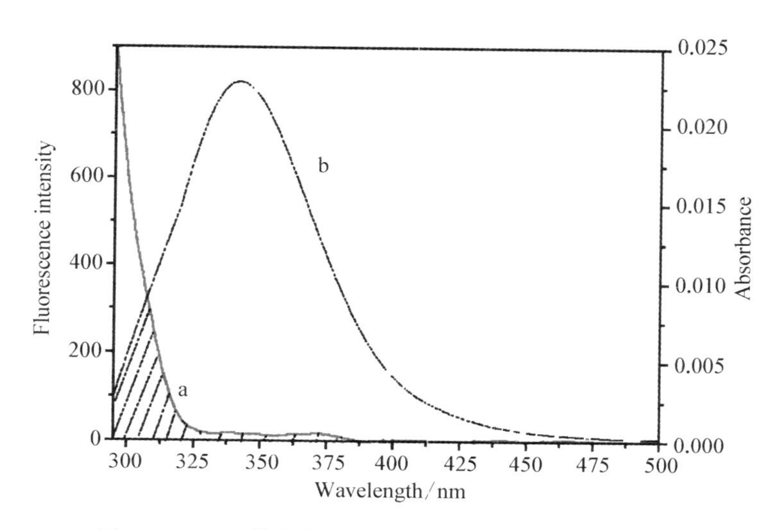

图 3-8　HSA 荧光发射光谱与 TCS 紫外吸收光谱重叠图

式中，R_0 为当转移效率为 50% 时的临界距离[212]；r 为供体-受体间距离，nm；K^2 为偶极空间取向因子；n 为介质折射指数；φ 为供体荧光量子产率；J 代表供体荧光发射光谱与受体吸收光谱的重叠积分，$cm^3 \cdot L \cdot mol^{-1}$，可由式(3-8)得出[212]。

$$J = \frac{\sum F(\lambda)\varepsilon(\lambda)\lambda^4 \Delta\lambda}{\sum F(\lambda)\Delta\lambda} \tag{3-8}$$

式中，$F(\lambda)$ 为供体在波长 λ 处的荧光强度；$\varepsilon(\lambda)$ 为受体在波长 λ 处的摩尔吸光系数，$L \cdot mol^{-1} \cdot cm^{-1}$。

HSA 的内源荧光主要由色氨酸残基产生，在上述实验条件下，$K^2 = 2/3$，$\varphi = 0.15$，$n = 1.36$[213]，通过式(3-6)—式(3-8)得出：$J = 5.23 \times 10^{-16}\ cm^3 \cdot L \cdot mol^{-1}$，$R_0 = 1.54\ nm$，$E = 0.275$，$r = 1.81\ nm$。可以看出，供体-受体间距离 r 小于 7 nm，说明 TCS 与 HSA 作用过程发生了非辐射能量转移，二者形成了复合物，同时也进一步说明了 TCS 对 HSA 的荧光猝灭属于静态猝灭。

3.2.2 污染物对 HSA 结构的影响

3.2.2.1 同步荧光光谱

有研究表明[214]，同步荧光光谱法是一种探究 HSA 结构变化的有效手段。同步荧光光谱是指在固定激发和发射波长间隔的条件下，荧光分光光度仪的激发和发射单色仪同时扫描得到的光谱图。当激发和发射波长间隔固定在 15 nm 或 60 nm 时，得到的同步荧光光谱分别显示酪氨酸或者色氨酸残基的荧光特征信息[215,216]。图 3－9 为加入不同浓度 TCS 和 DCF 后，HSA 的同步荧光光谱图。由图 3－9 可以看出，在加入不同浓度 TCS 后，激发和发射波长间隔为 15 nm 或 60 nm 时，HSA 的最大发射波长均发生了明显的蓝移，而加入 DCF 后有轻微的蓝移，表明 HSA 的酪氨酸和色氨酸残基周边微环境的极性有所减弱。

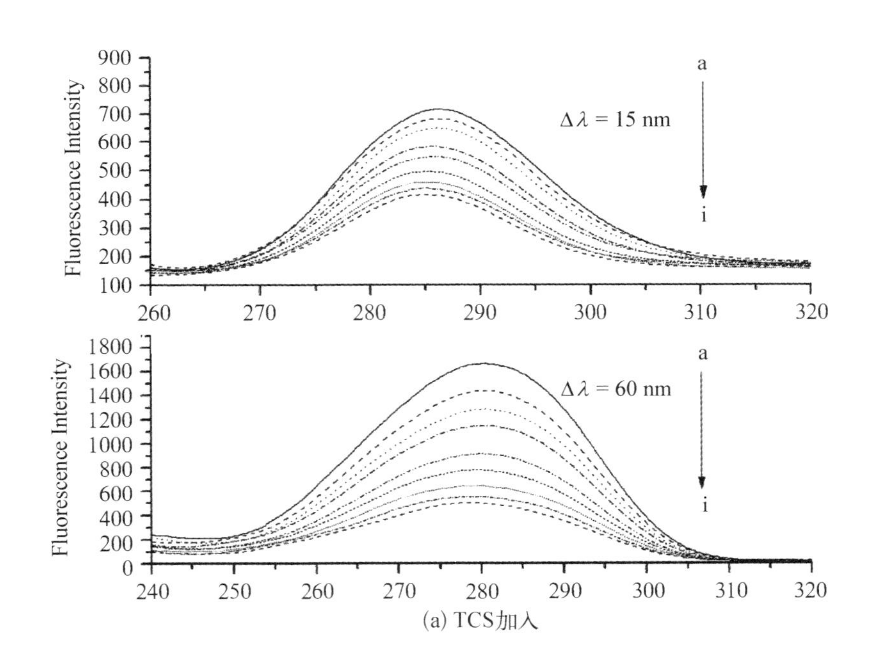

(a) TCS加入

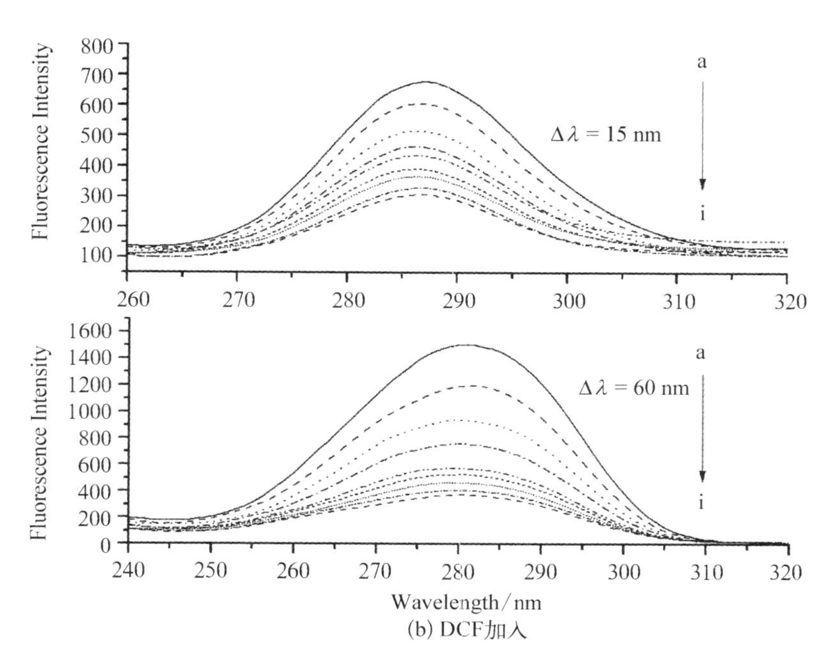

(b) DCF加入

图 3－9　HSA 的同步荧光光谱图

3.2.2.2　三维荧光光谱

三维荧光光谱技术近年来常用于研究小分子配体对蛋白质结构改变，其同时改变激发和发射波长从而得到相应的荧光信息[217]。荧光峰的出现或消失，红移或者蓝移表明蛋白质结构的改变。本文扫描了 HSA 及 HSA－TCS/DCF 体系的三维荧光光谱(图 3－10)，其相关荧光参数见表 3－3。

表 3－3　HSA 和 HSA－TCS/DCF 体系的三维荧光光谱特性

Reaction system	Peak 1			Peak 2		
	Peak position $\lambda_{em}/\lambda_{ex}$ /(nm·nm^{-1})	Stokes (Δλ)	Intensity	Peak position $\lambda_{em}/\lambda_{ex}$ /(nm·nm^{-1})	Stokes (Δλ)	Intensity
HSA	280/331	51	861	230/340	110	246.6
HSA－DCF	280/335	55	520.4	230/341	111	146.2
HSA－TCS	280/330	50	501.6	230/320	90	158.7

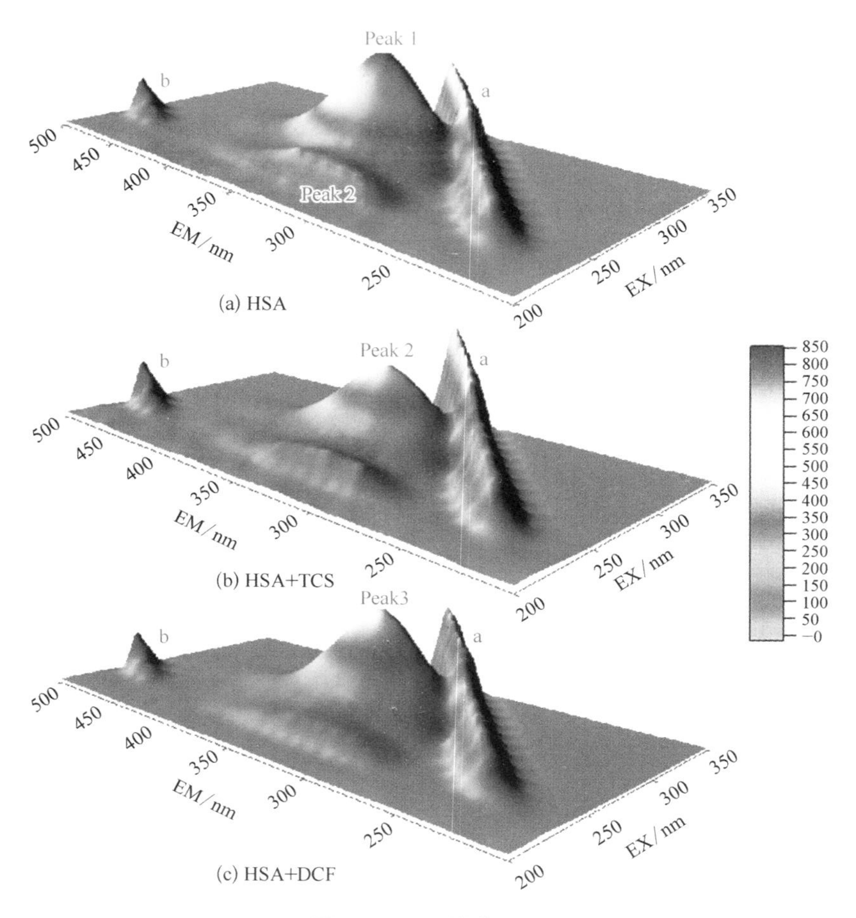

图 3-10　三维荧光图

HSA 三维荧光光谱中，peak a 为形似“山脊”的一级瑞利散射峰，荧光强度较大，该荧光峰的激发波长和发射波长相同；peak b 为 HSA 的二级瑞利散射峰，荧光强度较小，该荧光峰的发射波长为激发波长的两倍；peak 1 为 HSA 色氨酸和酪氨酸残基的内源荧光峰[218]；peak 2 代表 HSA 多肽主链结构的荧光行为，是由多肽主链结构的 C=O 键 $n\rightarrow\pi^*$ 跃迁引起[219]。加入 TCS 后，peak a 的荧光强度明显增加，可能是因为 HSA-TCS 复合物的形成增大了蛋白质大分子物质的直径，从而增强了散射效果，使得峰强增加;而加入 DCF 后 peak a 强度却有一定程度降低。由表 3-3 中 HSA 荧光参数可以看出,与 HSA 相比,HSA-TCS 体系 peak 1 的荧光强度降低了 41.7%,且最大发射波长有轻微地蓝位移,说明色氨酸和酪氨酸残基微环境极性发生改变;而 HSA-DCF 体系 peak 1 的荧光强度降低了 39.6%,且最大发射波长有红移,说明氨基酸残基微环境的极性也发生改变。加入 TCS 和 DCF 后,HSA 的 peak 2 荧光强度被分别猝灭了 35.6%和 40.7%,且最大发射波长有一定位移。所有这些现象表明,DCF/TCS 结合到 HSA 后可导致其荧光猝灭,氨基酸残基极性改变,蛋白质多肽链展开。

3.2.2.3 圆二色谱

为了进一步研究污染物对 HSA 结构的影响,采用圆二色谱来研究与污染物相互作用后 HSA 的二级结构变化。污染物 TCS 和 DCF 加入后,HSA 的 CD 谱图变化如图 3-11 所示。HSA 的 CD 谱图在 208 nm 和 220 nm 有两个负波带,代表蛋白质的 α-螺旋结构;加入 TCS 或 DCF 后,CD 谱图发生了明显的变化,由仪器自带软件可以计算出二级结构中 α-螺旋、β-折叠和无规则卷曲等组成的变化。加入 DCF 后,HSA 的 α-螺旋增多,而 β-折叠和无规则卷曲减少,表明 DCF 结合 HSA 后使得 β-折叠和无规则卷曲转化为 α-螺旋;而加入 TCS 后,HSA 的 α-螺旋减少,而 β-折叠和无规则卷曲增加,表明 TCS 结合 HSA 后使得 α-螺旋转化为 β-折叠和无规则卷曲。DCF 和 TCS 分子结构不同,物化性质也相差很大,与 HSA 相互作用后对 HSA 结构变化的影响也不同。

总之,污染物和 HSA 相互作用后会导致 HSA 多肽链结构的展开,使得有更多包埋在内的疏水性区域暴露出来。污染物结合在多肽链后可能会破坏其氢键网络,使得 HSA 结构呈现更松散的状态[220]。蛋白质的结构和其生理功能密切相关,因此 HSA 二级结构的改变可能会造成其生理功能的改变。

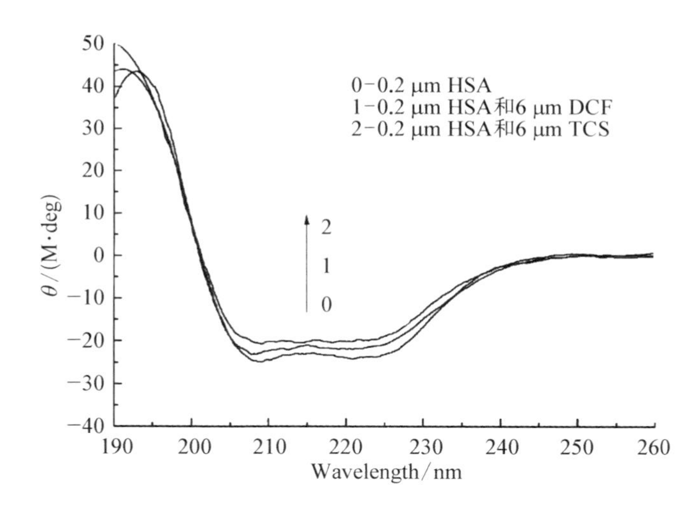

图 3-11　污染物对 HSA CD 谱图的影响

3.2.3　污染物对 HSA 载运性能的影响

维生素 B_2 是一种水溶性维生素，广泛存在于各种食物中，在人体新陈代谢中起重要作用，人体维生素 B_2 的缺乏会影响人体新陈代谢。血清白蛋白是人体血浆中最丰富的蛋白质，它对于维持血液胶体渗透压和 pH 有重要作用，此外它是血液中主要的输运蛋白，可输运各种内源性或外源性化合物，如维生素 B_2。污染物通过多种非共价键作用结合 HSA，改变其二级结构，可能会影响其正常的生理功能，如载运维生素 B_2 的功能。本文只研究了 HSA 结合 DCF 后对 HSA 载运维生素 B_2 功能的影响(图 3-12)。随着 DCF 浓度的增加，HSA 结合维生素 B_2 的能力逐渐降低。0.12 mM 的 DCF 能够减少 HSA 的 37%维生素 B_2 的结合量。DCF 可能会竞争维生素 B_2 在 HSA 上的结合位点，随后的 HSA 结构改变也不利于 HSA 载运维生素 B_2。

虽然环境中污染物浓度远低于本文研究采用的浓度，但是当长期暴露于含这些污染物的环境后，污染物可能会富集在生物体内。DCF 被报道会

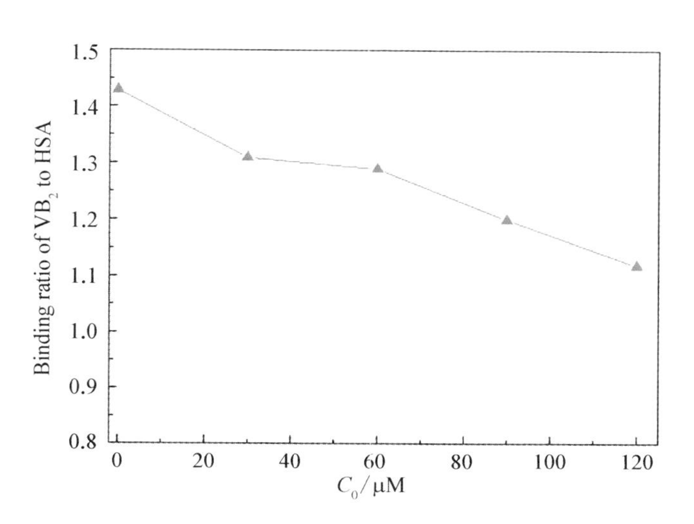

图 3－12　DCF 对 HSA 输运维生素 B_2 功能的影响

富集在巴基斯坦秃鹰体内，从而导致其肾衰竭而死亡。因此过量的摄入药物或者长期暴露于污染环境将有可能会影响人体蛋白的正常生理功能。

3.3　本 章 小 结

采用分子光谱、毛细管电泳等技术研究了两种代表性的 PPCPsTCS 和 DCF 与人血清白蛋白的相互作用，得出了以下结论。

(1) 采用毛细管电泳-前沿分析法，得出 DCF 和 HSA 的结合常数为 3.36×10^4，结合位点数为 8.1。热力学分析表明 DCF 和 HSA 之间疏水性作用占主导，同时也存在静电引力作用。

(2) 采用荧光猝灭法，得出 TCS 进入 HSA 疏水腔后，对 HSA 内源荧光发生静态猝灭作用，猝灭常数为 $0.5\times10^5\ M^{-1}$（309.5 K）。热力学分析表明 TCS 和 HSA 之间主要是氢键和疏水性相互作用。TCS 和 HSA 的结合距离为 1.81 nm，发生非辐射性能量转移形成复合物。

(3) 采用同步荧光法、三维荧光法、圆二色谱法,得出 DCF 和 TCS 与 HSA 相互作用后,导致 HSA 中色氨酸和铬氨酸残基微环境极性改变,同时 HSA 的蛋白质多肽链骨架展开,二级结构发生改变。

(4) 采用平衡透析法,得出 HSA 结合 DCF 后会影响其结合维生素 B_2 的能力,从而影响其对维生素 B_2 的输运功能,因此过量的摄入药物和长期暴露于这些污染物将会影响人体蛋白质和酶的正常生理功能,从而增加人体健康风险。

第4章

Cu^{II}催化降解β-内酰胺抗生素

β-内酰胺抗生素主要包括青霉素和头孢，是常用的毒性较小的抗生素之一，其在大多数国家的人用抗生素中占最大份额，占总抗生素用量的50%～70%[221-223]。β-内酰胺环的扭曲导致分子不在同一平面上，直接造成大角度的扭转从而很不稳定[128,224]，很容易被酸、碱、金属离子和氧化剂等催化开环。过渡金属离子如Co^{II}、Ni^{II}、Zn^{II}和Cu^{II}被报道能够快速提高青霉素G(PG)的水解速度，其中Cu^{II}能够提高8×10^7倍，远快于其他的过渡金属离子。以上水解反应在低浓度金属离子时符合一级降解动力学，但是随着浓度的升高呈现饱和现象，表明形成了络合物[225-226]。

Cu是生物体内正常生理活动的必需微量元素，也是某些酶的活性成分，这些酶在化合物氧化还原转化中起重要作用，如漆酶，可以通过单电子转移氧化二元酚和二元胺[227-228]，和甲烷单氧化酶，把甲烷氧化为甲醇[229]。基于生物系统中金属酶催化活性，从仿生角度出发，化学家设计了各种有机物络合的Cu作为活化中心，催化氧化烷烃、烯烃、胺类等一系列化合物[230-232]。Cu在自然环境中常呈+1和+2价，其在自然水体中的氧化还原循环在迁移转化和生物可利用性方面起重要作用[233-235]。有研究表明Cu^{II}能够催化水解磷酯以及含有N,N-dimethylcarbamate moiety或N,N-disubstituted urea结构的农药[236-237]。然而对于另一种含氮的农药

diminozide，Cu^{II} 的作用被认为是直接氧化而不是催化水解[238]。Cu^{II} 被报道为能够直接氧化一系列化合物，如黄酮醇[239]、茶儿碱[240]、二甲肼[241]、氢醌[235,242]等。

目前，关于 Cu^{II} 促使β-内酰胺抗生素降解的机理研究很少。在 PG 和 Cu^{II} 快速络合后，络合物逐渐水解产生水解产物青霉素噻唑酸(BPC)和 Cu^{II} 的络合物[126]。然而，Kiichiro 等的研究表明 penicillenic acid 才是 Cu^{II} 促使 PG 水解的唯一产物[226]。氨苄西林(AMP)被 Cu^{II} 水解催化后产生对应的青霉素噻唑酸，之后会进一步转化为吡嗪等产物[243]。而对于 Cu^{II} 促使头孢降解的反应，几乎以前所有的文献都认为是水解催化作用。在我们的研究中，我们重新审视了 Cu^{II} 在促进β-内酰胺抗生素降解中的作用。氧气被发现直接会影响青霉素和苯基甘氨酸类头孢的降解，同时 Cu^{I} 也在降解过程中被检测到存在，因此除了水解催化外，Cu^{II} 氧化还原也会直接参与到反应中。

4.1 实验部分

4.1.1 仪器和试剂

高效液相色谱仪(HPLC 1100，Agilent，USA)用于样品分析，采用二极管阵检测器(DAD)；高效液相色谱-质谱联用仪(HPLC 1100/1100MSD，Agilent，USA)用于降解产物分析，紫外-可见分光光度计(Backman DU520，USA)用于光谱扫描，所有实验用水均产自 Milli-Q 超纯水制水机(Millipore，USA)。头孢氨苄(cefalexin，简称为 CFX)、头孢拉定(cefaradine)、头孢匹林(cefapirin)、阿莫西林(amoxicillin，简称 AMX)、甲醇(methonal)、乙腈(acetonitrile)均购于 Sigma-Aldrich，纯度大于 90%。氨苄青霉素钠盐(ampicillin，简称为 AMP)、青霉素 G 钠盐(penicillin G，简

称为PG)、头孢噻吩(cefalothin)、头孢噻肟(cefatoxime)、头孢羟氨苄(cefadroxil)、α-苯基甘氨酸、2-苯乙酰胺购于Fisher Scientific。缓冲溶液2-(N-吗啉)乙磺酸(MES, pKa 6.15)、3-(N-吗啉)丙磺酸(MOPS, pKa 7.2)、2-环己胺基乙磺酸钠(CHES, pKa 9.3)购于Acros organics,纯度在99%以上。硫酸铜五合水化物($CuSO_4 \cdot 5H_2O$)、氯化锌($ZnCl_2$)、二氯化锰四合水化物($MnCl_2 \cdot 4H_2O$)、盐酸(HCl)、甲酸(formic acid)、乙酸(acetic acid)、氢氧化钠(NaOH)、腐植酸(humic acid)、乙二胺四乙酸(EDTA)、叔丁醇(TBA)、2,9-二甲基-4,7-二苯基-1,10-菲啰啉磺酸二钠盐(Bathocuproinedisulfonic Acid Disodium Salt Hydrate, 简称BC)购于Fisher Scientific或者Acros organics,纯度为分析纯。所有β-内酰胺抗生素均直接溶于水配成1 g/L储备液,使用前放于冰箱保存。由于β-内酰胺抗生素不稳定容易水解,头孢类抗生素储备液每周更新,而青霉素类抗生素每天更新。

4.1.2 β-内酰胺抗生素与Cu^{II}的降解反应

所有实验在100 mL玻璃血清瓶中进行,血清瓶外面包裹一层铝箔防止光照的影响,采用磁力搅拌混合。反应溶液采用10 mM MOPS缓冲液维持溶液pH 7.0,在考察pH影响实验中,采用10 mM MES和10 mM CHES分别维持pH 5.0和9.0。0.1 mM β-内酰胺抗生素和缓冲液加入到血清瓶后,加入0.1 mM Cu^{II}溶液启动反应,在预定时间取样后加入1 M EDTA终止反应,样品存于2 mL棕色进样瓶,保存于冰箱,24 h内进行分析。产物分析时,反应样品取样后不加EDTA猝灭,直接注入HPLC-MS分析。实验过程中,血清瓶敞口暴露于空气中;在考察氧气影响的实验中,开始反应前溶液采用氮气吹赶30 min,实验过程中反应瓶采用橡胶塞密封,每次取样后用氮气吹赶1 min。空白试验中不加Cu^{II},所有实验都重复两遍。

β-内酰胺抗生素在 HPLC 上分析，采用 XDB－C8 色谱柱分离，进样量为 20 μL，流动相流速为 1 mL/min，流动相组成和检测波长见表 4－1。降解产物分析在 HPLC－MS 上完成，采用 Zorbax SB－C18 column(2.4×150 mm, 5 μm)分离，进样量为 20 μL，PG 产物分析采用 0.1%甲酸水(A)和乙腈(B)为流动相，洗脱梯度为 10%B 为初始流动相，保持 2 min，然后在 8 min 内线性增加到 50% B，保持 5 min，最后降到初始流动相，流速为 0.3 mL/min。CFX 和 AMP 产物分析采用 0.1%甲酸水(A)和甲醇(B)为流动相，洗脱梯度为 5% B 为初始流动相保持 2 min，在 10 min 内线性增加到 18% B 并保持 5 min，随后在 9 min 内线性增加到 30% B 并保持 8 min，最后降到初始流动相，流速为 0.2 mL/min。质谱条件为电喷雾离子源，正离子模式，喷雾电压为 4 000 V，碎片离子的碰撞电压为 70～220 eV，质量扫描范围为 50～1 000，载气流速为 6 L/min，温度为 350℃。

表 4－1　β-内酰胺抗生素 HPLC 分析方法

Chemicals	mobile phase	wavelength/nm	flow rate/$(mL \cdot min^{-1})$
CFX	0.75% acetic acid water/methanol(75 : 25, V/V)	262	1
cefadroxil	0.75% acetic acid water/methanol(85 : 15, V/V)	262	1
cefradine	0.75% acetic acid water/methanol(70 : 30, V/V)	262	1
cefapirin	0.75% acetic acid water/methanol(85 : 15, V/V)	262	1
cefalothin	0.75% acetic acid water/methanol(70 : 30, V/V)	262	1
AMP	0.75% acetic acid water/methanol(70 : 30, V/V)	230	1
AMX	0.75% acetic acid water/methanol(85 : 15, V/V)	230	1
PG	10 mM H_3PO_4 water/acetonitrile(35 : 65, V/V)	220	1

采用 Moffett 等建立的方法检测 Cu^{I} 的生成[244]。该方法的原理是溶液中 Cu^{I} 会和 BC 形成黄色稳定络合物，该络合物最大吸收波长为 484 nm，而 Cu^{II} 和 BC 不会形成 484 nm 吸收峰，于是可通过该峰来判断

Cu^{I} 的生成。反应过程中取样后加入 20 mM EDTA 作为掩蔽剂消除 Cu^{II} 的干扰，然后加入显色剂 BC，反应显色稳定 5 min 后在紫外可见分光光度计上测量，检测波长为 484 nm，实验过程中反应器用橡皮塞密封，并在反应开始前和取样过程中用氮气吹赶，保证反应溶液无氧。

4.1.3　β-内酰胺抗生素与 Cu^{II} 络合反应

β-内酰胺抗生素和 Cu^{II} 络合物采用紫外-可见分光光度计分析。所有β-内酰胺抗生素、pH 缓冲液、Cu^{II} 溶液在实验当天新鲜配制，并采用氮气吹赶保证其无氧。0.1 mM Cu^{II} 加入 0.1 mM β-内酰胺抗生素和 10 mM 缓冲溶液混合液 30 s 后，马上转移到石英比色皿中进行紫外-可见光谱扫描。通过比较 β-内酰胺抗生素-Cu^{II} 混合物光谱和 β-内酰胺抗生素光谱的吸收峰位置和位移的光谱特征，来判断 β-内酰胺抗生素是否和 Cu^{II} 形成络合物。络合峰处的吸光度改变值(ΔAbs)计算如下：

$$\Delta Abs = Abs(antibiotics\ and\ Cu^{II}\ complex) - Abs(Cu^{II}) - Abs(antibiotics) \tag{4-1}$$

式中，Abs(antibiotics and Cu^{II} complex)，Abs(Cu^{II})和 Abs(antibiotics)为对应溶液体系中 310 nm 处的吸光度值。

4.2　结果和讨论

4.2.1　β-内酰胺抗生素的水解

由于β-内酰胺抗生素中β-内酰胺环高度扭曲、很不稳定，β-内酰胺抗生素很容易受亲核试剂进攻。金属离子如 Zn^{II}、Cu^{II}、Cd^{II}、Co^{II}，酸，碱，甚至是中性分子如水都会促进 β-内酰胺环断裂，即发生水解反应。PG 在

pH 5.0～8.0 范围内低温条件下相对稳定[245]；但是在高 pH 条件下，PG 很容易水解产生青霉噻唑酸[246]。我们研究了 PG 在 pH 10、11 和 12 条件下的水解情况，结果如图 4-1 所示，PG 在 pH 10 时水解作用不明显，pH 12 时 PG 在 1 h 内几乎全部水解。各个 pH 条件下水解反应呈一级降解动力学，其降解动力学方程和一级水解常数见表 4-2，pH10、11、12 时一级水解

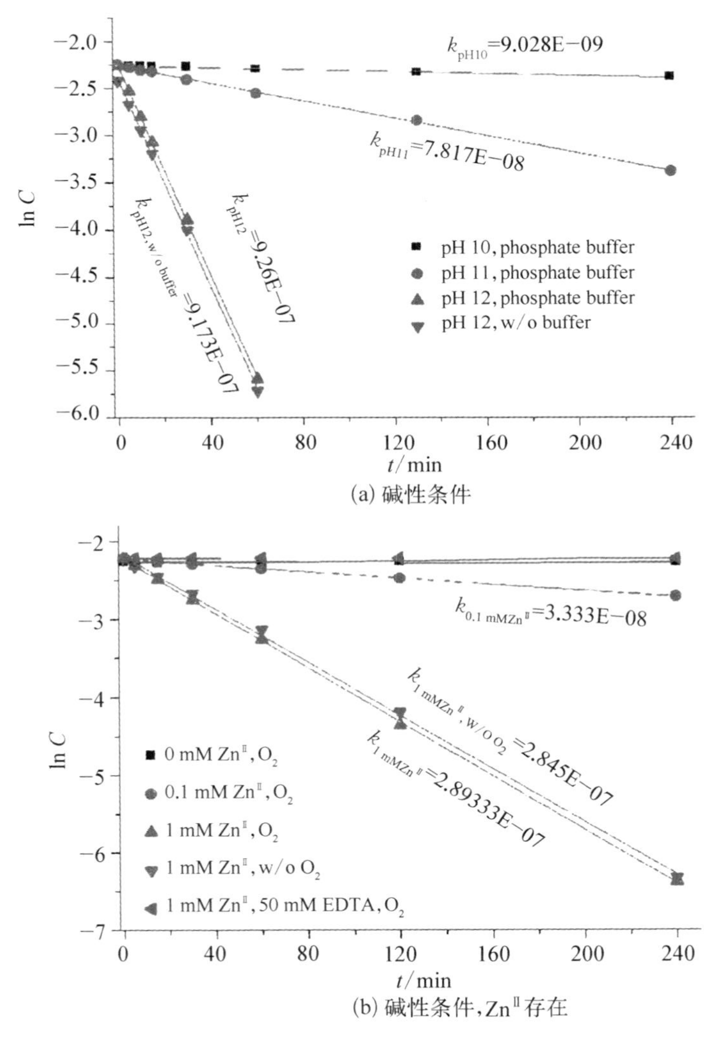

(a) 碱性条件

(b) 碱性条件，Zn^{II} 存在

图 4-1 PG 水解（$[PG]_0$=0.1 mM，[EDTA]=50 mM，pH 7.0，k：s^{-1}）

常数分别为 9.03×10^{-9}，7.82×10^{-8}，9.26×10^{-7} s^{-1}。pH 12 时 PG 的一级水解常数大约为 pH 11 的 10 倍，pH 10 的 100 倍，可见 pH 越高，PG 也容易水解。当不采用 10 mM 磷酸缓冲液控制 pH 后，其一级水解常数并没有明显变化，说明磷酸缓冲液没有催化水解的作用；而以往文献报道缓冲溶液对 PG 水解也有催化作用。Zn^{II} 作为一种常见的过渡金属离子，其曾被报道能够快速催化 PG 水解，产生青霉噻唑酸[247]。本书中，在 pH 7.0 时 PG 水解速度缓慢，加入 0.1 mM Zn^{II} 能够显著提高 PG 的水解速率，在 240 min 时有 62% 的 PG 被水解；当 Zn^{II} 浓度提高到 1 mM 时，PG 在 240 min 内 98% 以上的 PG 被水解。Zn^{II} 催化水解也符合一级动力学，其水解常数见表 4-2，在 1 mM Zn^{II} 存在时，PG 的水解常数为 2.89×10^{-7} s^{-1}；大概是 0.1 mM Zn^{II} 存在时 PG 水解常数的 10 倍。加入 50 mM EDTA 后，1 mM Zn^{II} 对 PG 的水解催化作用被完全抑制，说明 Zn^{II} 必须要先和 PG 络合，络合状态的 Zn^{II} 催化水解 PG，络合位点位于 β-内酰胺环上。氧气对 PG 的降解没有影响，进一步说明 Zn^{II} 对 PG 降解没有涉及氧化还原反应，而只是简单的催化水解反应。

表 4-2　PG 在碱性 pH 和有 Zn^{II} 存在时的降解动力学方程和速率常数

Hydrolysis condition	Hydrolysis kinetics	k/min^{-1}	k/s^{-1}	R^2
pH 10, 10 mM buffer	$y=-0.000\,541\,7x-2.257$	5.417×10^{-4}	9.028×10^{-9}	0.991 8
pH 11, 10 mM buffer	$y=-0.004\,69x-2.254$	4.69×10^{-3}	7.817×10^{-8}	0.999 3
pH 12, 10 mM buffer	$y=-0.055\,56x-2.244$	5.556×10^{-2}	9.26×10^{-7}	0.999 9
pH 12, w/o buffer	$y=-0.055\,04x-2.389$	5.504×10^{-2}	9.173×10^{-7}	0.999 4
0.1 mM Zn^{II}, O_2	$y=-0.002\,0x-2.229$	2×10^{-3}	3.333×10^{-8}	0.999 6
1 mM Zn^{II}, w/o O_2	$y=-0.017\,07x-2.183$	1.707×10^{-2}	2.845×10^{-7}	0.998 7
1 mM Zn^{II}, O_2	$y=-0.017\,36x-2.229$	1.736×10^{-2}	2.893×10^{-7}	0.999 8

4.2.2 Cu^{II} 催化降解 β-内酰胺抗生素

青霉素和头孢类抗生素在中性条件下相对稳定，但是在 Cu^{II} 存在时，它们很不稳定，容易降解。在有氧条件下，加入 Cu^{II} 后 PG 很不稳定，在 5 min 内 80%的 PG 被降解，在 1～2 min 内就降解了 50%；120 min 时 PG 几乎被完全降解。AMX 比 PG 降解慢，在 240 min 几乎被完全降解，但比 AMP 降解快。在没有氧气时，5 min 内有大约 70%PG 被降解，其降解比例比有氧时稍慢，但是在 5 min 后 PG 的降解开始变得缓慢，在 60 min 后反应甚至停滞（图 4-2）。AMP 和 AMX 在无氧条件下降解趋势与 PG 类似，即一开始快速降解，随后速度变慢，最后反应近乎停滞。可见，氧气在 Cu^{II} 促使青霉素类抗生素降解的过程中起重要作用，直接影响青霉素类抗生素

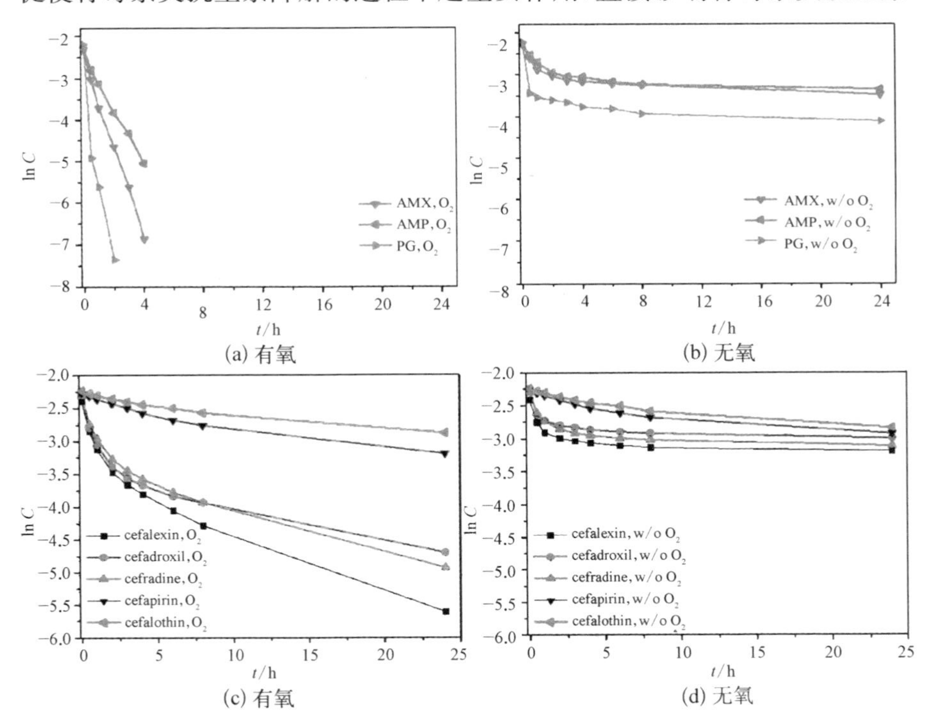

图 4-2　Cu^{II} 在有氧和无氧条件下促使青霉素和头孢抗生素的降解

降解的降解速度。第 4.2.1 节研究表明，氧气对 Zn^{II} 催化水解 PG 没有影响，且 PG 水解符合一级降解动力学，而与 Zn^{II} 催化青霉素类抗生素水解不同，Cu^{II} 促使青霉素类抗生素降解的动力学不符合一级降解动力学，其大致可分为两个阶段，先快速降解然后降解变慢。于是 Cu^{II} 和 Zn^{II} 促使青霉素类抗生素降解的机理很可能不一样，即 Cu^{II} 对青霉素类抗生素的降解不只是催化水解，氧化还原反应可能也参与其中。

对于苯基甘氨酸头孢类抗生素，如 CFX、头孢拉定、头孢羟氨苄，加入 0.1 mM Cu^{II} 后，它们的降解规律和青霉素类抗生素类似，即在有氧条件下快速降解，而无氧条件下先快速降解，随后降解变慢最终近乎停滞。无论是有氧还是无氧，该类抗生素的降解均慢于青霉素类抗生素(图 4-2)。对于青霉素，由于 β-内酰胺环中羰基和氮上的孤对电子不能共轭，加上四元环的张力，造成 β-内酰胺环高度不稳定，在酸、碱和金属离子存在时 β-内酰胺环均容易发生水解和分子重排，进而失去抗菌活性；但是对于头孢类抗生素，β-内酰胺环上的孤对电子与氢化噻嗪环中的双键能够形成共轭，并且头孢分子中的“四元环并六元环”稠环体系对 β-内酰胺环造成的分子内张力较小，因此比青霉素类更稳定。而对于非苯基甘氨酸类头孢抗生素，如头孢噻吩和头孢匹林，加入 Cu^{II} 后，它们的降解速度慢于苯基甘氨酸类头孢抗生素，且降解规律也不一样，虽然降解会逐渐变慢但没有停滞的趋势，此外，氧气对它们的降解没有明显的影响。可见，对于头孢类抗生素，Cu^{II} 促使其降解的规律跟抗生素本身结构有关系。苯基甘氨酸类头孢和青霉素类抗生素一样，降解过程中不仅是催化水解 Cu^{II}，更有可能涉及氧化还原反应；而对于非苯基甘氨酸类抗生素，降解过程可能只是催化水解。具体的降解机理将在以后章节讨论。

Cu^{II} 浓度对 PG 降解的影响如图 4-3 所示。无论是有氧还是无氧条件，随着 Cu^{II} 浓度的提高，PG 的降解速率也提高。有氧条件下，当 Cu^{II} 升高到 0.2 mM，PG 在 60 min 内可以近乎完全降解。随着 Cu^{II} 浓度的升高，

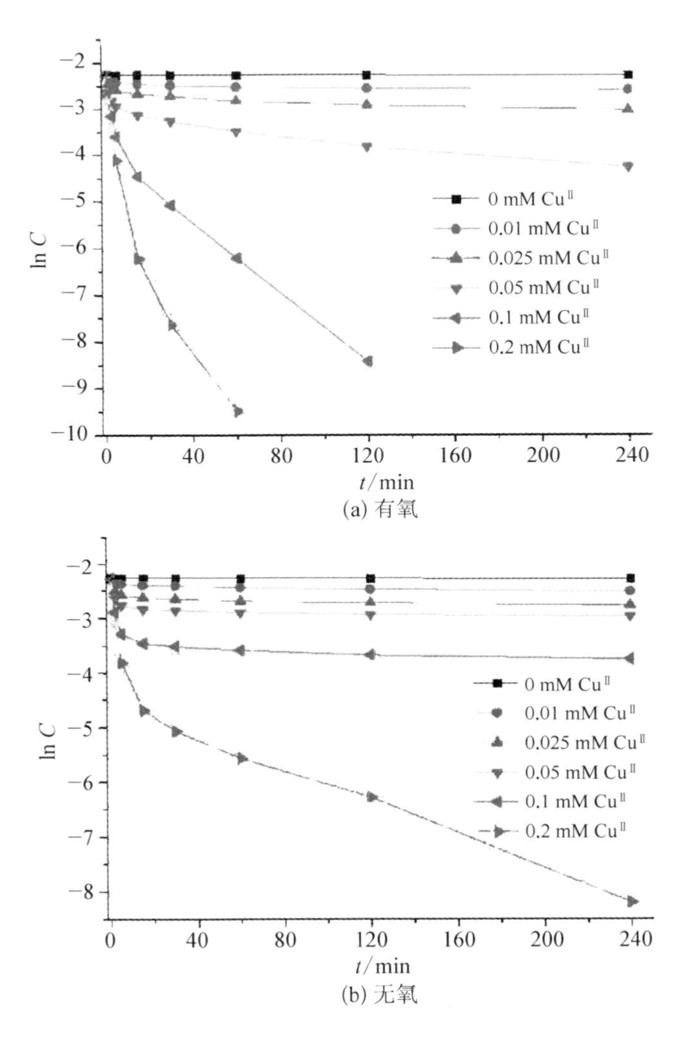

图 4-3　不同浓度 Cu^{II} 存在时 PG 的降解趋势([PG]$_0$=0.1 mM,pH 7.0)

PG 的降解越接近一级降解动力学,我们可以推测当 Cu^{II} 升高到一定浓度时,PG 降解会符合一级降解动力学。无氧时,加入 0.2 mM Cu^{II} 后 PG 降解虽然会逐渐变慢,但在 240 min 时没有停滞的趋势,这说明 Cu^{II} 低浓度时 PG 降解最后停滞的原因是反应体系中没有足够可利用的 Cu^{II}。如果 Cu^{II} 对 PG 的降解是水解催化,反应 240 min 后溶液中不可能没有足够可利用

的 $Cu^{Ⅱ}$，这进一步说明催化水解机理不能合理解释 $Cu^{Ⅱ}$ 促使 PG 降解，$Cu^{Ⅱ}$ 在 PG 降解过程中很可能涉及氧化还原反应，转化为其他价态，如 $Cu^{Ⅰ}$。$Cu^{Ⅱ}$ 浓度对 CFX 降解的影响跟 PG 一样，随着 $Cu^{Ⅱ}$ 浓度的提高，CFX 的降解速度也相应增大(图 4-4)。此外，反应过程中鼓吹氧气对于 CFX 降解没有明显的影响，反应器暴露于空气后足够维持 CFX 的快速降解，因此在以后的实验过程中没有鼓吹氧气。

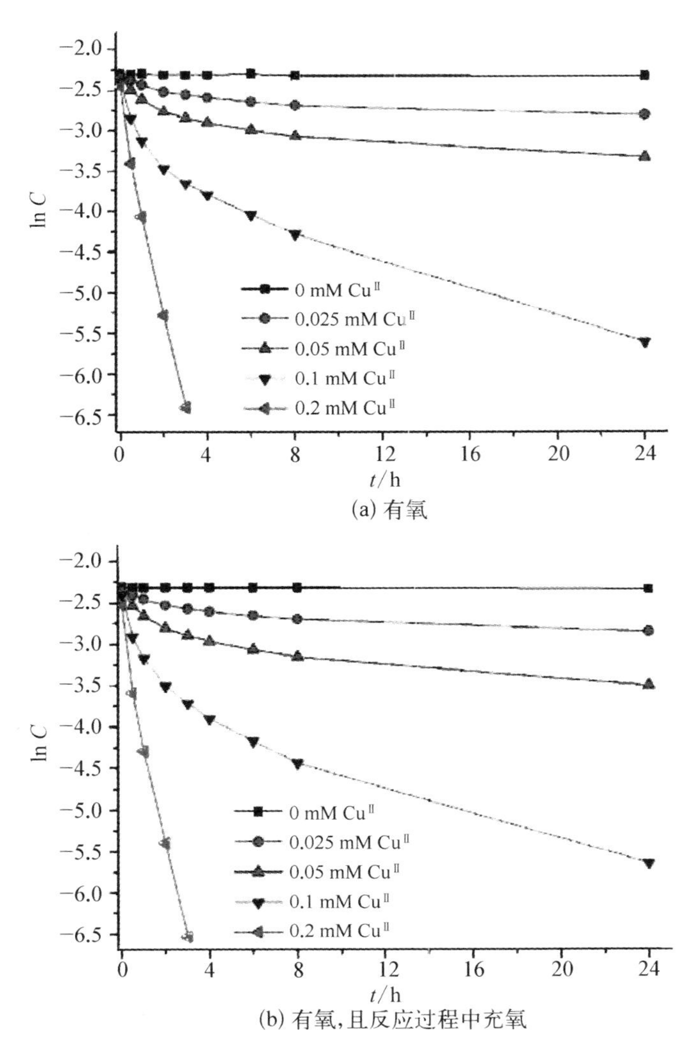

(a) 有氧

(b) 有氧，且反应过程中充氧

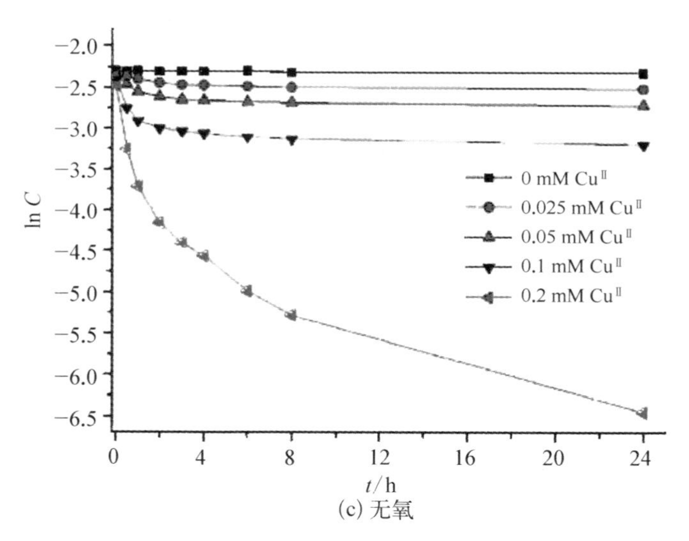

(c) 无氧

图 4-4　不同浓度 $Cu^{Ⅱ}$ 存在时 CFX 的降解趋势($[CFX]_0=0.1$ mM, pH 7.0)

pH 对 $Cu^{Ⅱ}$ 促使 PG 降解的影响如图 4-5 所示。在有氧条件下，pH 5.0时 PG 降解慢于 pH 7.0。但与 pH 7.0 不同，pH 5.0 时 PG 降解到后来不会停滞，而是呈近似一级降解动力学，氧气几乎对该 pH 下 PG 的降解没有影响。与 pH 7.0 类似，pH 9.0 时，氧气对 PG 降解有重要影响；无

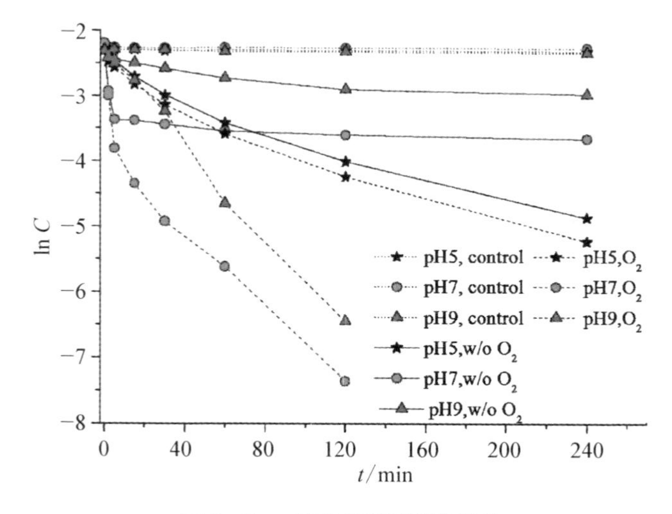

图 4-5　pH 对 PG 降解的影响

氧条件下，PG 降解明显慢于 pH 7.0 和 5.0；有氧时，PG 的降解明显加快，快于 pH 5.0，但是仍慢于 pH 7.0。可见在不同 pH 时，氧气对 PG 降解的影响不一样，可推测 PG 在不同 pH 时的机理也可能不同。在 pH 5.0 时，Cu^{II} 促使 PG 降解类似于 Zn^{II} 催化水解 PG，而在 pH 7.0 和 9.0 时，氧化还原反应可能参与其中。pH 对 Cu^{II} 促进 CFX 降解的影响如图 4-6 所示。在 pH 5.0 时，CFX 几乎没有降解，反应溶液颜色始终不变，与单独 Cu^{II} 的颜色一样。在 pH 7.0 时，伴随着 CFX 的快速降解，反应溶液逐渐由淡蓝色变为黄棕色。而 pH 9.0 时，CFX 的降解速度远快于 pH 7.0，在 2 h 内近乎完全降解，反应过程中溶液颜色由淡蓝色迅速变为黄棕色。在 pH 7.0 和 9.0 CFX 反应溶液的颜色变化很可能是 Cu^{II} 和 CFX 络合物的颜色，也可能是降解产物或者降解产物和 Cu^{II} 络合物的颜色。可见 pH 对 β-内酰胺抗生素降解有重要影响，不同 pH 下降解趋势不同，很可能是由于不同的降解机理。

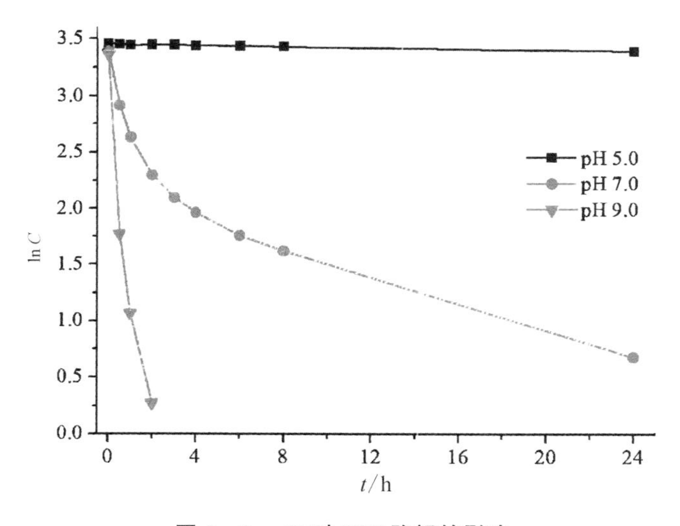

图 4-6　pH 对 CFX 降解的影响

为了进一步考察 Cu^{II} 在 β-内酰胺抗生素降解过程中所扮演的角色，我们研究了竞争性配体如 EDTA、腐殖酸对 Cu^{II} 促使 β-内酰胺抗生素降解的影响。EDTA 加入后对 PG 和 CFX 降解的影响如图 4-7 所示。EDTA 能够完全抑制 PG 和 CFX 的降解，EDTA 络合 Cu^{II} 的能力强于 CFX，过量 EDTA 加入后几乎所有 Cu^{II} 都被 EDTA 络合，说明 Cu^{II} 与 β-内酰胺抗生素络合是促使其降解的必要条件。腐殖酸浓度为 1 ppm 时，CFX 的降解没有受到明显的影响；在高于 1 ppm 时，CFX 的降解随着腐殖酸浓度的升高而逐渐变慢，说明腐殖酸对 CFX 的降解有抑制作用，很有可

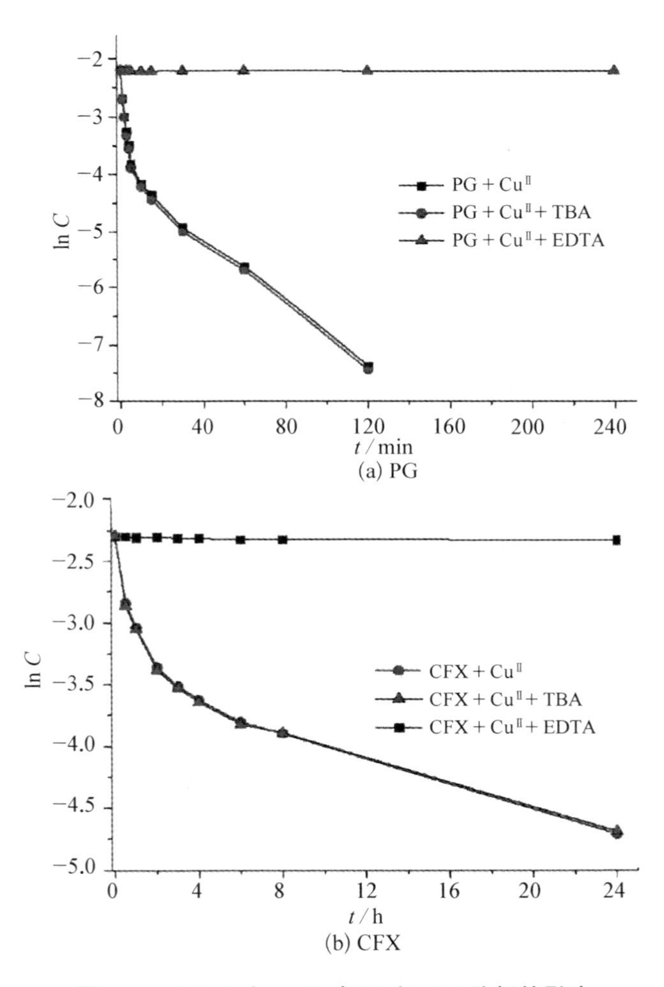

图 4-7　EDTA 和 TBA 对 PG 和 CFX 降解的影响

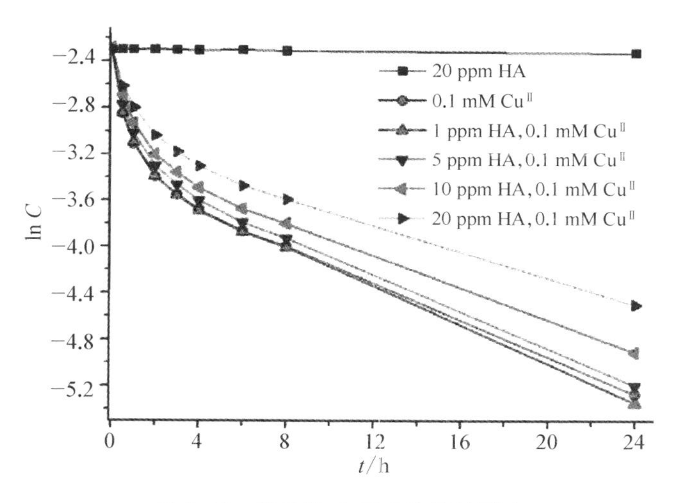

图 4-8　腐殖酸对 CFX 降解的影响

能是与 CFX 竞争性络合 Cu^{II}，使得可被 CFX 利用的 Cu^{II} 浓度降低。TBA 通常用作羟基自由基的探针，如反应过程涉及羟基自由基，TBA 会和羟基自由基反应，从而影响溶液中其他化合物的反应速率，抑制其他化合物的降解。在 Cu^{II} 促使 CFX 或者 PG 降解的反应体系中加入 50 mM TBA 后，PG 和 CFX 的降解几乎没有受到影响，说明 CFX 和 PG 的降解没有涉及羟基自由基反应，不是由于羟基自由基引起，而是有其他反应机理。

4.2.3　水解和氧化反应

Cu^{II} 曾被报道能够直接氧化降解一些特定结构的化合物，如四环素和氢醌类化合物[248-249]，在这些化合物降解过程中涉及 Cu^{II} 和 Cu^{I} 的氧化还原循环。PG 分子结构中含有 O 和 N 原子，说明 PG 很容易与 Cu^{II} 络合，这已被广泛报道[126,250-251]。因此，PG 和 Cu^{II} 络合后，很可能与 Cu^{II} 发生氧化还原反应。为了证实这一假设，我们检测了 Cu^{II} 促使 PG 降解过程中 Cu^{I} 的产生，如图 4-9 所示。在没氧条件下，Cu^{I} 在反应过程中积累，Cu^{I} 产生速度一开始很快，然后逐渐变慢，这和 PG 降解趋势一致。而在有氧时也检

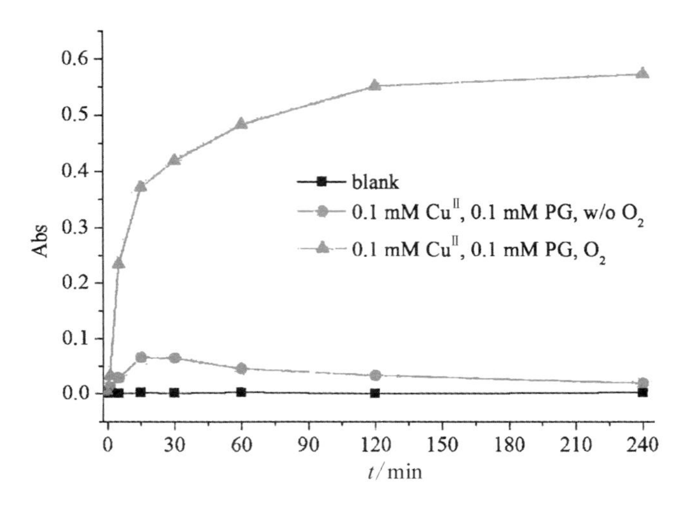

图 4-9 Cu^{II} 和 PG 降解反应中 Cu^{I} 的生成

测到 Cu^{I} 的产生，但其浓度很低，且在 15 min 内浓度增大到最大值后逐渐降低。Cu^{I} 在溶液中有氧时很不稳定，在 1 min 内就会完全氧化为 Cu^{II}，但是溶液中有氯离子或者其他络合配体时，Cu^{I} 被氧化的速率会减慢，当配体（如 BC）络合能力足够强时，Cu^{I} 也可以在溶液中稳定存在，这也是为何可用 BC 络合 Cu^{I} 来检测 Cu^{I} 的生成[242,252]。在有氧条件下仍能检测到 Cu^{I} 表明，PG 降解产物也可以络合稳定溶液中的 Cu^{I}，只是这种络合强度不足于让其在有氧条件下稳定存在，但至少可以减缓其被氧化的速度。由于 80%以上的 PG 在初始 15 min 内降解，大量的 Cu^{I} 在 5 min 内大量产生，其产生速度大于其被氧化为 Cu^{II} 的速度，Cu^{I} 在 15 min 内积累；在 15 min 后，Cu^{I} 产生速度小于其被氧气氧化的速度，15 min 后 Cu^{I} 浓度逐渐降低。因此，PG 的降解过程中涉及 Cu^{II} 氧化还原反应，但是到目前为止，我们还不能确定到底是母体化合物还是降解产物和 Cu^{II} 发生氧化还原反应。

我们也检测了 Cu^{II} 促使 CFX 降解过程中 Cu^{I} 的生成（图 4-10）。无氧条件下，在 pH 7.0 和 9.0 时 Cu^{I} 有明显的积累，且在 pH 9.0 时 Cu^{I} 的生成速度快于 pH 7.0，在 30 min 内就能到达最大值，而 pH 7.0 时 Cu^{I} 浓

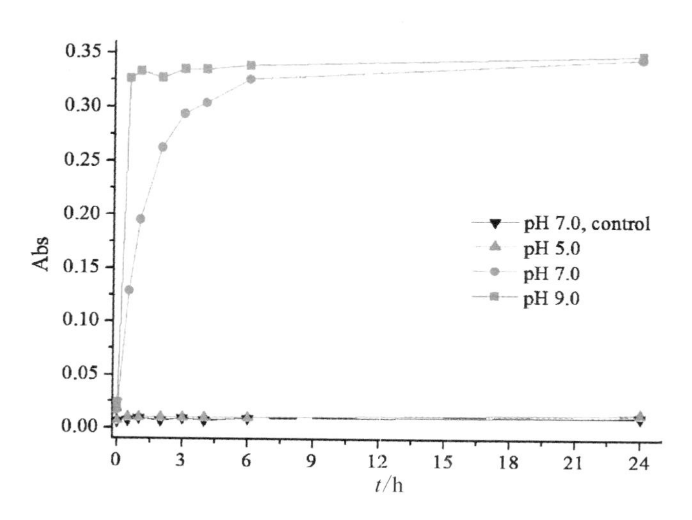

图 4-10　Cu^{II} 和 CFX 降解反应中 Cu^{I} 的生成

度先快速升高，后生成速度变慢，到 6 h 时几乎达到最大值，大致等于 pH 9.0的最终积累浓度。pH 5.0 时，没有检测到 Cu^{I} 的生成。可见，在不同 pH 条件下 Cu^{I} 的生成趋势和 CFX 的降解趋势一样，因此 CFX 的降解过程也就是 Cu^{I} 的生成过程，CFX 的降解过程涉及 Cu^{II} 的氧化还原反应，我们也可以假定 CFX 的降解就是由 Cu^{II} 的直接氧化引起的。Cu^{I} 的变化趋势也和溶液颜色变化趋势一致，因此反应过程中溶液变棕色很有可能是 Cu^{I} 和 CFX 或者产物络合物的颜色。有文献报道过 CFX 和 Cu^{II} 络合物会有颜色变化，由于 CFX 和 Cu^{II} 络合反应很快就可以完成，如果溶液颜色是由于 CFX-Cu^{II} 络合物的颜色，那么当两者混合后，溶液颜色很快就可以变为棕色，这和我们实验现象不符，因此溶液棕色很可能就是 Cu^{I} 和产物络合物的颜色。

在无氧条件下，我们已研究表明 CFX 和 PG 在 pH 7.0 时降解最终会趋于停滞，为了更好地解释这一现象，我们需要进一步研究 Cu^{II} 在抗生素降解过程中的作用。于是，在 240 min PG 降解停滞后，我们继续做了以下实验：① 去除反应器瓶盖使反应溶液直接暴露于空气中，这时我们发现

PG 降解会重新启动，并且快速降解完全(图 4 - 11)；② 反应溶液中还剩余 0.027 mM的 PG 未降解，将 0.027 mM Cu^{II} 加入到反应溶液中，而反应溶液仍旧与空气隔绝，溶液中剩余 PG 的降解趋势与开始 240 min 降解趋势类似，即先快速降解，接着反应变慢最终停滞。加入 Cu^{II} 后 PG 降解重新启动表明，反应开始 240 min 内 PG 降解停滞是因为溶液中没有可利用的 Cu^{II}。在反应过程中，Cu^{II} 逐渐被还原为 Cu^{I}，因此可利用 Cu^{II} 减少，PG 的降解逐渐减慢。Cu^{II} 很可能与 PG 的降解产物络合，而其络合强度甚至强于与母体的络合，这会进一步减少 Cu^{II} 的可利用性，最终导致 PG 降解的停滞。当溶液重新暴露于空气后，溶液中 Cu^{I} 会快速氧化成 Cu^{II}，溶液中 Cu^{II} 大于剩余 PG 的浓度，于是 PG 在 Cu^{II} 作用下会快速降解直至降解完全。

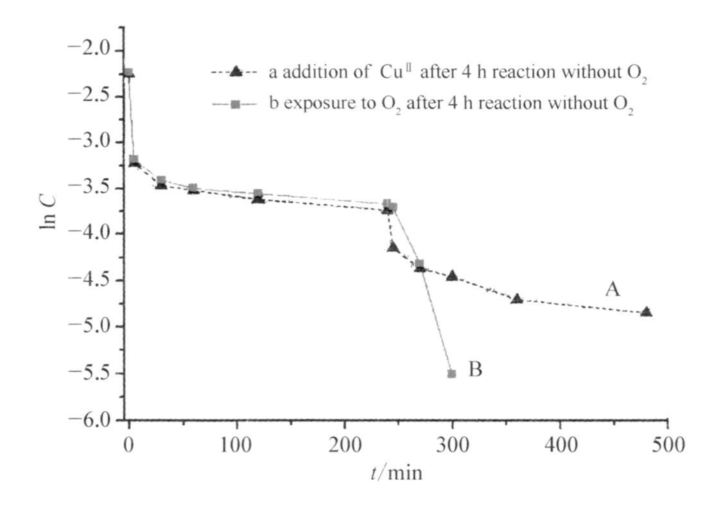

图 4 - 11　无氧条件反应 240 min 后 Cu^{II} (A)和氧气(B)对 PG 降解的影响

针对无氧条件下 CFX 在 24 h 降解停滞，我们也做了类似实验，结果如图 4 - 12 所示。加入 Cu^{II} 或者重新暴露空气后 CFX 降解重新启动，表明 24 h 降解停滞是因为溶液中没有可利用的 Cu^{II}。CFX 在无氧条件下降解 24 h 时，溶液中还剩余 46%的 CFX 未降解，加入 0.046 mM Cu^{II} 后，CFX

降解重新启动，随着反应的进行降解逐渐变慢，在 48 h 时，剩余 CFX 仍有 47%未被降解。虽然 CFX 降解产物可能与 Cu^{II} 络合，从而影响 Cu^{II} 的可利用性，但是从化学计量学角度来解释更具有合理性，CFX 和 Cu^{II} 的反应大约是按照 2∶1 的比例进行，Cu^{II} 还原为 Cu^{I} 可提供一个电子，而 CFX 氧化过程很可能需要两个电子，于是 0.1 mM 的 Cu^{II} 只能氧化 0.05 mM 的 CFX，即只有 50%的 CFX 被降解。

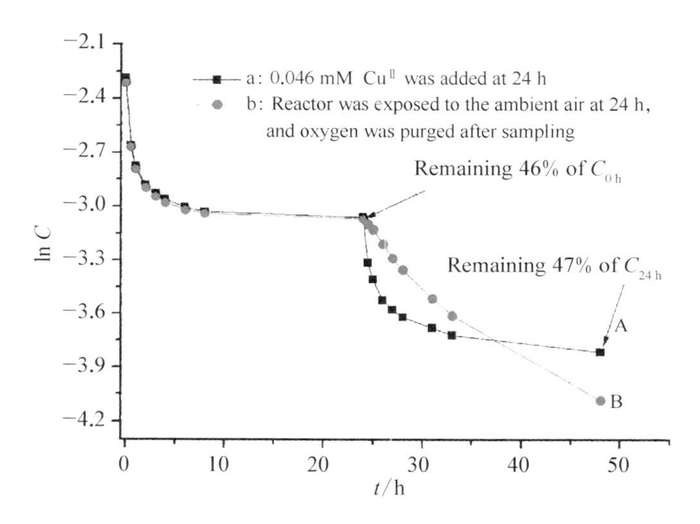

图 4-12　无氧条件反应 24 h 后 Cu^{II} (A)和氧气(B)对 CFX 降解的影响

在以前的文献报道中，青霉噻唑酸 BPC 被认为是金属离子催化水解 PG 的唯一产物[246]。我们进一步研究了 Cu^{II} 对 BPC 降解的影响。根据第 4.2.1 节 PG 在高 pH 水解实验表明，PG 在 pH 12.0 时 1 h 内完全水解，因此我们在 0.1 mM PG 中加入 0.01 mM NaOH，1 h 后 PG 完全水解转化为 BPC，之后采用 HCl 把溶液 pH 调到 7.0 左右，然后加入 10 mM MOPS 维持体系 pH 在 7.0 左右，继而加入 0.1 mM Cu^{II}。我们比较了 PG 和 BPC 在不同 pH 的降解速率(图 4-13)。与 PG 一样，BPC 的降解也跟溶液 pH 有关。在 pH 5.0 时，无论有氧还是没氧，BPC 几乎没有降解，而 PG 降解很明显。在 pH 7.0 时，BPC 有明显的降解，尽管 PG 在初始 10 min 降解略快于 BPC，在 10 min 后 PG 降解逐渐变慢，在无氧条件下降解甚至停滞，而 BPC 一直维持较快的降解，即使无氧其降解也一直进行。pH 9.0 时，BPC 无论是有氧还是无氧其降解速率都快于 PG。总之，BPC 在 pH 5.0 时降解很慢，而在 pH 7.0 和 9.0 能快速降解，且其降解受溶液中氧气的影响。与 BPC 相比，PG 在 pH 5.0 时有降解但不受氧气影响，而 pH 7.0 和 9.0 时降解与氧气有关，因此我们很容易联想到 BPC 很可能是 PG 降解的中间产

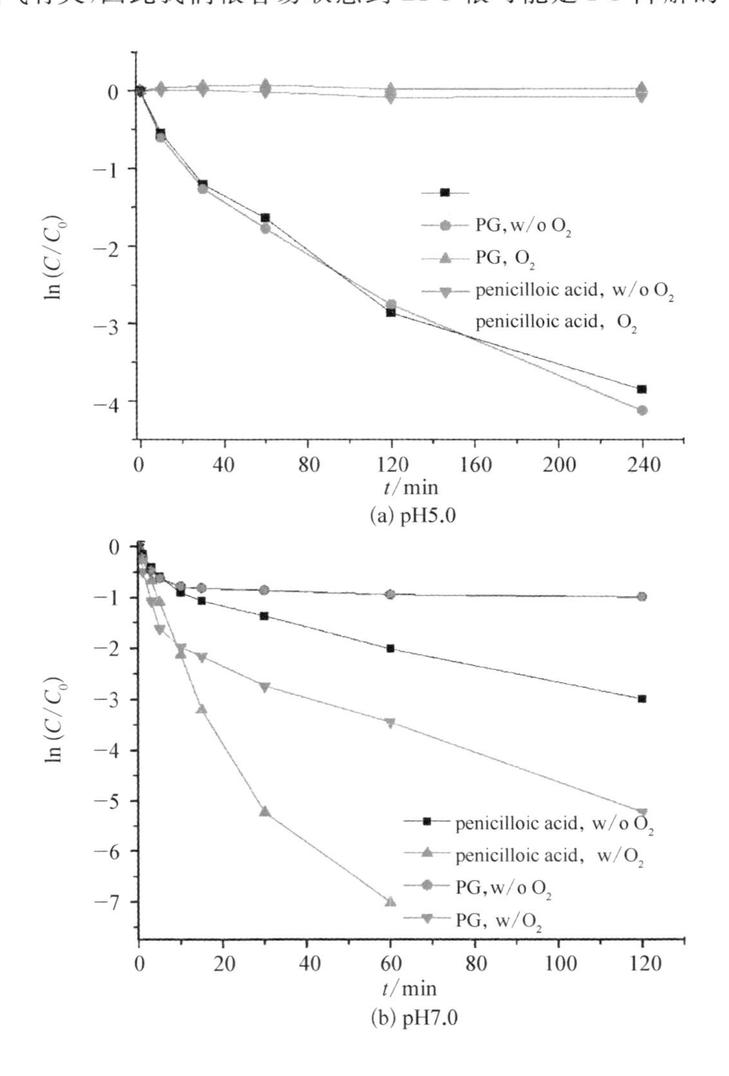

(a) pH5.0

(b) pH7.0

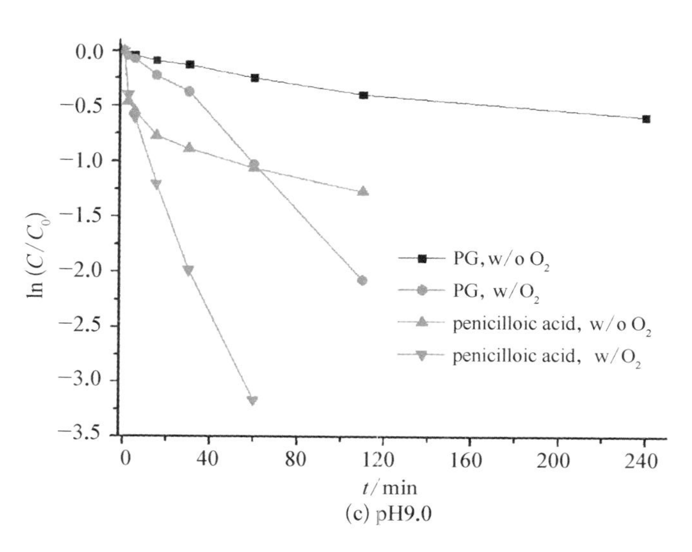

(c) pH9.0

图 4-13　不同 pH 时 Cu^{II} 促使 PG 和 BPC 降解趋势对比

物，这也与文献报道一致。由于 PG 的 β-内酰胺环很不稳定，很容易被过渡金属离子催化断裂，我们有理由假定 Cu^{II} 也能够催化 PG 中的 β-内酰胺断裂生成水解产物 BPC，只是 BPC 在不同 pH 条件下与 Cu^{II} 反应速率不一样。在 pH 5.0 时，PG 被 Cu^{II} 水解产生 BPC，但是 BPC 在此 pH 下不再与 Cu^{II} 反应，因此 pH 5.0 时的降解只是催化水解。pH 7.0 和 9.0 时，PG 首先水解产生水解产物 BPC，然后 BPC 继续与 Cu^{II} 反应，且很有可能是被 Cu^{II} 直接氧化降解，当然我们也不能排除 Cu^{II} 直接氧化降解 PG 的可能。针对以上假设，我们从产物分析角度，进一步验证上述假设的合理性。

4.2.4　降解产物分析

PG 降解过程中，样品取样后直接进样到 HPLC-MS 上分析。Zn^{II} 催化水解 PG 会产生唯一产物，其分子量是 352，即为母体 PG 分子量 334 加 18，根据产物碎片分析和以前文献报道可知，该产物即为水解产物 BPC。但是 Cu^{II} 促使 PG 降解的产物要复杂得多，主要降解产物的分子量为 195、308、352a、352b、322、368a、368b、368c 和 368d（以下分别简称为 M 195、

M 308、352a、352b、M 322、38a、368b、368c 和 368d)。其中两个产物有相同的分子量 352,四个产物有相同的分子量 368。以上产物的分子量鉴定是基于 70 eV 时出现碎片离子,如$[M+1]^+$、$[M+23]^+$、$[2M+1]^+$和$[2M+23]^+$。大多数情况下,$[M+1]^+$是产物的主要碎片离子,其强度远强于其他碎片(表 4-3)。352a 和 352b 虽然保留时间不同,但它们 220 eV 时有相同的分子量和碎片形式(表 4-4),其中 352b 的保留时间和碎片信息与 BPC 相同,因此 352b 可以确认为水解产物 BPC,而 352a 是 BPC 的同分异构体,鉴于它们有相同的碎片离子,352a 和 352b 很可能是立体异构体。同样,368a、368b、368c 和 368d 也具有相同的分子质量和碎片信息,它们保留时间接近,很难将它们彻底分开。当用乙腈和 0.1%甲酸水为流动相时,M 322 的峰和母体 PG 的峰几乎重叠,很容易将产物忽略;当有机相由乙腈换成甲醇后,M 322 的峰能够和 PG 完全分离,M 322 确定为 PG 的降解产物之一。M 308 的峰几乎和 352b 峰重叠,由于 m/z 308 刚好是 352b 的碎片之一,因此一开始 M 308 被认为是 352b 的碎片而不是产物。但是假如 M 308 是 352b 的碎片,在降解过程中它们的浓度变化趋势应该相同。但是在无氧条件下 0～240 min 内,M 308 的变化趋势和 352b 明显不同,从而确定 M 308 是 PG 降解的产物之一。当用甲醇和 0.1%甲酸水为流动相时,M 308 和 352b 的峰保留时间可稍微分开,进一步证明了 M 308 是降解产物。

表 4-3 PG 和产物在 70 eV 的 MS 碎片离子

m/z	Fragments(70 eV)							
	M+1	Intensity	M+23	Intensity	2M+1	Intensity	2M+23	Intensity
322	323	100	345	5	645	3	667	1
334	335	100	—	—	669	8	691	18
352a	353	100	—	—	705	8	727	1
352b	353	100	—	—	705	9	727	1
308	309	100	331	2	—	—	—	—

续　表

m/z	Fragments(70 eV)							
	M+1	Intensity	M+23	Intensity	2M+1	Intensity	2M+23	Intensity
368a	369	100	—	—	737	3	—	—
368b	369	100	—	—	737	2	—	—
368c	369	100	—	—	737	3	—	—
368d	369	100	—	—	737	3	—	—
135	136	100	158	22	271	73	293	4
195	196	100	218	5	—	—	413	13

表 4-4　PG 和产物在 220 eV 的 MS 碎片离子

m/z	Fragments(220 eV)																
322	91	136	114	160	—	—	—	—	—	—	205	—	—	—	—	—	—
334	91	—	114	160	—	—	176	—	—	189	—		—	—	307	—	—
352a	91	136	114	160	128	174	—	177	—	189	—	217	—	263	—	309	335
352b	91	136	114	160	128	174	—	177	—	189	—	217	—	263	—	309	335
308	91	136	—	—	128	174	—	177	—	—	—	—	—	263	—	309	—
368a	91	136	114	160	—	—	—	—	188	189	—	—	234	—	307	—	—
368b	91	136	114	160	—	—	—	—	188	189	—	—	234	—	307	—	—
368c	91	136	114	160	—	—	—	—	188	189	—	—	234	—	307	—	—
368d	91	136	114	160	—	—	—	—	188	189	—	—	234	—	307	—	—
135	91	—	—	—	—	—	—	—	—	—	—	—	—	—	—	—	—
195	91	—	—	—	—	—	—	—	—	—	—	—	—	—	—	—	—

PG 降解产物强度随时间变化如图 4-14 所示。有氧条件下，伴随着 PG 的降解，5 min 内最主要的产物是水解产物 BPC，其强度也高于其他产物如 M 135、M 322、368a、368b、368c 和 368d。5 min 后，352b 强度迅速降低，而其他产物强度继续升高，说明 352b 可以转化为其他产物。随着反应的进行，强度慢慢降低，到 240 min 时除了 M 135 外，其他产物几乎都已消

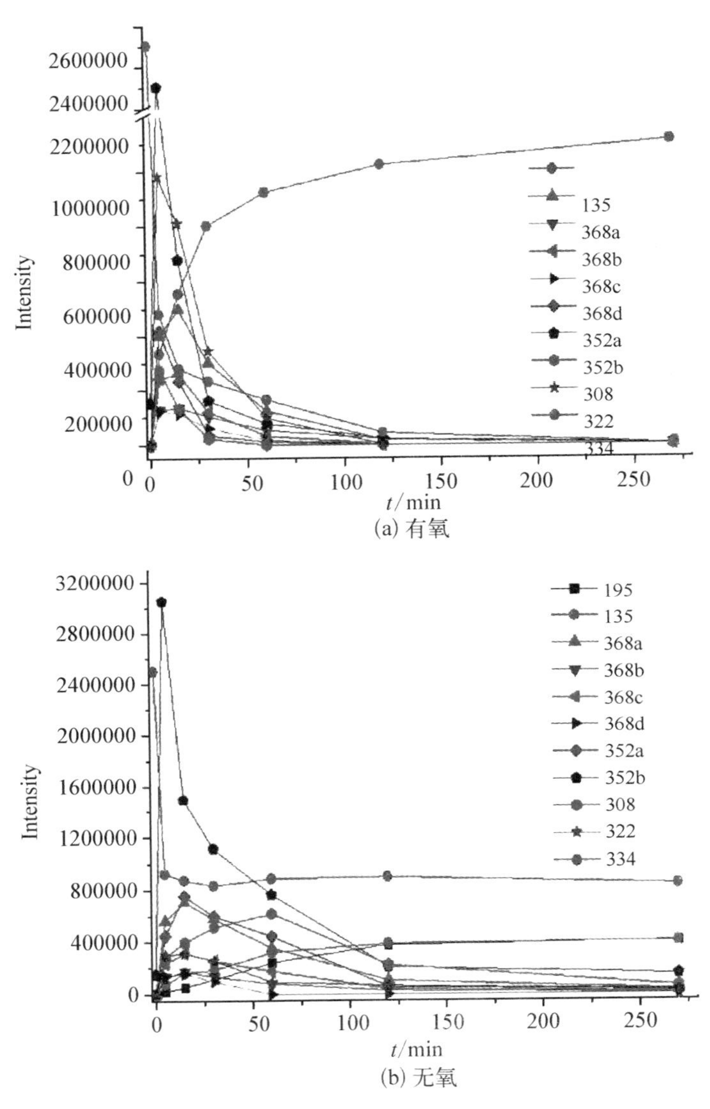

图 4-14　PG 降解产物强度变化趋势

失，而 M 135 在反应过程中一直积累，是 PG 降解的唯一产物。根据 M 135 的分子量和碎片信息，其很可能是苯乙酰胺，将苯乙酰胺标样注入 HPLC-MS 后采用相同方法分析，苯乙酰胺的保留时间和碎片信息和 M 135 一致，于是 M 135 被确认为苯乙酰胺。根据表 4-4 中 220 eV 下的碎片信息，中间产物 M 322、352a、352b、M 308、368a、368b、368c 和 368d 碎片中都含有苯乙酰胺结构，β-内酰胺环侧链上的-C-N-键断裂，最终都转化为产物苯乙酰胺。在大部分产物中都包含碎片 m/z 114 和 160，而这两个碎片被认为是β-内酰胺环旁边噻唑环的特征。中间产物都含有完整的苯乙酰胺和噻唑环，于是 PG 与 Cu^{II} 反应的活性位点位于β-内酰胺环上面，于是中间产物的可能结构如图 4-15 所示。但根据目前的碎片信息，我们还不能确定同分异构体之间的结构差异。我们也采用负离子模式来分析 PG 的降解产物，但是没有发现以上产物外的新产物出现。在无氧时，PG 降解一开始很快，然后变慢。初始 5 min 内 352b 也是 PG 降解的主要产物，随后其强度慢慢降低，但其降解速度慢于好氧条件下的降解，在 240 min 时仍可检测到 352b 的存在。与好氧条件不同，M 308 的强度在 60 min 内逐渐升高，之后再慢慢降低。苯乙酰胺也是无氧条件下的主要最终产物之一，但是其强度远低于好氧条件，另一产物 M 195 也在反应中逐渐积累，也是一重要的最终产物。根据 M 195 现有的有限碎片信息，尽管不能鉴别出其分子结构，但我们可以确定 M 195

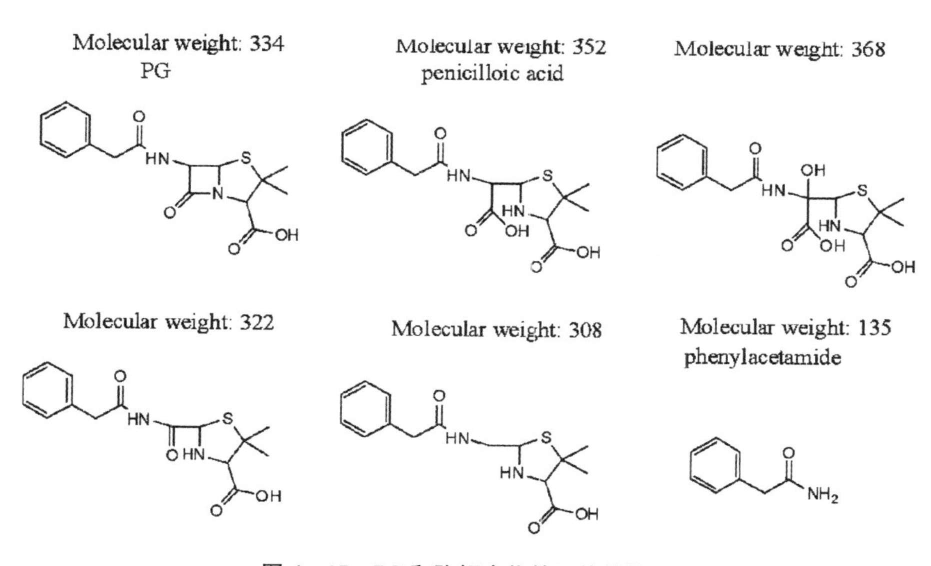

图 4-15　PG 和降解产物的可能结构图

是由 β-内酰胺环侧链衍生而来,因为 220 eV 时苯甲基是其唯一的主要碎片。

综合有氧和无氧条件下产物变化趋势,M 195 看似产生苯乙酰胺的中间产物之一,M 195 在无氧时积累,而在有氧时进一步转为苯乙酰胺。为了检验这一假设是否正确,我们在第 4.2.3 节无氧条件 PG 降解停滞后重新启动的实验中,进一步检测了产物强度变化趋势(图 4-16)。在无氧条

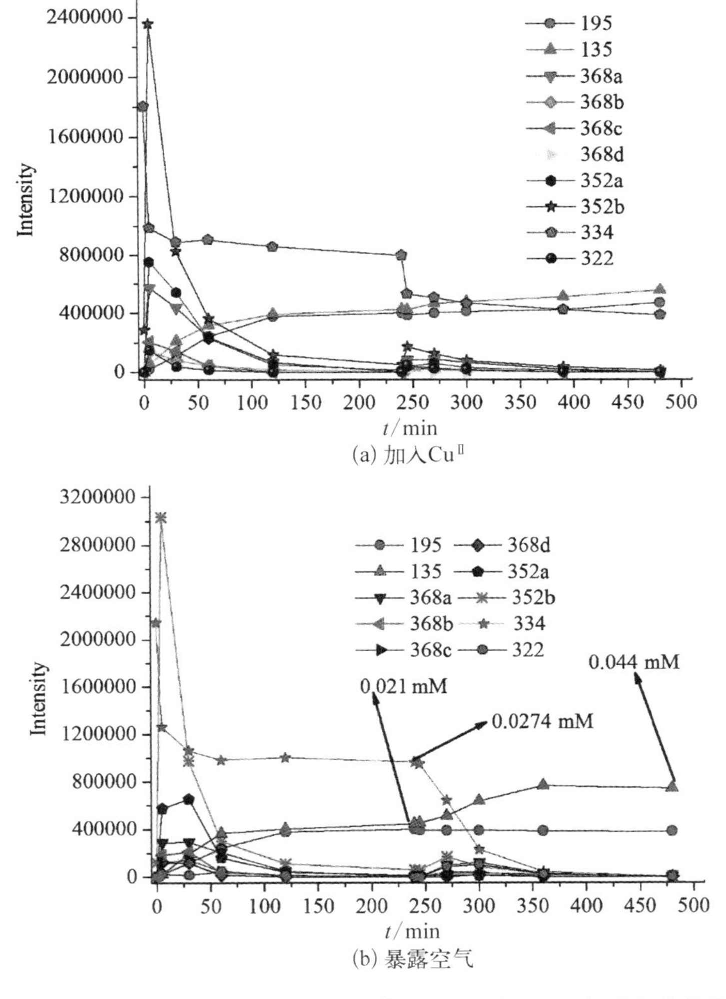

图 4-16　无氧反应 240 min 后加入 $Cu^{Ⅱ}$ 和暴露空气 PG 降解产物变化趋势

件下 PG 降解停滞后继续加入 Cu^{II}，PG 继续降解，降解产物趋势和初始 240 min 内一致；当停滞的反应体系重新暴露于空气后，苯乙酰胺浓度快速升高，而 M 195 浓度没有变化，可见 M 195 不能转化为苯乙酰胺，不是生成苯乙酰胺的中间产物。在 PG 降解停滞后，加入 5 mM EDTA，此时 Cu^{II} 不再促使 PG 降解，无论是有氧还是无氧条件，苯乙酰胺和 M 195 浓度一直不变(图 4-17)，说明 PG 无氧条件降解反应 4 h 后，反应溶液继续隔绝空

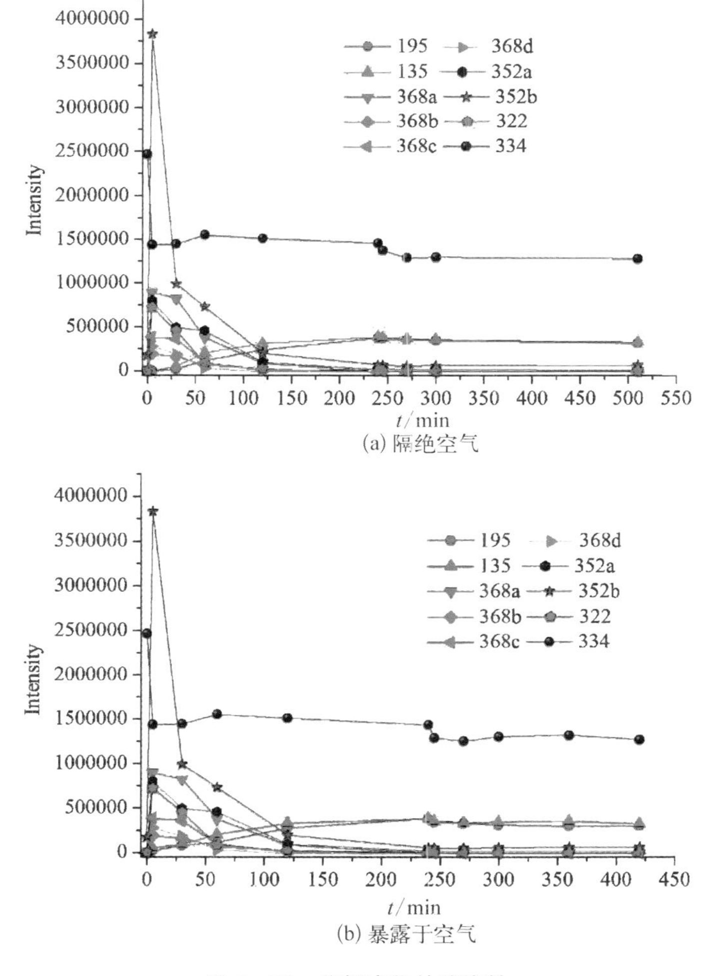

图 4-17　降解产物的稳定性

气或暴露于空气这两个产物在有氧时都很稳定。在第 4.2.3 节我们曾假设 Cu^{II} 和降解产物络合从而使得溶液中可利用的 Cu^{II} 减少;由于苯乙酰胺是 PG 降解的主要产物,因此我们考察了 Cu^{II} 和苯乙酰胺络合而影响 Cu^{II} 可利用性的可能性。0.1 mM 苯乙酰胺加入到 0.1 mM PG 和 Cu^{II} 的反应体系中,PG 的降解趋势没有受到影响(图 4-18),说明苯乙酰胺的产生不会影响 Cu^{II} 的可利用性。

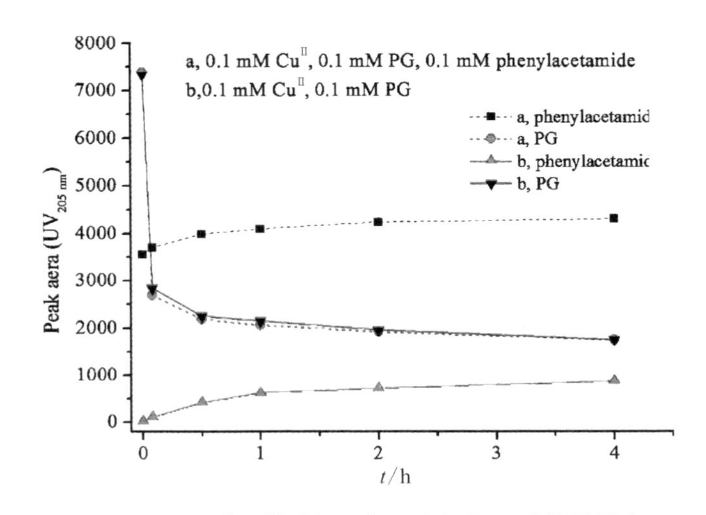

图 4-18　反应开始时加入苯乙酰胺对 PG 降解的影响

根据 PG 的产物变化趋势,在中性条件下 PG 水解为 BPC 可能是 PG 降解的第一步,而水解产物 BPC 进一步被 Cu^{II} 氧化降解为其他产物。为了验证这一假设,我们也检测了 BPC 被 Cu^{II} 降解的产物变化趋势(图 4-19)。所有 BPC 的降解产物和 PG 降解产物一样,并且产物的变化趋势也一样。因此,我们可以确定,在中性条件下 Cu^{II} 促使 PG 降解的机理为 PG 首先被 Cu^{II} 水解产生 BPC,然后 BPC 会被 Cu^{II} 进一步氧化产生多种降解中间产物,而这些中间产物在有氧时最终转化为苯乙酰胺,而在无氧时转化为苯乙酰胺和 M 195。当然我们也不能排除 PG 直接被氧化的可能性,但是 PG 先水解,再氧化无疑是最主要的反应机理。在 pH 5.0 时,PG

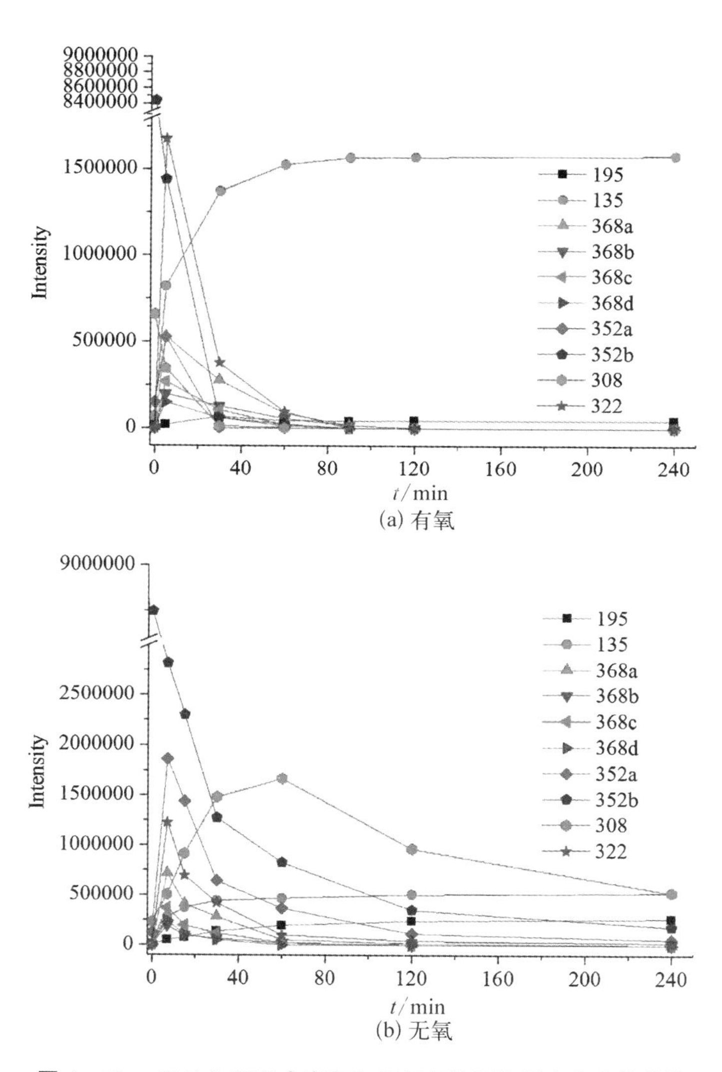

(a) 有氧

(b) 无氧

图 4-19　pH 7.0 BPC 在有氧和无氧条件下降解产物变化趋势

水解生成水解产物 BPC(图 4-20)，但是与 pH 7.0 不同，水解产物 BPC 在反应过程中积累，而不会进一步显著降解。尽管苯乙酰胺在反应过程中也有产生，且随着反应的进行逐渐积累，但是其强度远低于 pH 7.0 的强度，其他产物如 M 322，368a 的强度更低。因此在 pH 5.0 时，PG 会首先水解产生 BPC，而 BPC 被 Cu^{II} 继续氧化降解的速度很慢。在无氧时，PG 的降

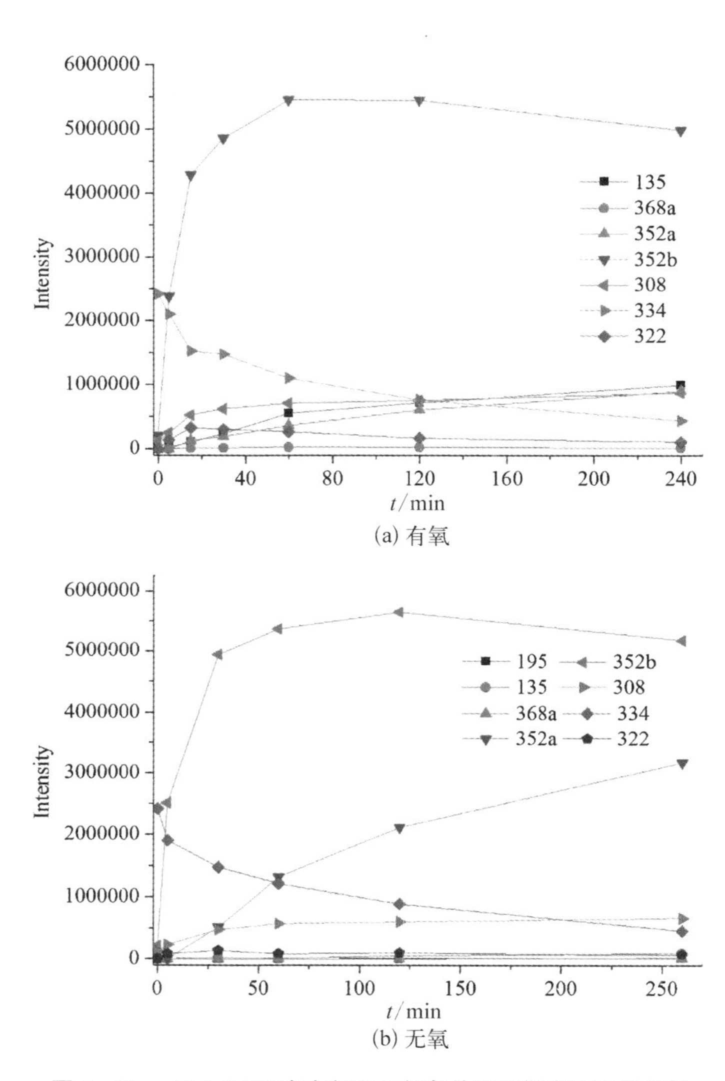

(a) 有氧

(b) 无氧

图 4-20　pH 5.0 PG 在有氧和无氧条件下降解产物变化趋势

解速度稍微慢于有氧条件，而降解产物的趋势一样，即大部分 PG 水解产生 BPC；BPC 会转变为其同分异构体 352a，同时 BPC 很容易脱去羧基形成 M 308。在 BPC 中加入 Cu^{II} 后，只有少量 BPC 降解（图 4-21），并且降解产物中，只有 352a 和 M 308 明显，而这两种产物很可能是 BPC 直接转化，跟 Cu^{II} 的氧化作用无关。因此在 pH 5.0 时，Cu^{II} 在 PG 降解过程中所起的

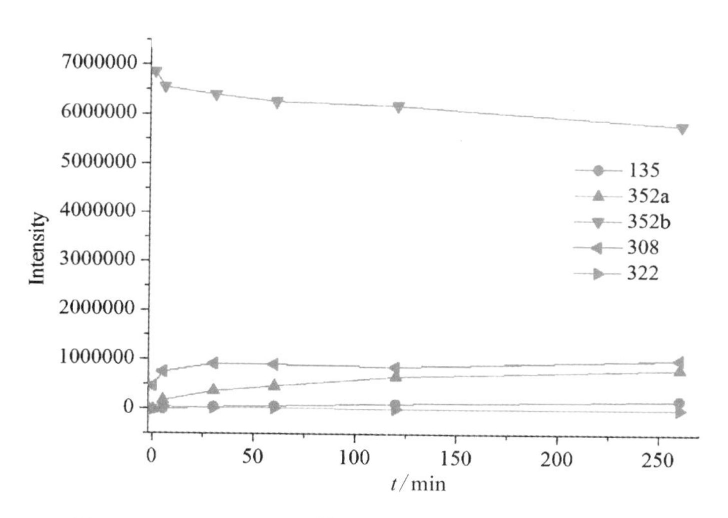

图4-21　pH 5.0时Cu^{II}促使BPC降解的产物变化趋势

作用主要是水解催化，而氧化作用很弱。

PG在pH 9.0的降解产物趋势与pH 7.0时相似(图4-22)。伴随着PG的降解，反应开始时BPC是主要的降解产物，30 min后BPC强度逐渐降低，到220 min时BPC彻底消失，BPC强度降低的速度慢于pH 7.0，而其他产物如368a、368b、368c、368d和M 322在反应过程中先逐渐积累，而后再慢慢降低，其趋势和pH 7.0类似，在220 min时苯乙酰胺也是主要产物。BPC在pH 9.0的降解慢于pH 7.0，其降解产物趋势类似于PG在pH 9.0时的产物趋势，苯乙酰胺也是主要产物。因此在pH 9.0时，Cu^{II}促使PG降解的趋势与pH 7.0相同，即PG先水解产生水解产物BPC，而后BPC进一步被氧化产生各种中间产物，最终变为苯乙酰胺。

实验过程中，在2.3 min时发现有一个强度很大的峰，在无氧条件下其强度随着反应的进行逐渐升高，而在有氧时该峰强度首先增大后降低，从该峰的变化趋势来看，该峰可能是降解产物之一。从70 eV时MS谱图来看，其最强质荷比和第二强度质荷比分别为145和147，它们的强度比例为100/45，接近于铜同位素的自然丰度比(Cu63∶Cu65)。当碎片碰撞电压提

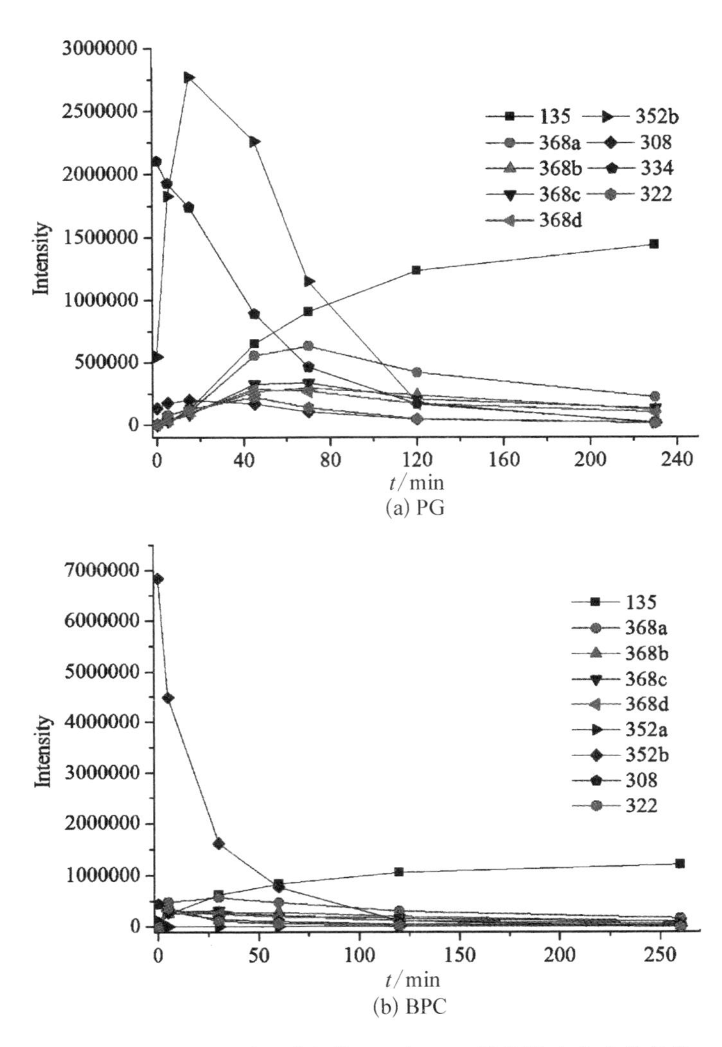

(a) PG

(b) BPC

图 4-22　pH 9.0 时 Cu^{II} 促使 PG 和 BPC 降解的产物变化趋势

高时，产生其他(M+2)/M 的质量碎片，当电压提高到 220 eV 时，质荷比为 63 和 65 的碎片强度很高，其强度比也与铜同位素的自然丰度比相似，因此该峰是一种包含铜的络合物。此外，在无氧条件下反应 240 min 后，EDTA 的加入使得该峰会消失，进一步说明该峰为铜络合物。当流动相中的有机相由乙腈变为甲醇后，该峰消失，说明有机溶剂会影响该络合物的稳定性。为了进一步解释该峰我们先后采用甲醇/0.1%甲酸水以及乙腈/0.1%甲酸水为流动相,分别分析了含 Cu^{I} 和 Cu^{II} 的样品,结果发现只有在乙腈/0.1%甲酸水为流动相分析 Cu^{I} 样品时才会出现该峰,说明该峰和乙腈及 Cu^{I} 有关。文献曾报道 Cu^{I} 和乙腈能形成稳定的络合物[253],而一个 Cu^{I} 分子和两个乙腈分子络合后,其质荷比刚好就是该峰的最强质荷比,即 145,因此该峰不是 PG 降解的产物,而只是 Cu^{I} 和乙腈的络合物。

Cu^{II} 促使 CFX 降解的降解产物和 Zn^{II} 催化水解产物不一样。在产物分析中,Zn^{II} 催化水解 CFX 主要有 3 个产物峰,它们的分子量都是 M+18(M 为 CFX 的分子量)。但是在 Cu^{II} 促使 CFX 降解的产物中,没有发现有水解产物 M+18,相反形成 3 个分子量为 363(即 M+16)的产物峰,很可能为氧化产物,以及 2 个分子量为 331(即 M−16)的峰。CFX 分子氢化噻嗪环中含有硫元素,而 S 的常见自然同位素丰度最高的为 S^{32} 和 S^{34},S^{34}/S^{32} 的比例大约为 4%,在 CFX 和氧化产物 M+16 中,(M+2)/M 和(M+16+2)/(M+16)的值都和 S^{34}/S^{32} 的自然丰度比例接近,即在 4%左右。但是在产物 M−16 的碎片中,(M−16+2)/(M−16)的比值远低于 S^{34}/S^{32} 的自然丰度比例,说明产物 M−16 中没有硫原子。考虑到 S 的分子量为 32,CFX 失去 S 后的分子量为 M−32,要使产物的分子量为 M−16,CFX 很有可能先氧化然后脱硫。于是 Cu^{II} 有可能直接作用于氢化噻嗪环,先氧化再脱硫。根据现有的碎片信息,我们不能推断出各个产物的具体结构,但是可以确定 Cu^{II} 促使 CFX 降解很可能是直接氧化降解,而没有涉及催化水解。而 CFX 分子中最有可能的活性位点可能位侧链苯基甘氨酸以及噻嗪环上的硫原子。

Cu^{II} 促使 AMP 降解的产物如图 4-23 所示。有氧条件下主要降解产物的分子量是 319、339、365、367、383 和 495(以下简称为 M 319、M 339、M 365、M 367、M 383 和 M 495)。分子量为 339、365、367 和 383 的产物分别有两个同分异构体,它们分子量相同而保留时间相差很大。随着反应的

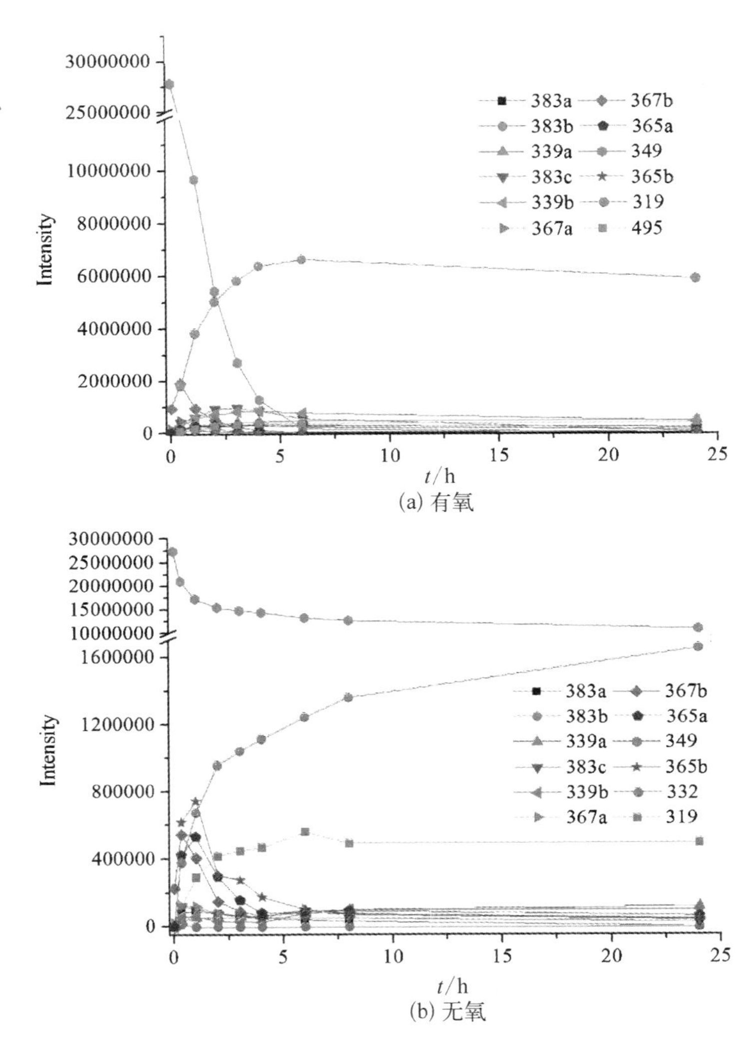

图 4-23　有氧和无氧溶液中 Cu^{II} 促使 AMP 降解的产物变化趋势

进行，M 365，M 367 和 M 383 产物浓度先逐渐升高，而后慢慢降低；而 M 319，M 339 和 M 495 在反应过程中逐渐积累，是主要的最终产物。其中 M 319 是最主要的最终产物，其强度远远强于其他产物。无氧条件下，除以上产物外，M 332 也是一个重要的产物，随着反应的进行，M 332 和 M 319 是最主要的最终产物，而 M 332 的强度明显高于 M 319。AMP 与

CFX一样,在侧链有苯基甘氨酸基团,只是与β-内酰胺环相连的环不一样,AMP是氢化噻唑环,而CFX是氢化噻嗪环。而AMP和PG具有相同的氢化噻唑环,唯一不同的是AMP在侧链上含有伯胺。因此AMP结构上既有PG的特点也有CFX的特点,它们产物也许会有相同的特征。AMP的降解产物含有M 365,即M+16(M为AMP的分子量),其产物特征与CFX一样,AMP直接被氧化产生氧化产物。同时AMP产物中也包含M 367和M 383,即M+18,M+18+16,该产物特征与PG一样,AMP先被Cu^{II}催化水解,然后水解产物再被Cu^{II}氧化。我们进一步研究了AMP水解产物M 367被Cu^{II}的降解。当AMP被Zn^{II}或者高pH完全催化水解后,把溶液pH调到中性,再加入MOPS和Cu^{II},水解产物的降解产物变化趋势和母体AMP降解产物趋势相同(图4-24),说明AMP的确有PG一样的降解机理,即先水解再氧化;但由于侧链上伯胺的存在,使得AMP中β-内酰胺环比PG稳定,因此AMP的水解速度慢于PG,同时水解产物继续氧化时不会产生小分子量的氧化产物。综上所述,由于AMP具有PG和CFX相似结构,其降解产物也有PG和CFX产物的相应特征。

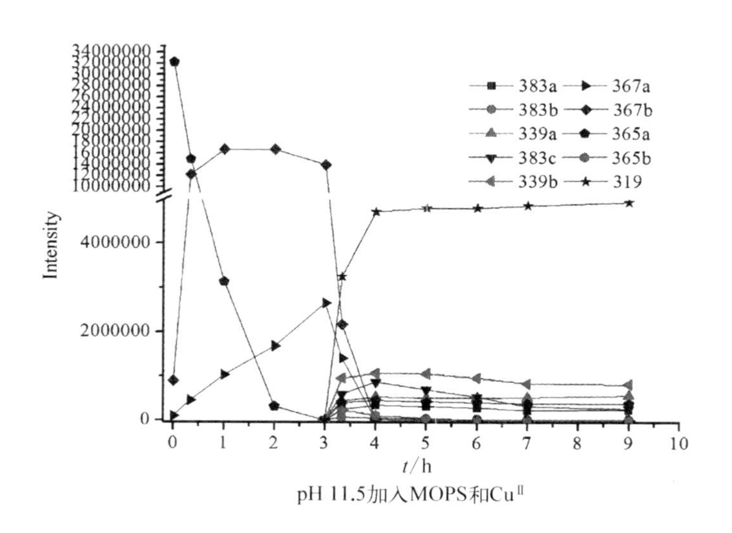

pH 11.5加入MOPS和Cu^{II}

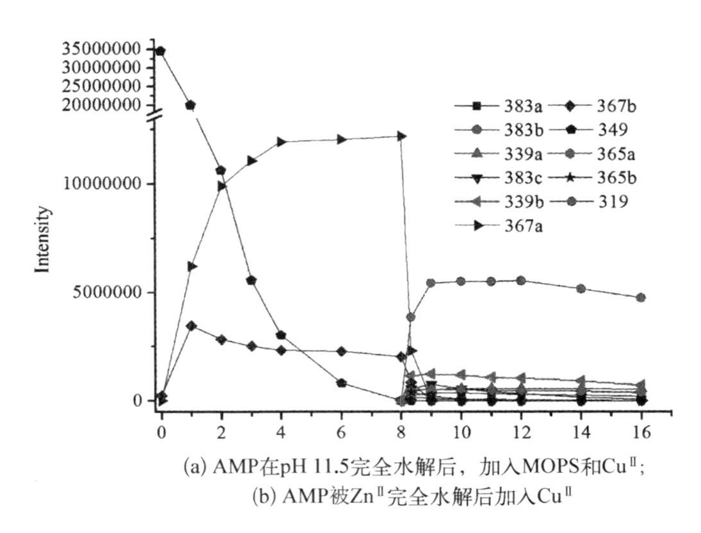

(a) AMP在pH 11.5完全水解后，加入MOPS和CuⅡ；
(b) AMP被ZnⅡ完全水解后加入CuⅡ

图 4-24　CuⅡ 促使 AMP 水解产物降解的产物变化趋势

4.2.5　络合分析

不管 CuⅡ 以直接水解还是氧化的方式降解 β-内酰胺抗生素，CuⅡ 必须和抗生素先络合，为此我们采用 UV-vis 光谱研究了 CuⅡ 和 β-内酰胺抗生素的络合反应(图 4-25)。CFX 在 262 nm 时有一个强的吸收峰，该峰被

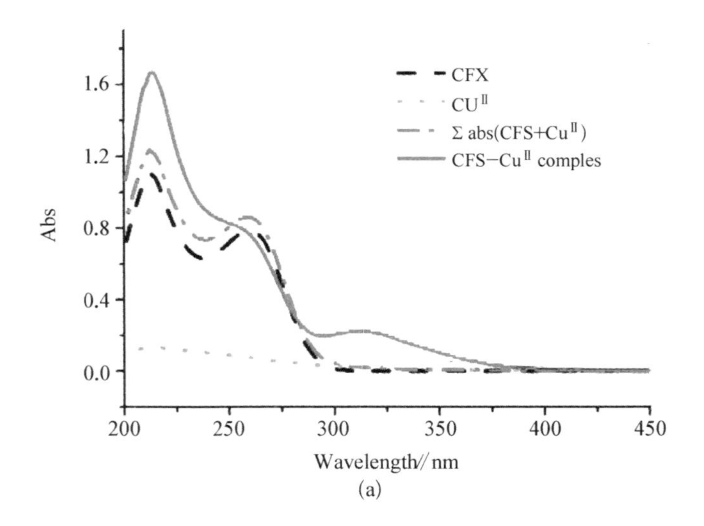

(a)

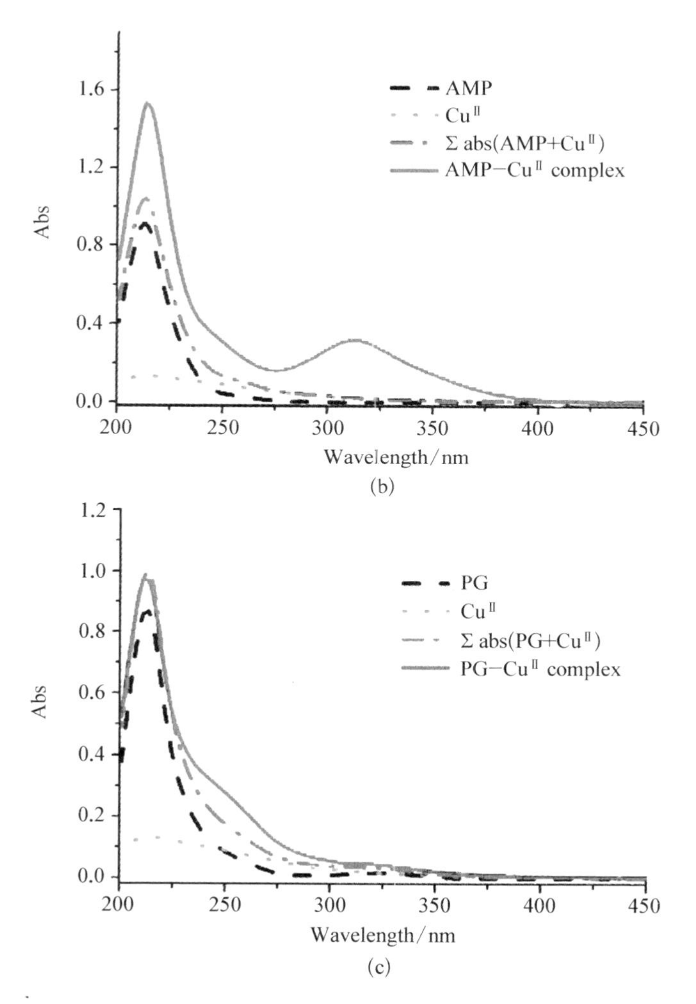

图 4-25　CFX(A),AMP(B),PG(C)与 Cu^{II} 络合物的 UV-vis 光谱曲线

认为是头孢类抗生素的特征吸收峰，它代表了-O=C-N-C=C-发光基团的特征。在 pH 7.0 时，CFX 溶液中加入等摩尔量的 Cu^{II} 后，在 285～400 nm 出现一个新的吸收峰，该峰的最大吸收波长大约 310 nm，该新峰的出现表明 CFX 和 Cu^{II} 之间形成络合物。同时，在 210 nm 处峰强度显著升高。在 AMP 溶液中加入 Cu^{II} 后，也出现了上述相同的吸收峰变化，即 310 nm处新峰的形成和 210 nm 处峰强度的增强。考虑到 CFX 和 AMP 侧链结构的相似性，上述吸收峰的变化很可能是与苯基甘氨酸有关，也就是说 Cu^{II} 和 CFX 以及 AMP 侧链上的苯基甘氨酸络合，最有可能是与伯胺和羰基形成五元环。PG 溶液中加入 Cu^{II} 后，没有出现 210 nm 处吸收峰峰强变强和 310 nm 处新峰的现象，而 PG 和 AMP 结构唯一的区别是没有侧链上的伯胺，因此这确认了 Cu^{II} 和 AMP 以及 CFX 中的络合位点位于侧链上伯胺。

我们同时也研究了其他头孢类抗生素与 Cu^{II} 络合特征(图 4-26)。对于苯基甘氨酸类头孢，如头孢拉定、头孢羟氨苄，其与 Cu^{II} 的络合特征跟 CFX 相似，即 210 nm 处峰强变强以及 310 nm 处出现新峰。而非苯基甘氨酸类头孢，如头孢匹林和头孢噻吩，没有出现上述络合特征。不同 pH 对

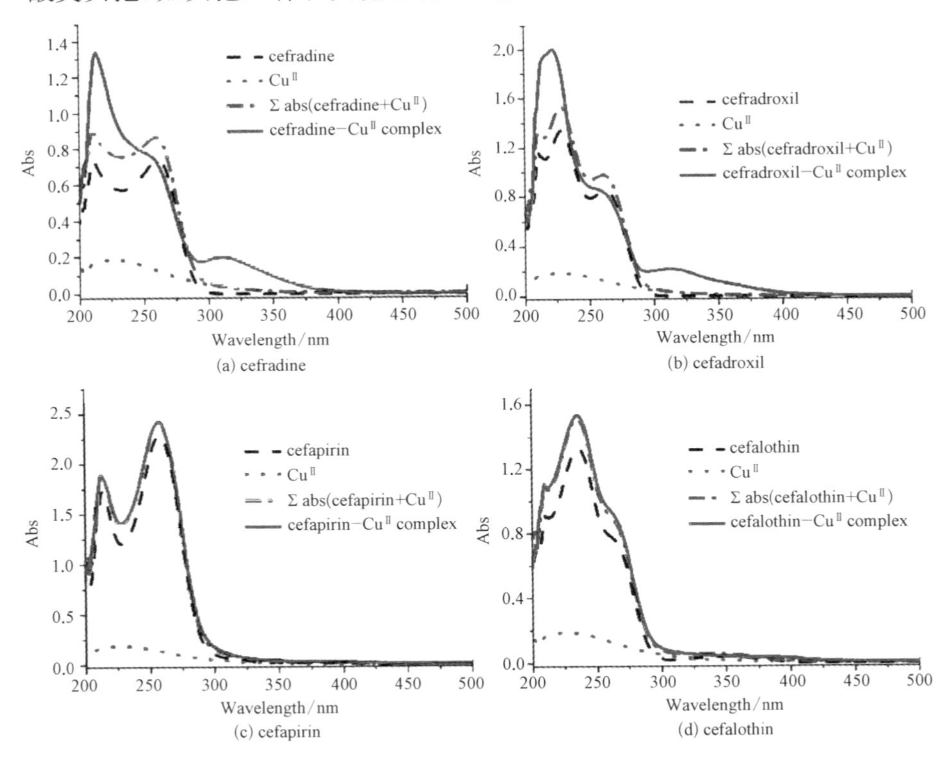

图 4-26　其他头孢抗生素和 Cu^{II} 络合物的 UV-vis 光谱曲线

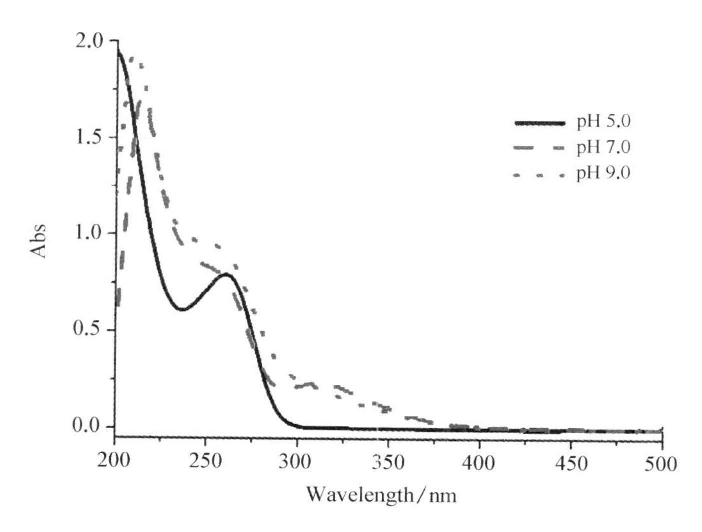

图 4-27 pH 对 CFX 和 $Cu^{Ⅱ}$ 络合反应的影响

CFX 与 $Cu^{Ⅱ}$ 络合反应的影响如图 4-27 所示，在 pH 9.0 时，CFX 和 $Cu^{Ⅱ}$ 的络合物光谱特征和 pH 7.0 时类似，但是在 pH 5.0 时并未出现以上络合物的光谱特征。因此我们可以推断 $Cu^{Ⅱ}$ 在 pH 7.0 和 9.0 时与 CFX 侧链上的伯胺络合，而在 pH 5.0 时不络合。由于 $Cu^{Ⅱ}$ 在 pH 5.0 时不与 CFX 侧链伯胺络合，CFX 在该 pH 下不降解，说明 $Cu^{Ⅱ}$ 与侧链伯胺的络合是 CFX 降解的前提。结合氧气对 CFX 降解有重要影响，而对于非苯基甘氨酸头孢类抗生素降解几乎没有影响，说明 $Cu^{Ⅱ}$ 和伯胺络合后会直接发生氧化还原反应。

4.2.6 机理探讨

在以往的文献中，金属离子如 $Cu^{Ⅱ}$、$Zn^{Ⅱ}$、$Co^{Ⅱ}$、$Ni^{Ⅱ}$ 被认为能够促使青霉素和头孢类抗生素水解。尽管 $Cu^{Ⅱ}$ 促使这些抗生素降解的速度远快于其他金属离子，但是 $Cu^{Ⅱ}$ 在其中所起的作用仍然被认为是催化水解。然而在我们研究中重新发现了 $Cu^{Ⅱ}$ 在 β-内酰胺抗生素降解中所起的作用。

的确，$Cu^{Ⅱ}$ 能够催化水解 PG 中的 β-内酰胺环，并且催化水解是 pH 5.0

时 PG 降解的主要机理。但是在 pH 7.0 和 9.0 时，除了催化水解外，Cu^{II} 还在降解过程中起氧化作用，可以进一步氧化降解 PG 的水解产物。Cu^{II} 和 PG 的络合反应是 PG 降解的前提。Fazakerley 等人曾利用 NMR 技术研究过 Cu^{II} 和 PG 的络合反应，发现大多数的 Cu^{II} 和 β-内酰胺环上叔氮以及噻唑环上的羧基络合[254]，而这种络合方式形成五元环中间体有利于 Cu^{II} 直接进攻 β-内酰胺环上的羰基，从而引起 PG 的水解[225,247]。然而，Cressman 等[251]根据降解热力学、动力学和邻位效应研究表明 PG 和 Cu^{II} 的络合位点位于 β-内酰胺环上的羰基和侧链仲氮，而这种络合方式有助于"超酸"催化加速 PG 的水解。此外，电位滴定研究表明，Cu^{II} 和 β-内酰胺环侧链仲氮络合，同时与 Cu^{II} 结合的水分子解离产生羟基络合物，而 PG 的降解机理被认为是 Cu^{II} 络合的羟基分子内进攻 β-内酰胺环羰基，而不是溶液中游离氢氧根离子分子间进攻反应[255]。在我们研究中，PG 降解产物包含完整的侧链苯基乙酰胺和氢化噻唑环，并且苯基乙酰胺是最主要的最终产物，说明侧链上的- NH - CH_2-键会最终断裂产生苯基乙酰胺这一主要产物。可见，侧链仲氮是 Cu^{II} 络合位点之一，由于 Cu^{II} 五元环络合物比较稳定，因此 Cu^{II} 很可能和侧链仲氮以及 β-内酰胺环羰基氧原子络合形成稳定五元环，这种络合方式既利于 β-内酰胺环的断裂，也有利于侧链苯基乙酰胺产物的生成。在 pH 7.0 和 9.0 时，PG 侧链仲氮去质子化，有利于和 Cu^{II} 的络合，并且与 Cu^{II} 络合的一个水分子去质子化产生络合羟基，该络合羟基会分子内进攻 β-内酰胺环羰基导致该环断裂，产生水解产物 BPC，而 Cu^{II} 会继续和 BPC 侧链上的仲氮络合，直接发生氧化反应产生各种中间产物，最终会导致- NH - CH_2-键的断裂形成苯基乙酰胺这一主要产物。而在 pH 5.0 时，侧链仲氮不容易去质子化，从而 Cu^{II} 与其络合的比例较 pH 7.0 和 9.0 低，与 Cu^{II} 络合的水分子不容易去质子化形成络合羟基，因此与 β-内酰胺环侧链络合的 Cu^{II} 不能有效分子内催化水解 β-内酰胺环，更不能进一步氧化侧链仲氮。但是仍有一大部分 Cu^{II} 和 β-内酰胺环叔氮和噻唑环上的羧基络合，而这种络合方式同样可以催化水解 β-内酰胺环，只是不会进一步发生氧化反应。

Cu^{II} 和 CFX 的络合也是 CFX 降解的前提。与 PG 不同，CFX 跟 Cu^{II} 的络合位点位于侧链伯胺，这种络合方式不利于 β-内酰胺环的水解，而水解催化是 CFX 在 Zn^{II} 存在和高 pH 条件下的降解机理。我们监测了 CFX 在 Cu^{II}、Zn^{II} 和高 pH 条件下在 262 nm 处的吸光度变化(图 4-28)。262 nm 通常认为是 β-内酰胺环的特征，262 nm 吸光度的降低被认为是 β-内酰胺环断裂的特征标志。在加入 Zn^{II} 和高 pH 时，CFX 在 262 nm 处吸光度逐渐降低，而加入 Cu^{II} 后，262 nm 处的吸光值几乎不变，这说明加入 Zn^{II} 和高 pH 时 β-内酰胺环断裂形成水解产物，而加入 Cu^{II} 后 β-内酰胺环不断裂。因此水解不是 Cu^{II} 促使 CFX 降解的机理。CFX 降解产物中未发现有水解产物而有氧化产物，进一步说明了 CFX 降解机理不是水解，很可能是直接氧化。苯基甘氨酸类头孢降解趋势类似，且明显快于非苯基甘氨酸类头孢，并且氧气对苯基甘氨酸类头孢降解有显著的影响，而对非苯基甘氨酸类头孢影响很小，说明 CFX 上 Cu^{II} 的活性位点位于苯基

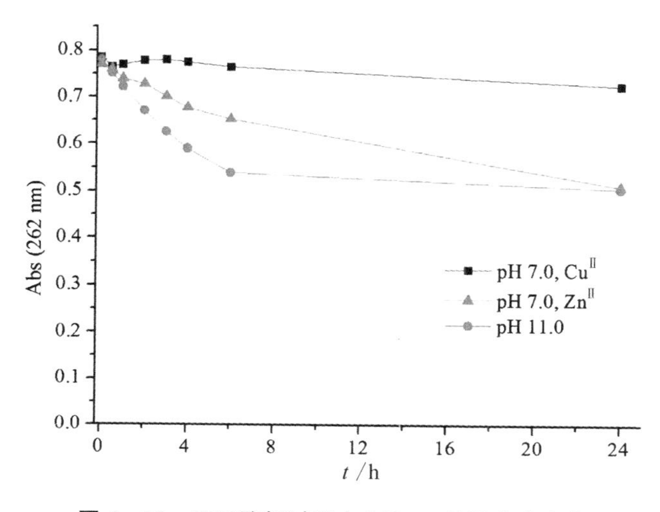

图 4-28 CFX 降解过程中 262 nm 处吸光度变化

甘氨酸上的伯胺，Cu^{II} 对该基团可以直接氧化产生氧化产物。由 CFX 的降解产物可知，Cu^{II} 还可以直接作用于噻嗪环上的硫原子但其作用方式也是先氧化，然后脱硫。因此对于苯基甘氨酸类头孢，可以被 Cu^{II} 直接氧化降解，Cu^{II} 氧化作用的位点包括侧链伯胺和噻嗪环上的硫原子。而对于非苯基甘氨酸类头孢，Cu^{II} 仍可能通过作用于噻嗪环上的硫原子来降解 CFX。

CFX 降解与溶液 pH 有密切关系，CFX 有两个 pKa 值，pKa_1 2.56 和 pKa_2 6.86。pKa_1 2.56 和 pKa_2 6.86 分别代表噻嗪环上的羧基和侧链伯胺。在本研究的 pH 范围内，噻嗪环上的羧基始终去质子化。pH 5.0 时，伯胺会质子化，与 Cu^{II} 络合的概率较低，因此在 CFX 和 Cu^{II} 混合物的光谱图中没有发现络合特征峰，CFX 的降解也可以忽略。在 pH 7.0 时，50%以上的伯胺去质子化，这种形态的伯胺很容易和 Cu^{II} 络合，然后直接被氧化降解。在 pH 9.0 时，几乎所有伯胺都去质子化从而与 Cu^{II} 络合，因此 CFX 在 pH 9.0时的降解速度远快于 pH 7.0。因此 CFX 被 Cu^{II} 氧化降解与去质子化的伯胺有关，伯胺去质子化比例越高，氧化降解速度越快。曾有学者采用 pH 电位分析法研究过 CFX 和 Cu^{II} 的反应[256]。$Cu(CFX)^+$ 和 Cu(CFX)OH是溶液中 CFX 存在的两种主要形态；随着 pH 的升高，Cu(CFX)OH形态所占比例越来越高，结合 CFX 在不同 pH 下的降解规律，Cu(CFX)OH 很可能是 CFX 降解的活性形态。

综上所述，Cu^{II} 促使 CFX 和 PG 降解的机理分别如图 4－29 和图 4－30。首先 Cu^{II} 通过两种方式络合于 PG：β-内酰胺环叔氮和噻唑环羧基以及 β-内酰胺环羰基和侧链仲氮。在 pH 7.0 和 9.0 时，Cu^{II} 和 β-内酰胺环羰基以及侧链仲氮络合形成五元环，Cu^{II} 络合的羟基分子内进攻 β-内酰胺环羰基产生水解产物 BPC，而 BPC 继续被 Cu^{II} 氧化降解，最终产生苯基乙酰胺产物和其他产物，同时 Cu^{II} 被还原为 Cu^{I}，有氧条件下 Cu^{I} 会被氧气重新氧化为 Cu^{II}，Cu^{II} 和 Cu^{I} 的不断循环维持着 PG 的快速降解。而

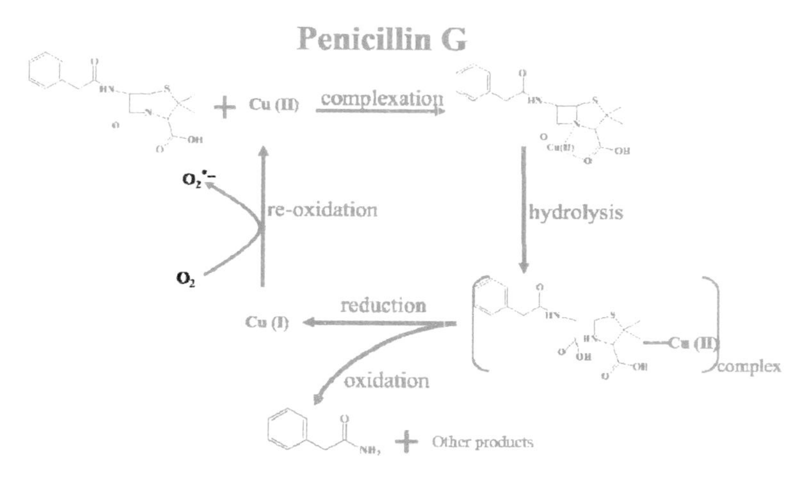

图 4-29　CuⅡ促使 PG 降解机理示意图

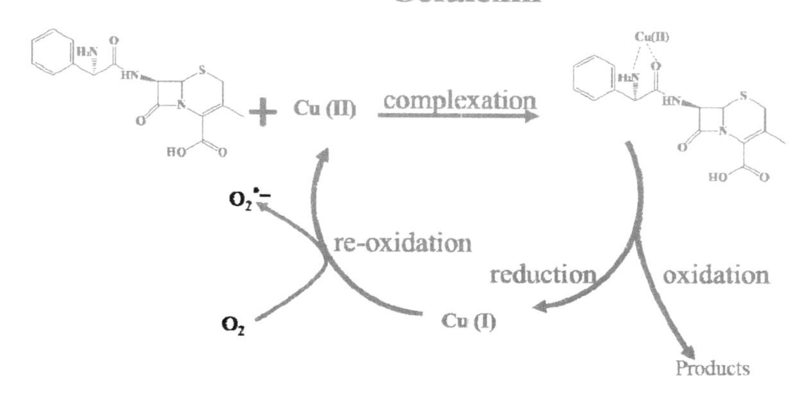

图 4-30　CuⅡ促使 CFX 降解机理示意图

在 pH 5.0 时，与β-内酰胺环叔氮和噻唑环羧基络合的 CuⅡ仍然能够催化水解β-内酰胺环，但是不会进一步氧化。与 PG 不同，CuⅡ主要络合于 CFX 侧链伯胺，CFX 能被 CuⅡ直接氧化而不是催化水解。氧化作用位点为侧链伯胺和噻嗪环上的硫原子。同样，CuⅡ和 CuⅠ的循环维持着 CFX 的快速降解。

4.3 本章小结

本章选取了不同结构的β-内酰胺抗生素，研究了 Cu^{II} 在这些抗生素降解过程中所起的作用。得出了以下结论：

(1) 氧气在青霉素类抗生素降解过程中起重要作用，有氧条件下能快速降解，而无氧时先快速降解随后降解变慢甚至停滞，而在重新加入 Cu^{II} 或者暴露于空气后可以重启抗生素的降解。青霉素类抗生素被 Cu^{II} 降解的速度快于头孢类抗生素。氧气对于苯基甘氨酸类头孢抗生素有重要影响；而非苯基甘氨酸类抗生素的降解与氧气关系不大。CFX 和 PG 的降解随着 Cu^{II} 浓度的升高而变快。EDTA 会完全抑制β-内酰胺抗生素的降解，Cu^{II} 和抗生素的络合是其降解的必要条件。TBA 对 CFX 的降解没有影响，CFX 的降解反应不是由羟基自由基驱动引起。Cu^{I} 在无氧时的积累表明抗生素和 Cu^{II} 发生氧化还原反应。

(2) Cu^{II} 在 PG 降解过程所起的作用既包括催化水解，也包括氧化作用，这两种作用跟溶液 pH 有关。在 pH 7.0 和 9.0 时，Cu^{II} 首先水解催化β-内酰胺环产生水解产物 BPC，而 BPC 在 Cu^{II} 存在时能够进一步降解，所有中间产物最终降解成苯基乙酰胺。而 Cu^{II} 被还原为 Cu^{I}，Cu^{I} 在有氧条件下能够重新氧化为 Cu^{II}；无氧时，在反应过程中积累。在 pH 5.0 时，水解产物 BPC 不会进一步被 Cu^{II} 氧化降解。也就是说在 pH 5.0 时，Cu^{II} 所起的作用主要是水解催化；而在 pH 7.0 和 9.0 时，PG 先被 Cu^{II} 水解成 BPC，BPC 随后被 Cu^{II} 直接氧化。

(3) Cu^{II} 在 CFX 降解的过程中所起的作用是直接氧化降解而不是催化水解。Cu^{II} 氧化 CFX 作用与溶液 pH 有关。pH 5.0 时，由于 CFX 侧链伯胺的质子化，Cu^{II} 和 CFX 络合的概率较低，从而 CFX 不会被氧化降解。

在 pH 7.0 和 9.0 时，Cu^{II} 首先络合于 CFX 侧链苯基甘氨酸上的伯胺，Cu^{II} 直接作用于该络合位点产生氧化产物。此外，Cu^{II} 还可以直接氧化作用于噻嗪环，该环上的硫原子最终脱离。在 CFX 的各种形态中，Cu(CFX)OH 是活性形态。

(4) AMP 与 CFX 和 PG 具有相似的结构特征，这种结构上的相似性导致其与 Cu^{II} 降解反应既有 PG 的特征，也有 CFX 的特征。AMP 既可以通过侧链伯胺和 Cu^{II} 络合直接被氧化，也可以和 β-内酰胺环络合催化水解，其水解速度慢于 PG，该水解产物能够被 Cu^{II} 进一步氧化降解。

第5章 基于硫酸根自由基新型氧化技术对β-内酰胺抗生素的降解

近年来，基于硫酸根自由基的新型氧化技术越来越受到环境工作者的关注。由于过硫酸盐($S_2O_8^{2-}$)溶解度高，分解速度慢，产物环境兼容性好，已成为ISCO中常见的氧化剂之一。越来越多的研究致力于将$S_2O_8^{2-}$应用于新兴污染物的降解去除中，现已成为新兴污染物研究领域的一个热点。在$S_2O_8^{2-}$的环境应用中，$S_2O_8^{2-}$活化产生硫酸根自由基(SO_4^{2-})已成为该新型氧化技术强氧化能力的关键；关于$S_2O_8^{2-}$活化方式的研究也已成为研究的重点和焦点。目前，使用较多的活化方式包括热活化、紫外活化、碱活化、过氧化氢活化、过渡金属离子活化等。由于过渡金属离子在环境中普遍存在，其活化$S_2O_8^{2-}$的研究更是成为人们关注的焦点。关于过渡金属离子活化或者基于过渡金属离子材料或技术的活化方式的文献报道远远超过其他的活化方式。但是，目前关于过渡金属离子活化方式的研究中，人们关注的是污染物在环境介质中的去除效果，研究的思路是优化金属离子和$S_2O_8^{2-}$的投加剂量，环境共存离子对降解的影响以及降解产物推测；也有少量文献关注该新型氧化技术使用后的环境生态风险。而对于过渡金属离子如何活化$S_2O_8^{2-}$的研究目前较少，研究学者似乎已经对金属离子和$S_2O_8^{2-}$之间的电子转移从而活化产生SO_4^{2-}的活化机理形成共识，早在20世纪 60 年代就有学者对各种过渡金属离子的活化机理进行了系统的论述。但是，过渡金属离子的形态不同，其活化 $S_2O_8^{2-}$ 的性能也不一样；位于界面上的金属离子反应活性比游离态的强，而络合态的金属离子跟游离态也不一样。金属铜离子 Cu^{II} 活化 $S_2O_8^{2-}$ 方式也曾报道，一般认为其活化机理是 Cu^{II} 失去电子变为不稳定的 Cu^{III}，而 $S_2O_8^{2-}$ 本身得电子后活化产生自由基。但是游离态的 Cu^{II} 比较稳定，不容易失去电子，从而对 $S_2O_8^{2-}$ 的活化能力很弱，在 $S_2O_8^{2-}$ 的活化研究中几乎被人忽视，在已有的少数文献报道中也证实了 Cu^{II} 活化效率低的特点。但是我们要注意的是 Cu 是一个很“特殊”的元素，Cu^{I}、Cu^{II} 和 Cu^{III} 之间的转化使得 Cu 在生命活动和自然环境中扮演着重要的角色。有研究表明 Cu^{II} 很容易和富电子的有机配体络合[257]，并且络合位点处的电子迁移或者偏离很容易导致 Cu^{II} 氧化还原电位的改变，当 Cu^{II}/Cu^{III} 的氧化还原电位低到足够 Cu^{II} 失去电子时，$S_2O_8^{2-}$ 的活化效率可能大大提高，况且 Cu^{II} 活化 $S_2O_8^{2-}$ 前必须先形成络合物，而有机配体-$Cu^{II}-S_2O_8^{2-}$ 络合体系的形成更加有利于电子转移。因此，当选择合适的有机配体时，Cu^{II} 活化 $S_2O_8^{2-}$ 的效率可能大大提高。β-内酰胺抗生素分子中含有多个富电子的氮和氧原子，其络合 Cu^{II} 的能力已被广泛报道，而β-内酰胺抗生素络合 Cu^{II} 后是否能够提高 $S_2O_8^{2-}$ 的活化效率正是本章研究的内容之一。

环境中含有丰富的金属矿物，这些矿物组成中的过渡金属离子使其成为 $S_2O_8^{2-}$ 潜在的活化剂，而矿物固体表面金属离子的界面反应特性又可能提高其活化性能。矿物活化 $S_2O_8^{2-}$ 可大大降低该新型氧化技术的经济成本，在环境应用中有着巨大的潜力。已有越来越多的研究关注金属矿物如 hematite、birnessite、goethite 等对 $S_2O_8^{2-}$ 的活化能力[258]。磁铁矿（magnetite，Fe_3O_4）是一种含有混合价态 Fe 的金属矿物，是唯一一种 Fe^{II} 稳定存在的铁氧化物。磁铁矿的磁性使得其在外界磁场存在时能够很好地固液分离，越来越受到环境工作者的关注。已有学者将合成的纳米磁铁矿用于活化

$S_2O_8^{2-}$,都能取得很好的效果。但是这些研究采用的磁铁矿结构特性并不一样,实验条件也有差异,得出的某些结论有自相矛盾之处[149,259-260]。本书采用不同方法合成纳米磁铁矿,系统研究了磁铁矿在不同 pH 下对 $S_2O_8^{2-}$ 的活化性能以及产生的自由基种类;同时将磁铁矿活化 $S_2O_8^{2-}$ 的反应体系用于降解 β-内酰胺抗生素。此外,两种或两种以上的活化方式同时采用的复合活化方式往往能够发挥各种活化方式的优势,扬长避短,提高 $S_2O_8^{2-}$ 的活化性能,有时甚至能起到协同活化作用。纳米磁铁矿表面具有较高的反应活性,有些在溶液不能发生的反应在固体界面上变得可能,为此,本章也研究了当磁铁矿和 Cu^{II} 共存时,对 $S_2O_8^{2-}$ 的活化性能,并就 Cu^{II} 在磁铁矿表面的界面反应特性进行了深入的探讨。

5.1 实验部分

5.1.1 仪器和试剂

过硫酸钠($Na_2S_2O_8$)购于 Sigma-Aldlich(USA)。七水合硫酸亚铁($FeSO_4 \cdot 7H_2O$),六水合氯化铁($FeCl_3 \cdot 6H_2O$),硫代硫酸钠($Na_2S_2O_3$),氨水($NH_3 \cdot H_2O$),苯甲醚(anisole),硝基苯(nitrobenzene),磷酸二氢钠(NaH_2PO_4)和磷酸氢二钠(Na_2HPO_4)购于 Fisher Scientific(USA)。其他仪器和试剂信息见第 4 章。

5.1.2 纳米磁铁矿的合成和表征

纳米磁铁矿采用反相共沉淀法合成,根据混合方法的不同,可分为超声混合法和磁力搅拌法合成。在超声混合法中,10 mL 的 1 M Fe^{II} 和 10 mL 的 1 M Fe^{III} 混合后,加热到 60℃,同时采用氮气吹赶 10 min,之后将 Fe^{II}/Fe^{III} 混合液逐滴加入装有 40 mL 6 M 氨水的锥形瓶中,该锥形瓶一直放在超声波清洗器中，在60℃下超声混合，同时锥形瓶内一直保持氮气鼓吹。锥形瓶内溶液在合成过程中逐渐变黑，磁铁矿逐渐形成。合成反应30 min后，黑色的磁铁矿纳米颗粒采用磁铁磁性分离，倒去上清液，采用无氧Milli-Q水多次清洗，直到pH降到中性为止。最后磁铁矿重新分散到无氧Milli-Q水中，装入棕色瓶后放于冰箱保存；用于结构表征的磁铁矿采用真空干燥后保存。在磁力搅拌法中，10 mL的1 M Fe^{II}和10 mL的1 M Fe^{III}先后加入到装有180 mL 60℃无氧水的锥形瓶中，该锥形瓶放在加热型磁力搅拌器上搅拌混合，锥形瓶内一直保持着氮气鼓吹并保持在60℃。Fe^{II}/Fe^{III}混合10 min后，40 mL 6 M的氨水逐滴加入到锥形瓶内，合成反应2 h后，磁铁矿纳米颗粒采用磁性分离，以后步骤同超声混合法。

磁铁矿的结构组成分析在Bruker D8 Advance Power X射线衍射仪（德国）上完成，采用Co靶，工作电压40 kV，工作电流40 mA。VEGATS 5 136 MM扫描电镜仪（捷克）用于表征合成磁铁矿纳米粒径。ASAP2020自动吸附仪测定样品的比表面积，采用BET方程计算比表面积。

5.1.3　Cu^{II}活化$S_2O_8^{2-}$降解β-内酰胺抗生素

所有实验在100 mL玻璃血清瓶中进行，血清瓶外面包裹一层铝箔防止光照的影响，采用磁力搅拌混合。反应溶液采用10 mM磷酸缓冲液维持体系pH。0.1 mM β-内酰胺抗生素（苯甲醚或硝基苯）和缓冲液加入到血清瓶后，加入1.0 mM过硫酸钠，然后加入0.1 mM Cu^{II}启动反应。反应过程血清瓶盖子密封隔绝空气。在预定时间取样后加入1 M EDTA和1 M $Na_2S_2O_3$终止反应，样品存于2 mL棕色进样瓶，保存于冰箱，24 h内进行分析。

β-内酰胺抗生素分析方法同第4章。苯甲醚和硝基苯在HPLC上分析，采用XDB-C8色谱柱分离，进样量为20 μL，流动相为60%甲醇/40%水，流动相流速为1 mL/min，苯甲醚和硝基苯的检测波长分别为270 nm

和 220 nm。

5.1.4 磁铁矿活化 $S_2O_8^{2-}$ 降解 β-内酰胺抗生素

在有磁铁矿参与反应的实验中，β-内酰胺抗生素（苯甲醚或硝基苯）、磁铁矿和缓冲液加入到血清瓶后，磁力搅拌混合 30 min 达到吸附-解吸平衡，再先后加入 $S_2O_8^{2-}$（或 $S_2O_8^{2-}$ 和 Cu^{II}）启动反应。在预定时间取样后样品采用磁性分离，上清液采用 $Na_2S_2O_3$（或 EDTA 和 $Na_2S_2O_3$）猝灭，离心后将样品转移到 2 mL 棕色进样瓶，保存于冰箱，24 h 内进行分析，分析方法同第 4.2.3 节。

5.2 结果和讨论

5.2.1 络合态 Cu^{II} 活化 $S_2O_8^{2-}$

$S_2O_8^{2-}$ 是一种强氧化剂，其氧化还原电位为 2.01 V，其氧化能力还不足以氧化去除一些常见污染物。SO_4^{2-} 的氧化能力远强于 $S_2O_8^{2-}$，氧化还原电位为 2.6 V，略低于羟基自由基 HO^-（2.7 V）。如何将 $S_2O_8^{2-}$ 活化产生氧化能力强的 SO_4^{2-} 成为 $S_2O_8^{2-}$ 环境应用的关键；$S_2O_8^{2-}$ 的活化手段的研究已成为 $S_2O_8^{2-}$ 研究的重要方面。目前常用的活化手段包括紫外活化、热活化、碱活化、金属离子活化；其中金属离子活化是 $S_2O_8^{2-}$ 活化的重要手段之一。环境中普遍存在的金属离子成为 $S_2O_8^{2-}$ 环境应用的潜在活化剂；但并不是每一种金属离子都能有效活化 $S_2O_8^{2-}$ 产生 SO_4^{2-}。为此，我们首先研究了不同金属离子活化 $S_2O_8^{2-}$ 产生 SO_4^{2-} 的能力。

金属离子 Cu^{II}、Zn^{II}、Mn^{II} 和 Pb^{II} 活化 $S_2O_8^{2-}$ 降解 CFX 如图 5-1(a)所示。在 6 h 内，0.05 mM Zn^{II}、Mn^{II} 和 Pb^{II} 活化 $S_2O_8^{2-}$ 的反应体系中，CFX 浓度几乎没有变化，同时 $S_2O_8^{2-}$ 浓度也保持不变。当 Zn^{II} 和 Mn^{II} 浓度升高

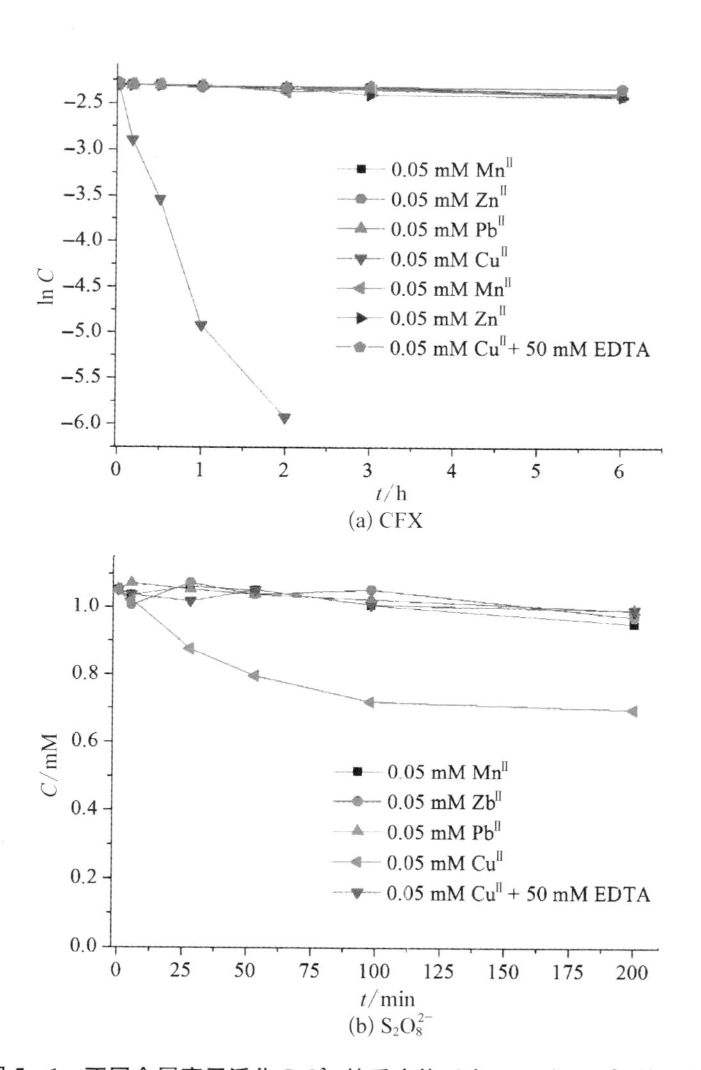

图5-1　不同金属离子活化 $S_2O_8^{2-}$ 的反应体系中CFX和 $S_2O_8^{2-}$ 的降解

10倍后，还是不能有效活化 $S_2O_8^{2-}$，这说明 Zn^{II}、Mn^{II} 和 Pb^{II} 不能有效活化 $S_2O_8^{2-}$。但是在 Cu^{II} 活化 $S_2O_8^{2-}$ 的反应体系中，CFX在2 h内几乎可以完全降解，同时 $S_2O_8^{2-}$ 浓度大约降低了30%(图5-1(b))，说明 Cu^{II} 能够有效活化 $S_2O_8^{2-}$ 产生自由基。Anipsitakis等[142]曾研究过9种过渡金属离子对3种氧化剂 H_2O_2、SO_5^- 和 $S_2O_8^{2-}$ 的活化能力。其中 Mn^{II} 可以有效活化

SO_5^- 产生自由基，但是不能活化 H_2O_2 和 $S_2O_8^{2-}$，这和本书研究的结果一致。Nfodzo 等人研究了 Cu^{II} 活化 SO_5^- 和 $S_2O_8^{2-}$ 后降解污染物三氯生的能力，其中 Cu^{II} 能够有效活化 SO_5^- 从而在 10 min 内就可完全去除三氯生[261]；而 Cu^{II} 活化 $S_2O_8^{2-}$ 的反应体系中，三氯生几乎不降解，说明 Cu^{II} 不能有效活化 $S_2O_8^{2-}$ 产生自由基。而 Liu 等[262]研究发现，在 Cu^{II} 活化$S_2O_8^{2-}$ 的体系中，69.6 %初始浓度的 propachlor 在 66 h 内被去除，并且降解动力学呈近似一级动力学。但是在该研究中，Cu^{II} 的浓度为 2.5 mM，为本书研究中 Cu^{II} 浓度的 50 倍，并且 propachlor 在 66 h 内只完成约 70%的去除，说明 Cu^{II} 活化 $S_2O_8^{2-}$ 产生自由基的效率很低。

我们进一步采用自由基探针苯甲醚为目标污染物，研究 Cu^{II} 活化 $S_2O_8^{2-}$ 的能力。苯甲醚既能与 HO^- 反应，也可和 SO_4^{2-} 反应，在以往关于活化 $S_2O_8^{2-}$ 的研究中常用于自由基探针检测反应体系中是否产生 HO^- 和 SO_4^{2-}。在 Cu^{II} 活化 $S_2O_8^{2-}$ 的不同 pH 反应体系中，苯甲醚几乎不降解(图 5-2)，说明不同 pH 条件下 0.05 mM Cu^{II} 不能活化 $S_2O_8^{2-}$ 产生 HO^- 和 SO_4^{2-}。当 Cu^{II} 浓度升高后，高浓度的 Cu^{II} 或许可以有效活化 $S_2O_8^{2-}$ 产生自由基。但是即使是 0.05 mM Cu^{II}，其高效活化 $S_2O_8^{2-}$ 后 2 h 内几乎可以完全降解污染物 CFX，同时 $S_2O_8^{2-}$ 浓度降低 30%。在单独只有 CFX 或者 Cu^{II} 存在时，$S_2O_8^{2-}$ 的浓度几乎不变(图 5 - 1(b))。说明单独 CFX 或者 Cu^{II} 不能有效活化 $S_2O_8^{2-}$ 产生活性自由基，但是当 CFX 和 Cu^{II} 同时存在时，能有效活化 CFX，可见 CFX 的存在可以促进 Cu^{II} 活化 $S_2O_8^{2-}$。文献曾经报道过过渡金属离子活化 $S_2O_8^{2-}$ 是通过络合机制进行，而 CFX 和 Cu^{II} 的络合反应已在第 4 章被详细阐述，因此我们同时也研究了 CFX 和 Cu^{II} 的络合对 $S_2O_8^{2-}$ 活化的影响。在 CFX、Cu^{II} 和 $S_2O_8^{2-}$ 的反应体系中加入过量 EDTA 后，CFX 和 $S_2O_8^{2-}$ 的降解几乎可以忽略(图 5 - 1)，说明 EDTA 的加入抑制 $S_2O_8^{2-}$ 活化产生自由基，CFX 和 Cu^{II} 的络合是 CFX 促进 $S_2O_8^{2-}$ 活

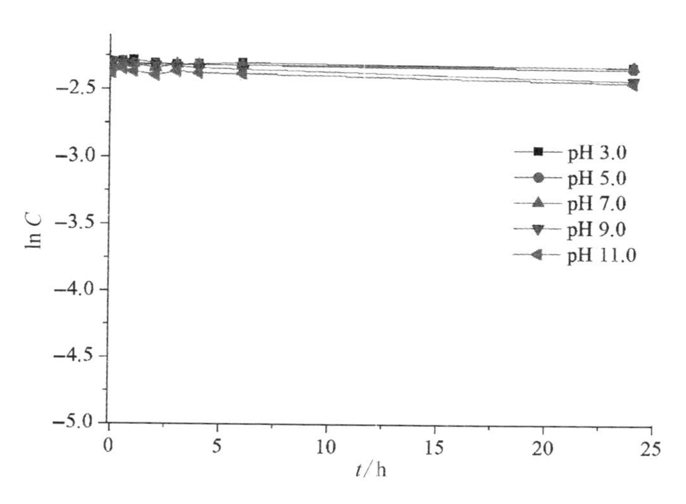

图5-2　不同pH Cu^{II}活化$S_2O_8^{2-}$的反应体系中苯甲醚降解

化的关键，也就是说有机配体络合后的Cu^{II}能够有效活化$S_2O_8^{2-}$。

不同浓度Cu^{II}活化$S_2O_8^{2-}$的反应体系中，CFX的降解如图5-3(a)所示。随着Cu^{II}浓度的升高，CFX的降解速率也逐渐升高。降解过程中，CFX的降解都是随着反应的进行一开始比较快，然后降解速度减慢，这种降解速率逐渐降低的趋势随着Cu^{II}浓度的升高而变慢；也就是说随着Cu^{II}浓度的升高，CFX的降解趋于一级降解动力学。在0.01 mM Cu^{II}存在时，8 h大约0.074 mM CFX被降解；当Cu^{II}浓度升高到0.25 mM后，CFX的降解率提高到96%；而在0.05 mM和0.1 mM Cu^{II}存在时，CFX分别在2 h和1 h就接近完全降解。从化学计量学角度来看，由于0.01 mM Cu^{II}在活化$S_2O_8^{2-}$的过程中，最多只能产生0.01 mM SO_4^{2-}。假定所有自由基都和CFX反应，并且两者是单电子氧化还原反应，那么最多也只有0.01 mM CFX被降解。而本研究中CFX的降解量远不止0.01 mM，说明在反应过程中涉及Cu^{II}的循环利用，Cu^{II}在活化$S_2O_8^{2-}$过程中转化为其他价态的Cu后(很有可能是Cu^{III})，会迅速重新回到Cu^{II}状态，继续活化$S_2O_8^{2-}$产生自由基，如此反复循环，维持着CFX的快速降解。在反应过程中，$S_2O_8^{2-}$相对

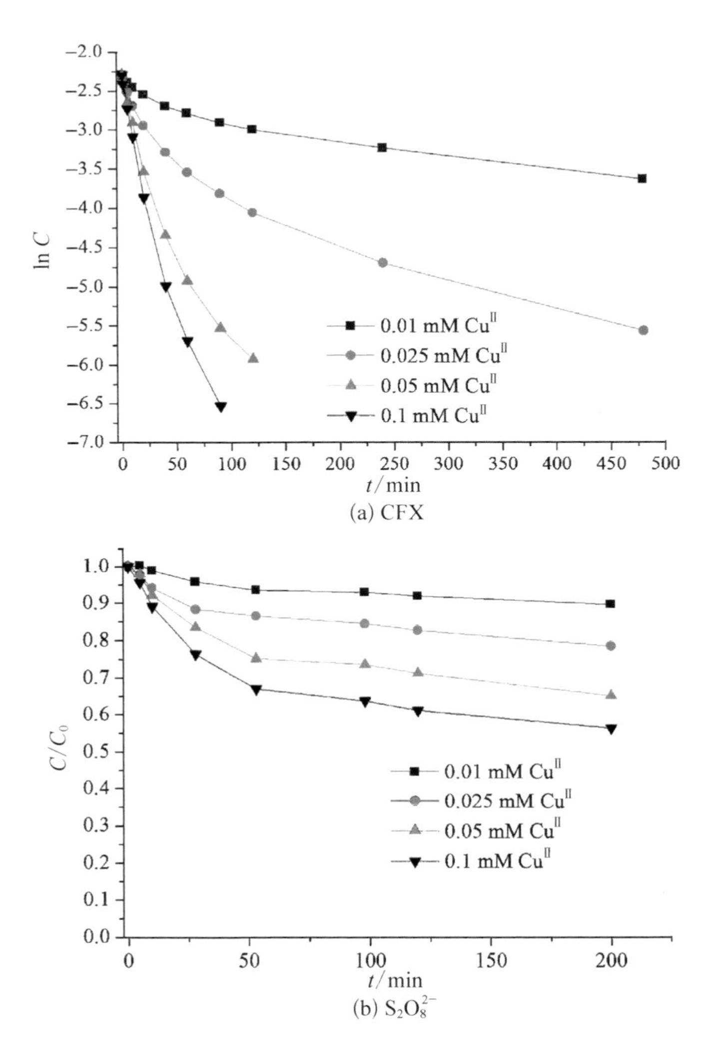

图 5-3　不同浓度 $Cu^{Ⅱ}$ 活化 $S_2O_8^{2-}$ 反应体系中 CFX 和 $S_2O_8^{2-}$ 的降解

于 $Cu^{Ⅱ}$ 的浓度过量，因此 $S_2O_8^{2-}$ 不是限速因子，假如 $Cu^{Ⅱ}$ 转化为 $Cu^{Ⅲ}$，$Cu^{Ⅲ}$ 很不稳定会迅速重新转化为 $Cu^{Ⅱ}$，$Cu^{Ⅱ}$ 循环也不是反应的限速因子；于是，0.01 mM 初始 $Cu^{Ⅱ}$ 完全活化 $S_2O_8^{2-}$ 后，CFX 在降解过程中应该呈一级降解动力学，而本研究中 CFX 降解越来越慢，说明 $Cu^{Ⅱ}$ 活化 $S_2O_8^{2-}$ 的速度变慢，$Cu^{Ⅱ}$ 很有可能与 CFX 的降解产物络合，从而影响了其和母体 CFX 络合，进

而影响 $S_2O_8^{2-}$ 的活化。$S_2O_8^{2-}$ 在反应过程中的浓度变化如图 5-3(b)。与 CFX 的降解类似，$S_2O_8^{2-}$ 的降解速度也是先快后慢，且随着 Cu^{II} 浓度的升高，其降解速度和降解量也是逐渐增大，并且这种增大的趋势在低浓度 Cu^{II} 时更加明显；而在高浓度时，$S_2O_8^{2-}$ 降解朝着一级降解动力学靠近。在 0.05 mM Cu^{II} 和 0.1 mM Cu^{II} 活化体系 CFX 完全降解后，$S_2O_8^{2-}$ 还会继续降解，这说明还有呈络合态的 Cu^{II} 在继续活化 $S_2O_8^{2-}$，此时 Cu^{II} 只可能和降解产物络合，而这种络合态的 Cu^{II} 活化 $S_2O_8^{2-}$ 的能力远低于 CFX 络合 Cu^{II} 的活化能力。

在 Cu^{II} 活化 $S_2O_8^{2-}$ 反应体系中 pH 对 CFX 降解的影响如图 5-4 所示。由第 4 章研究可知，Cu^{II} 本身会促进 CFX 的降解，并且跟 pH 有关，在 pH 低于 5.0 时，由于 CFX 侧链上伯胺的质子化，Cu^{II} 不能和 CFX 形成络合物发生降解反应，但当溶液 pH 大于侧链伯胺的 pKa 时，CFX 的降解速度随着 pH 的升高而加快。同样，在 Cu^{II} 活化 $S_2O_8^{2-}$ 的体系中，CFX 的降解也与溶液 pH 有关，在 pH 3.0 时，4 h 内大约有 65%的 CFX 被降解，并且其降解呈一级动力学；在 pH 5.0 时，CFX 降解速率迅速提高，在 2 h 内

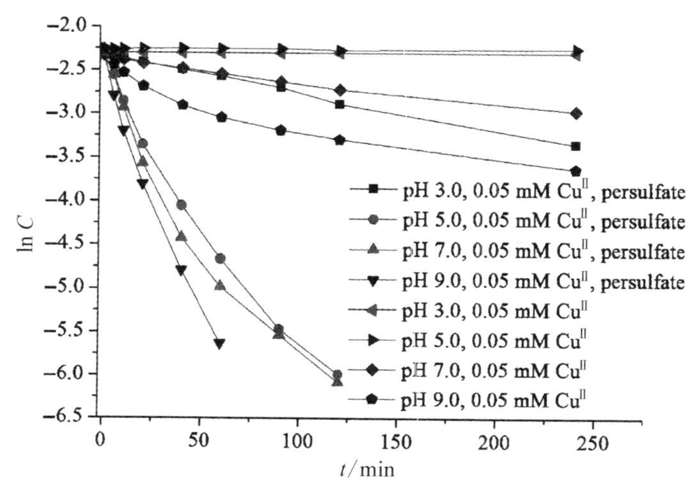

图 5-4　pH 对 Cu^{II} 活化 $S_2O_8^{2-}$ 反应体系中 CFX 降解的影响

几乎可以完全降解；pH 7.0 和 pH 9.0 时，CFX 降解速率进一步增加，但是其增加幅度很小。在以往关于 $S_2O_8^{2-}$ 去除污染物的研究中，由于存在酸催化活化 $S_2O_8^{2-}$，pH 越低，污染物去除效果越好。而本研究中 CFX 降解效果随着 pH 的升高而升高，并且在 pH 5.0 时其去除效率迅速升高。说明在本研究中 $S_2O_8^{2-}$ 的活化机理和以往 $S_2O_8^{2-}$ 研究不一样，跟本研究中的物质结构有密切关系。在 pH 7.0 和 9.0 时，CFX 侧链伯胺和 Cu^{II} 络合，该络合态的 Cu^{II} 可以有效活化 $S_2O_8^{2-}$ 产生自由基。但是除了 CFX 侧链伯胺外，Cu^{II} 还可能与 CFX 中的其他基团络合，因为在 pH 5.0 时 Cu^{II} 不和侧链伯胺络合，但 CFX 还是有很高的去除率。在第 4 章中 Cu^{II} 促使 CFX 降解的产物分析中发现氢化噻嗪环中的 S 原子被脱去，说明 Cu^{II} 还可能与氢化噻嗪环上的原子络合，最可能的络合位点是硫原子或者侧链羧基。侧链羧基上的氧原子和 β-内酰胺环上的叔氮与 Cu^{II} 络合形成五元环的络合方式已被报道为 Cu^{II} 和 β-内酰胺抗生素络合的重要方式之一[254]。况且侧链羧基的 pKa 在 3.0 左右，因此在 pH 3.0 时，大约一半的羧基去质子化，因此 Cu^{II} 以这种五元环方式络合的比例可能相对较少，在 pH 5.0 时，几乎所有羧基都去质子化，几乎大部分 Cu^{II} 都可以按这种方式络合，从而可以有效活化 $S_2O_8^{2-}$ 产生自由基，这也解释了从 pH 3.0 升高到 5.0 时，CFX 降解率可以急剧提高。总之，CFX 分子中有至少两个 Cu^{II} 的活性络合位点。在 pH 3.0 和 5.0 时，Cu^{II} 和侧链羧基以及叔氮络合形成五元环，该络合态的 Cu^{II} 可以有效活化 $S_2O_8^{2-}$ 产生自由基；而在 pH 7.0 和 9.0 时，Cu^{II} 主要和侧链伯胺络合，该络合态的 Cu^{II} 可以有效活化 $S_2O_8^{2-}$ 产生自由基；当然我们也不能排除两种络合方式并存的可能性。

虽然我们知道 CFX 和 Cu^{II} 的络合物可以有效活化 $S_2O_8^{2-}$ 产生活性自由基，但是到目前为止我们还不知道到底是哪一种自由基在降解中起主要作用。在自由基猝灭实验中，常加入 TBA 和 EtOH 来鉴别起作用的自由基。TBA 和 HO^- 的反应速率远快于 SO_4^{2-}，而 EtOH 和两种自由基的反应速率在同一数量级,因此可以通过加入TBA和EtOH后污染物降解率的抑制情况来判断自由基类型。TBA和EtOH的加入对CFX降解影响如图5-5所示,在加入TBA或EtOH后,CFX的降解受到抑制,并且随着TBA和EtOH浓度的升高,CFX降解抑制越严重。同时,EtOH对CFX降解抑制明显强于TBA。在120 min时,加入100 mM TBA后,CFX几乎完全降解;而加入100 mM EtOH后CFX只降解了85%,并且随着反应的继续进

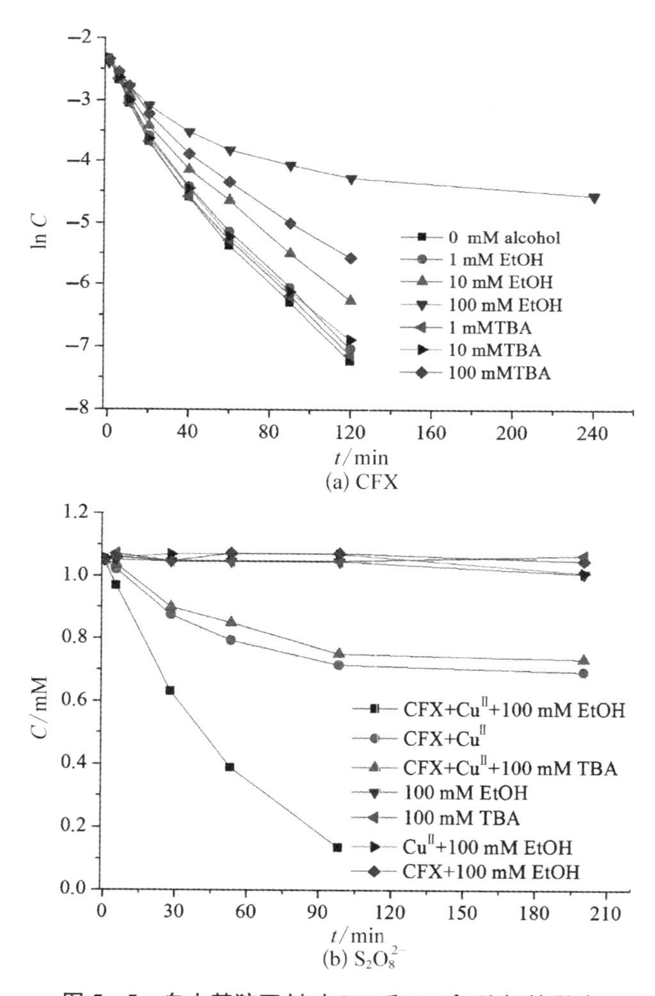

图5-5 自由基猝灭剂对CFX和$S_2O_8^{2-}$降解的影响

行，在 240 min 时，仍有 12%的 CFX 未降解。可见，在 CFX 和 Cu^{II} 的络合物活化 $S_2O_8^{2-}$ 的反应体系中，HO^- 和 SO_4^{2-} 都起重要作用。我们同时监测了反应过程中 $S_2O_8^{2-}$ 浓度变化情况，加入 TBA 后，$S_2O_8^{2-}$ 的降解受到一定程度的抑制，而在加入 EtOH 后，能够更快速促进 $S_2O_8^{2-}$ 降解。而单独 CFX+EtOH 或者 Cu^{II} +EtOH 不能促进 $S_2O_8^{2-}$ 的降解，说明只有当 CFX，Cu^{II} 和 EtOH 三者共存时，才能有效促进 $S_2O_8^{2-}$ 的降解。我们也研究了 EtOH 在其他方法活化 $S_2O_8^{2-}$ 过程中是否同样具有促进作用。在 UV 活化 $S_2O_8^{2-}$ 降解 CFX 的体系中，加入 EtOH 后，$S_2O_8^{2-}$ 的降解受到抑制（图 5-6）。因此，EtOH 促进 $S_2O_8^{2-}$ 降解是 CFX 和 Cu^{II} 络合物活化 $S_2O_8^{2-}$ 的反应体系中特有的现象，但是 EtOH 促使 $S_2O_8^{2-}$ 降解有可能并未涉及自由基的产生；因为即使 $S_2O_8^{2-}$ 降解速度加快，而 CFX 的降解却还是受到抑制。

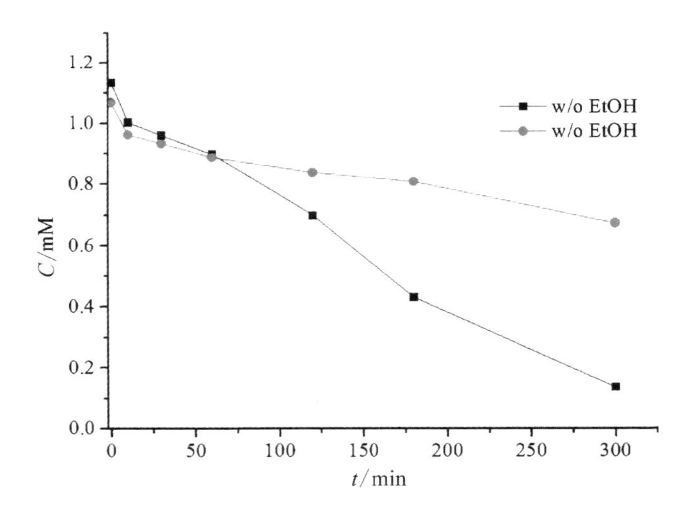

图 5-6　EtOH 在 UV 活化 $S_2O_8^{2-}$ 过程中对 $S_2O_8^{2-}$ 降解的影响

以上所有实验表明，络合态的 Cu^{II} 可以活化 $S_2O_8^{2-}$ 产生 HO^- 和 SO_4^{2-}。除了采用 CFX 为 Cu^{II} 的络合配体外，我们同时研究了其他头孢类抗生素和 Cu^{II} 络合时对 $S_2O_8^{2-}$ 活化的影响。由上述研究表明，Cu^{II} 能与苯基甘氨酸类头孢侧链上的伯胺络合，同时也可能和氢化噻嗪环上的硫原子或者羧基和叔氮络合。而非苯基甘氨酸头孢虽然没有侧链伯胺，但仍可和氢化噻嗪环上的硫原子或者羧基和叔氮络合。因此，这些头孢和 Cu^{II} 的络合物都有可能活化 $S_2O_8^{2-}$。各种头孢为有机配体络合 Cu^{II} 后活化 $S_2O_8^{2-}$ 的反应体系中，头孢和 $S_2O_8^{2-}$ 的降解如图 5-7 所示。与 CFX 一样，头孢拉定与 Cu^{II} 络合后也会高效活化 $S_2O_8^{2-}$ 产生自由基，头孢拉定的降解速率稍微快于

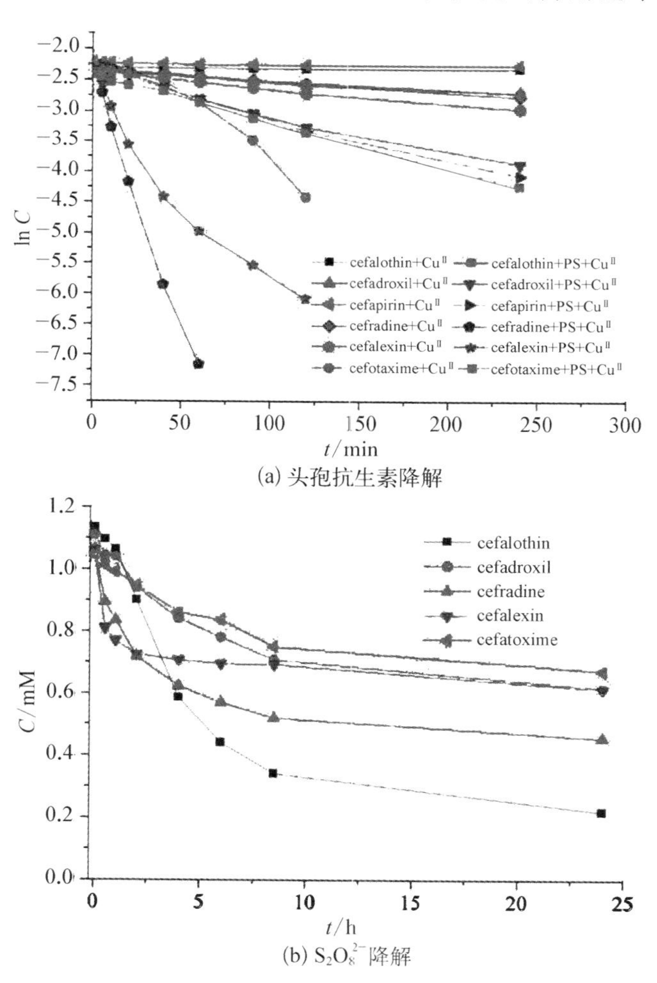

(a) 头孢抗生素降解

(b) $S_2O_8^{2-}$ 降解

图 5-7　不同头孢络合 Cu^{II} 后活化 $S_2O_8^{2-}$ 的性能

CFX。在 0～180 min 内，$S_2O_8^{2-}$ 的降解趋势稍微慢于 CFX 反应体系中 $S_2O_8^{2-}$ 的降解；在 180 min 后，$S_2O_8^{2-}$ 会继续降解，而 CFX 体系中 $S_2O_8^{2-}$ 降解趋于停滞。因此，头孢拉定的产物能够继续络合 Cu^{II} 活化 $S_2O_8^{2-}$。头孢拉定和 CFX 结构相似，它们络合 Cu^{II} 活化 $S_2O_8^{2-}$ 的性能也相似，而侧链基团的不一致导致活化速度的差异。同为苯基甘氨酸类头孢，头孢羟氨苄络合 Cu^{II} 活化 $S_2O_8^{2-}$ 的情况却大不一样，在 0～240 min 内，头孢羟氨苄和 $S_2O_8^{2-}$ 的降解速度慢于其他两种苯基甘氨酸类头孢，并且它们降解都大致符合一级降解动力学，说明侧链苯环上的羟基会影响其和 Cu^{II} 的络合，进而影响活化性能。与头孢羟氨苄一样，头孢匹林和头孢噻肟络合 Cu^{II} 后，$S_2O_8^{2-}$ 和有机配体降解也大致符合一级动力学，并且降解速度和头孢羟氨苄相当。头孢噻吩络合 Cu^{II} 后活化 $S_2O_8^{2-}$ 的反应体系中，头孢噻吩的降解一开始慢于其他头孢类抗生素，随着反应的进行，其降解逐渐加快，在 220 min 时完全降解。$S_2O_8^{2-}$ 的降解趋势和头孢噻吩一样，也是先慢后快。在 24 h 内，其降解总量高于其他头孢类抗生素反应体系中 $S_2O_8^{2-}$ 的降解量，可见头孢噻吩络合 Cu^{II} 活化 $S_2O_8^{2-}$ 的反应体系中，头孢噻吩一开始降解较慢，但是其降解产物络合 Cu^{II} 后能够进一步活化 $S_2O_8^{2-}$，并且其活化效率高于母体头孢噻吩，产生更多的活性自由基，从而能够进一步促进头孢噻吩的降解。总之，头孢类抗生素都能作为络合 Cu^{II} 的有机配体，活化 $S_2O_8^{2-}$ 产生自由基，只是由于这些抗生素结构不同，其与 Cu^{II} 的络合情况不同，对 $S_2O_8^{2-}$ 的活化性能也不同。同时，由于降解产物还能进一步络合 Cu^{II} 活化 $S_2O_8^{2-}$，并且产物络合 Cu^{II} 后活化性能不同，这使得头孢抗生素络合 Cu^{II} 活化 $S_2O_8^{2-}$ 更加复杂。

除了头孢类抗生素外，还有很多化学物质容易和 Cu^{II} 络合。因此，我们猜想络合状态 Cu^{II} 活化 $S_2O_8^{2-}$ 不只是针对头孢类抗生素特殊现象，而是一种普遍的现象。为此，我们研究了青霉素类抗生素为有机配体络合 Cu^{II} 活化 $S_2O_8^{2-}$ 的能力(图 5 - 8)。$S_2O_8^{2-}$ 本身对 AMP 没有氧化作用，但是 PG

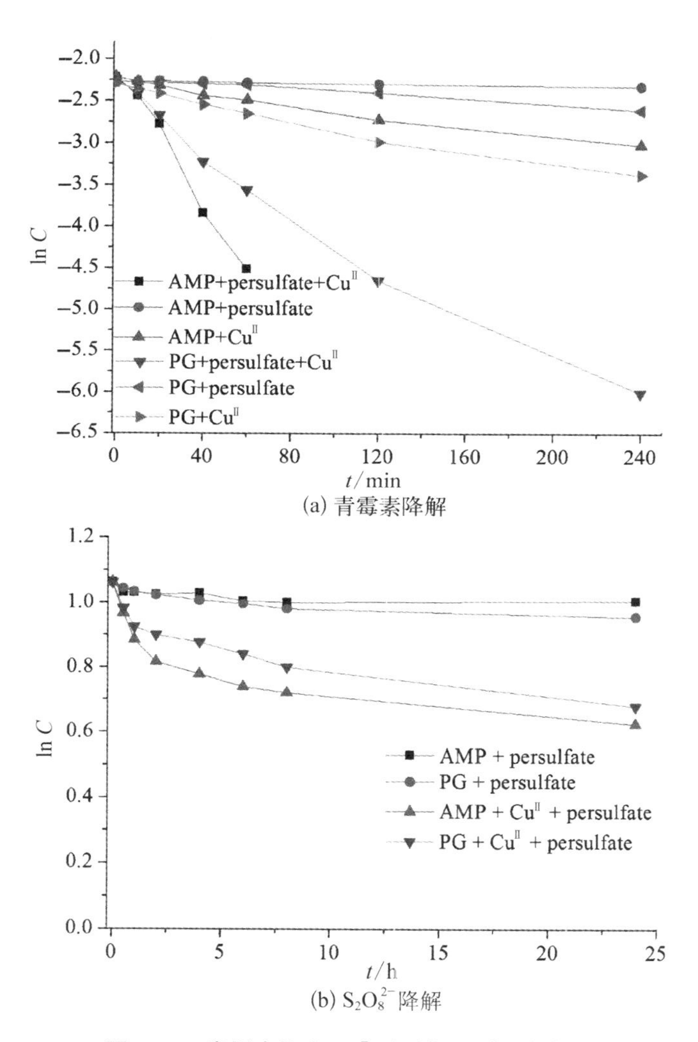

图 5-8　青霉素络合 Cu^{II} 后活化 $S_2O_8^{2-}$ 的性能

比 AMP 更不稳定，加入 $S_2O_8^{2-}$ 后 PG 有少量降解，同时 $S_2O_8^{2-}$ 也有少量降解。在 PG 和 AMP 中加入 Cu^{II} 和 $S_2O_8^{2-}$ 后，它们降解速度迅速加快，AMP 在 120 min 时已完全降解，其降解速度快于 PG，PG 在 240 min 时才几乎完全降解。与有机配体降解趋势类似，$S_2O_8^{2-}$ 在 AMP 活化 Cu^{II} 的反应体系中，降解速度明显快于 PG 活化体系。AMP 和 PG 的结构类似，唯一的区别就是 AMP 侧链含有伯胺。在 AMP 中，Cu^Ⅱ 主要和侧链伯胺络合，而在 PG 中，Cu^Ⅱ 主要和氢化噻唑环上的羧基以及仲氮络合，可见与侧链伯胺络合的 Cu^Ⅱ 更有利于活化 $S_2O_8^{2-}$ 产生活性自由基。四环素类抗生素也曾报道会与 Cu^Ⅱ 络合。我们也研究了四环素(TTC)、氧四环素(OTC)络合 Cu^Ⅱ 后活化 $S_2O_8^{2-}$ 的能力(图 5－9)。由图 5－9 可知，与 TTC 或 OTC 络合后的

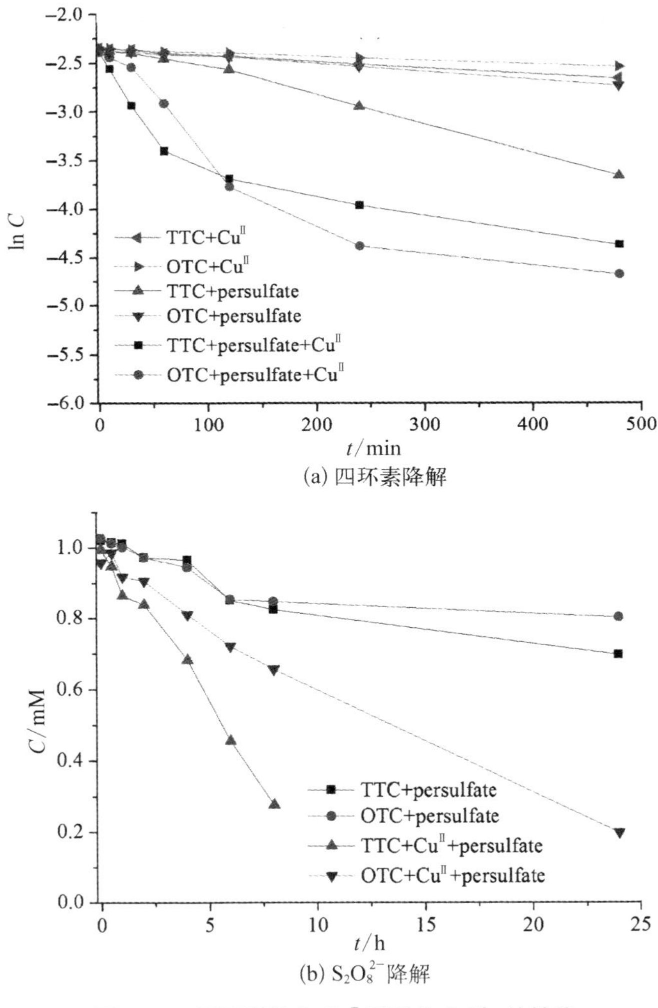

(a) 四环素降解

(b) $S_2O_8^{2-}$ 降解

图 5－9　四环素络合 CuⅡ 后活化 $S_2O_8^{2-}$ 的性能

Cu^{II} 能够显著加快 $S_2O_8^{2-}$ 的降解。与此同时，TTC 和 OTC 本身也快速降解，说明 TTC 和 OTC 络合的 Cu^{II} 也可以有效活化 $S_2O_8^{2-}$ 产生活性自由基。OTC 和 TTC 结构上的区别是 OTC 分子结构中环上多有一个羟基，TTC 络合 Cu^{II} 后活化 $S_2O_8^{2-}$ 的能力强于 OTC。因此，环上羟基可能不利于 OTC 和 Cu^{II} 络合，从而不利于活化 $S_2O_8^{2-}$。

以上研究表明，头孢类抗生素、青霉素类抗生素、四环素和 Cu^{II} 络合后都能有效活化 $S_2O_8^{2-}$ 产生活性自由基，但是这些有机配体结构不同，与 Cu^{II} 络合位点和络合方式不一样，从而活化 $S_2O_8^{2-}$ 的性能也不一样。也就是说，并不是所有的络合态 Cu^{II} 都能够有效活化 $S_2O_8^{2-}$，为此我们研究了 Cu^{II} 与一些常见配体络合后对 $S_2O_8^{2-}$ 的活化能力。EDTA、柠檬酸和乙二胺已被报道能与 Cu^{II} 络合形成络合物，这些常见配体络合 Cu^{II} 活化 $S_2O_8^{2-}$ 性能如图 5-10 所示。这些有机配体本身不能被 $S_2O_8^{2-}$ 氧化，在加入 Cu^{II} 后，只有乙二胺和 Cu^{II} 络合物能够活化 $S_2O_8^{2-}$，说明络合态 Cu^{II} 的活化能力和其有机配体有关。柠檬酸分子中含有三个羧基，Cu^{II} 和其络合位点位于羧基上，而乙二胺分子中含有两个氮原子，这两个氮原子和 Cu^{II} 络合，因

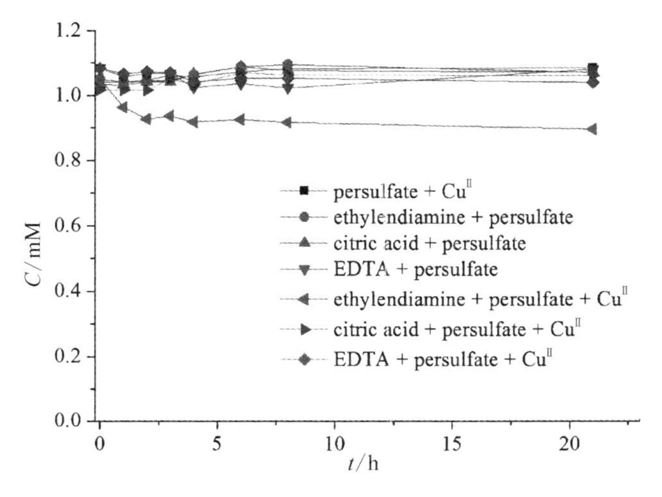

图 5-10　常见配体络合 Cu^{II} 后活化 $S_2O_8^{2-}$ 的性能

此很有可能与含氮原子基团络合的 Cu^{II} 能有效活化 $S_2O_8^{2-}$。不管是头孢类抗生素，还是青霉素和四环素，分子结构中都含有氮原子，并且以上研究中都曾提到分子中的含氮基团正是 Cu^{II} 的络合部位，这进一步说明了与氮原子基团络合的 Cu^{II} 能有效活化 $S_2O_8^{2-}$。但是乙二胺四乙酸分子中既含有氮原子，也含有羧基，这些基团可以和 Cu^{II} 形成六元螯合物；虽然乙二胺四乙酸分子中含有氮原子，但是该螯合物把 Cu^{II} 包围起来，不能再与其他分子接近，即螯合状态的 Cu^{II} 不能和 $S_2O_8^{2-}$ 接近，而 Cu^{II} 络合 $S_2O_8^{2-}$ 是 $S_2O_8^{2-}$ 被活化的前提。可见，络合状态 Cu^{II} 活化 $S_2O_8^{2-}$ 的能力不仅和 Cu^{II} 的有机配体种类有关，而且和络合方式有关。Cu^{II} 与含氮原子基团络合后，只有当该络合态的 Cu^{II} 进一步和 $S_2O_8^{2-}$ 络合，才能有效活化 $S_2O_8^{2-}$ 产生活性自由基。

5.2.2 磁铁矿活化 $S_2O_8^{2-}$

磁铁矿的 XRD 衍射图如图 5-11 所示。在 2θ 为 18.4、30.1、35.4、43.1、53.6、57.1 和 62.7 处的特征峰分别对应的是标准四氧化三铁的 d(111)、d(220)、d(311)、d(400)、d(422)、d(511)和 d(440)晶面的衍射

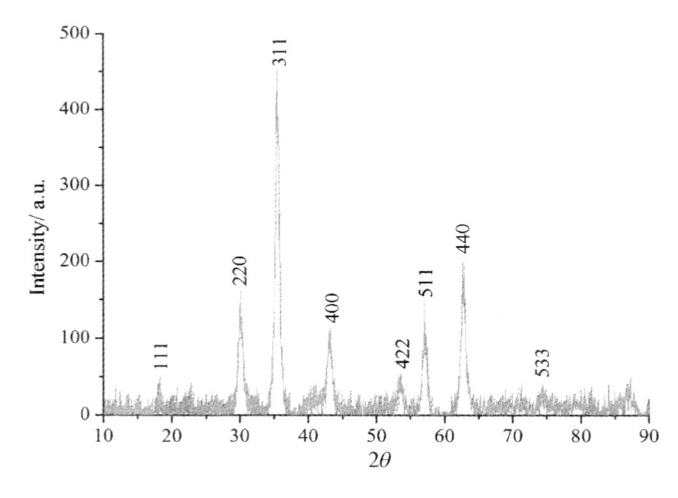

图 5-11 合成磁铁矿的 XRD 图

峰[259]，说明制备出的纳米材料为标准的四氧化三铁。四氧化三铁是唯一一种包含混合价态铁的纯氧化物，在室温条件下具有立方尖晶石结构，四面体和八面体位点上都有铁原子，其化学通式为$(Fe^{III})_{tert}[Fe^{III}Fe^{II}]_{oct}O_4$。磁铁矿的 SEM 图(图 5-12)表明，合成的磁铁矿呈球形颗粒状，高度聚集在一起。颗粒尺寸相对均一，在 15～40 nm 之间。与文献中合成的纳米四氧化三铁尺寸相当，但小于购买的四氧化三铁[149]。

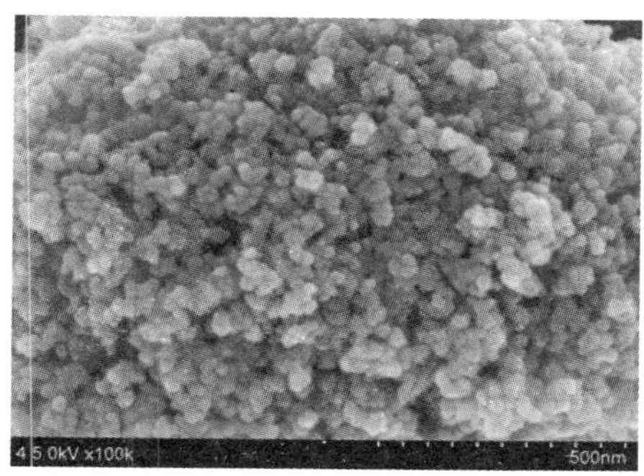

图 5-12　合成磁铁矿的扫描电镜图

BET 测定(表 5-1)表明采用超声混合法合成磁铁矿的表面积为 100.6 m^2/g，而超声功率的不同也会影响表面积的大小，功率降低后其表面积为 82.2 m^2/g。而磁力搅拌法合成的磁铁矿表面积只有 69.5 m^2/g，随着搅拌时间的延长，其表面积并没有明显的变化。本研究中合成的磁铁矿表面积与文献报道相当，并且也是采用超声混合法合成的磁铁矿的表面积大于磁力搅拌法合成的磁铁矿。而商业化的磁铁矿表面积远小于合成的磁铁矿表面积。

表 5-1　磁铁矿的 BET 面积

Sample	BET aera/($m^2 \cdot g^{-1}$)	Synthesis method
Sample 1[a]	100.6	Synthesis by sonication
Sample 2[b]	82.2	Synthesis by sonication

续 表

Sample	BET aera/($m^2 \cdot g^{-1}$)	Synthesis method
Sample 3[c]	69.5	Synthesis by stirring
Sample 4[d]	73.8	Synthesis by stirring
Xu et al.[263]	67.8	Synthesis by stirring
Sabri et al.[149]	8	Commercial magnetite
Wang et al.[264]	82.5	Synthesis by sonication
Wang et al.[264]	61.9	Synthesis by stirring

[a] sonication with higher power; [b] sonication with lower power; [c] stirring for 0.5 h; [d] stirring for 2 h.

磁铁矿是唯一 Fe^{II} 稳定存在的铁氧化物，而 Fe^{II} 活化 $S_2O_8^{2-}$ 的性能被广泛报道，处于固体界面上的 Fe^{II}，界面反应特征使其具有与溶液中游离态 Fe^{II} 不一样的化学活性，因此其活化 $S_2O_8^{2-}$ 的性能也可能不同于游离态 Fe^{II}。$S_2O_8^{2-}$ 活化后产生的主要活性自由基为 HO^- 和 SO_4^{2-}。因此，我们采用苯甲醚和硝基苯分别作为 HO^- 和 SO_4^{2-} 的探针以及 HO^- 的探针，研究磁铁矿活化 $S_2O_8^{2-}$ 产生活性自由基 HO^- 和 SO_4^{2-} 的能力。自由基探针在不同方法合成的磁铁矿活化 $S_2O_8^{2-}$ 的反应体系中的降解趋势如图 5-13 所示。在酸性条件下，苯甲醚和硝基苯有显著降解，并且苯甲醚的降解速度远快于硝基苯的降解，随着 pH 值的降低降解速度加快。说明磁铁矿活化 $S_2O_8^{2-}$ 的反应体系中，既产生 SO_4^{2-}，也产生 HO^-，并且 SO_4^{2-} 产生量大于 HO^-，并且活性自由基的产生随着 pH 的降低而增多。而在中性或碱性条件下，苯甲醚和硝基苯几乎不降解，说明磁铁矿不能有效活化 $S_2O_8^{2-}$ 产生活性自由基。因此，磁铁矿活化 $S_2O_8^{2-}$ 的能力随着 pH 的降低而升高。在酸性条件下，磁铁矿表面的 Fe^{II} 更容易溶解到溶液中成为游离离子，从而直接活化 $S_2O_8^{2-}$ 产生自由基，同时酸催化活化 $S_2O_8^{2-}$ 也有利于酸性条件下产生自由基。此外，$S_2O_8^{2-}$ 必须首先与磁铁矿表面的 Fe^{II} 接触络合才能被活

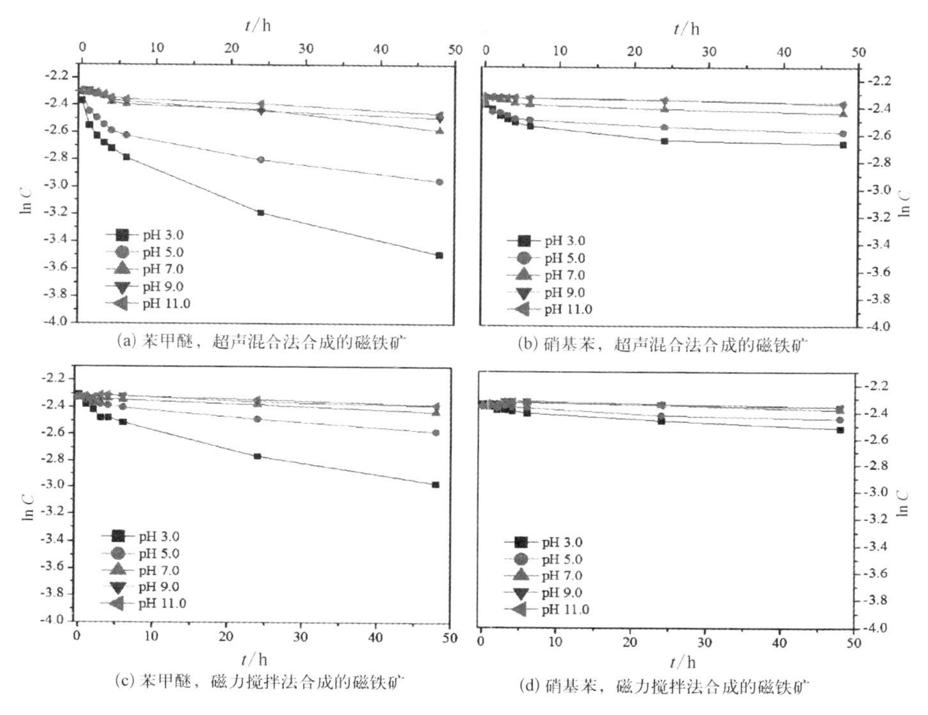

图 5-13　自由基探针在磁铁矿活化 $S_2O_8^{2-}$ 的反应体系中的降解趋势

化，而当溶液 pH 高于磁铁矿的等电位时，磁铁矿表面带负电，不利于 $S_2O_8^{2-}$ 吸附于表面，从而不能有效活化，同时高 pH 时游离的 Fe^{II} 很不稳定，且易于沉淀，同样也不利于直接活化 $S_2O_8^{2-}$。而在酸性条件下，磁铁矿表面或者溶液中游离的 Fe^{II} 很容易与 $S_2O_8^{2-}$ 络合进而活化产生自由基。Yan 等人曾研究了 pH 对磺胺甲二唑在磁铁矿活化 $S_2O_8^{2-}$ 的反应体系中降解的影响，磺胺甲二唑的降解也是随着 pH 的降低而升高。不过，在该研究中，pH 10.0 时也取得了良好的去除效果。这是因为在实验中没有采用缓冲溶液，随着反应的进行，溶液 pH 逐渐下降[259]。在 Fe_3O_4 活化双氧水的类芬顿反应中，pH 对二氯酚降解的影响也跟本书一致，随着 pH 的降低而升高[263]。而在 Fang 等人关于 PCB 在磁铁矿活化 $S_2O_8^{2-}$ 反应体系降解的研究中，PCB 的降解跟溶液 pH 没有明显的规律，在 pH 5.0 和 11.0 时达到最大值。虽然该研究中也采用了磷酸缓冲液来维持体系 pH，但反应过程中溶液一直暴露于空气中，因此，其反应机理被报道为超氧自由基活化[260]。而本书研究中由于苯甲醚和硝基苯易挥发，在反应过程中一直隔绝空气，并且在反应前氮气鼓吹半个小时保证溶液无氧状态，并且降解目标物质的不同也有可能导致结果的差异性。

纳米磁铁矿有多种合成方法，不同方法合成的磁铁矿具有不同的结构特征，从而会影响其化学性能。因此，我们研究对比了磁力搅拌法和超声混合法合成磁铁矿活化 $S_2O_8^{2-}$ 的性能。由图 5 - 13 可知，在磁力搅拌法合成纳米磁铁矿活化 $S_2O_8^{2-}$ 的反应体系中，苯甲醚和硝基苯的降解速度慢于超声混合法合成的磁铁矿活化体系，同时其活化性能也是随着 pH 的降低而增大。这说明相对于超声混合法，磁力搅拌法合成的磁铁矿活化 $S_2O_8^{2-}$ 的能力较弱，体系中产生的活性自由基较少，且仍是 SO_4^{2-} 占主导。在纳米磁铁矿合成过程中，纳米颗粒成核过程会影响颗粒尺寸的大小，成核过程结束时就已经决定了纳米颗粒的数量，而在核成长的过程中不再变化。在磁力搅拌法中，很难将短暂的成核过程和核成长过程分离开；但是在超声混合法中，由于空穴效应在溶液内会产生极高的温度和压力，有足够的能量来产生晶体颗粒，从而可显著加快磁铁矿的成核过程。同时核表面的高温和吸附的气泡能够减少核与溶液界面的表面自由能，从而不利于核的成长。更快速的成核过程和更慢的核成长最终导致更小的颗粒粒径。与此同时，气泡破碎时产生强烈的微漩涡和射流可以显著地减少颗粒之间的凝聚。因此，超声混合法合成的纳米磁铁矿具有更小的颗粒粒径以及更大的比表面积，从而具有更高的反应活性[264]。Wang 等人采用超声混合法合成的磁铁矿具有更高的活化过氧化氢的能力，在 60 min 内能去除 90%的污染物；而机械搅拌法合成的磁铁矿在相同时间内只能去除 15%的污染物[264]。

由以上自由基探针实验可知，磁铁矿活化 $S_2O_8^{2-}$ 的反应体系中产生活

性自由基 HO^- 和 SO_4^{2-}，而这些自由基可以直接氧化降解污染物。β-内酰胺抗生素 CFX 在磁铁矿活化 $S_2O_8^{2-}$ 反应体系的降解情况如图 5-14 所示。CFX 由于含有不稳定的β-内酰胺环，在水溶液中很容易水解，水解呈一级降解动力学，表观降解动力学常数见表 5-2。CFX 水解和溶液 pH 相关，在酸性条件下，CFX 很稳定，随着 pH 的升高，CFX 水解速度加快，在 pH 7.0 和 9.0 时其水解常数是酸性条件下的 10 倍。当 pH 升高到 11.0 时，CFX 水解速度进一步加快，水解常数为 pH 7.0 和 9.0 时的 10 倍；CFX 在不同 pH 下的稳定性与文献报道一致[265]。在单独含 $S_2O_8^{2-}$ 的溶液中，CFX 也有一定的降解，且 CFX 的降解也呈一级降解动力学，表观一级降解常数见表 5-2，扣除 CFX 水解的影响，$S_2O_8^{2-}$ 本身对 CFX 降解的动力学常

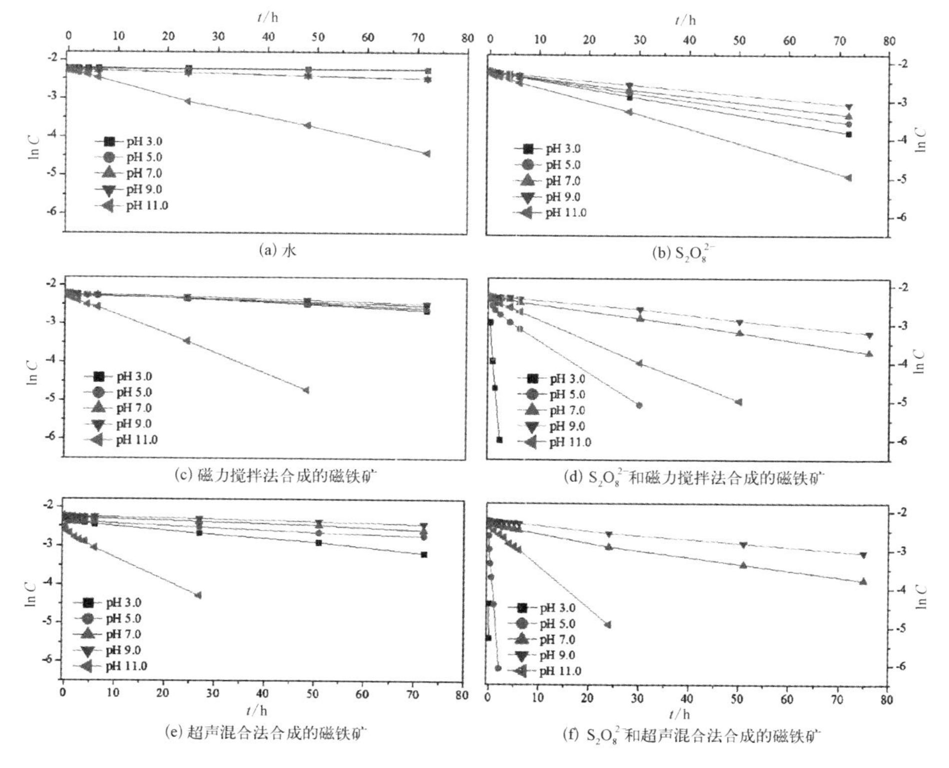

(a) 水　(b) $S_2O_8^{2-}$

(c) 磁力搅拌法合成的磁铁矿　(d) $S_2O_8^{2-}$和磁力搅拌法合成的磁铁矿

(e) 超声混合法合成的磁铁矿　(f) $S_2O_8^{2-}$和超声混合法合成的磁铁矿

图 5-14　CFX 在磁铁矿活化 $S_2O_8^{2-}$ 反应体系中的降解动力学

数随着 pH 的下降而升高，即酸性条件有利于 $S_2O_8^{2-}$ 氧化 CFX。$S_2O_8^{2-}$ 为强氧化剂，本身可以直接氧化 CFX，在酸性条件下，由于存在酸催化，$S_2O_8^{2-}$ 可以活化产生 SO_4^{2-}，从而降解污染物。并且酸催化随着 pH 的降低而变强，从而使得 CFX 与 $S_2O_8^{2-}$ 作用的降解常数随着 pH 的降低而升高。

表 5-2　CFX 降解的表观一级降解动力学常数

		pH 3.0	pH 5.0	pH 7.0	pH 9.0	pH 11.0
Hydrolysis	k_{obs}	0.000 4	0.000 3	0.003 2	0.003	0.03
	R^2	0.997 2	0.995 2	0.999 4	0.999 3	0.997 9
Persulfate	k_{obs}	0.022 2	0.018 3	0.015 5	0.011 9	0.031 4
	R^2	0.999 9	0.996	0.999 6	0.999 8	0.991 9
Magnetite[a]	k_{obs}	0.005 8	0.003 8	0.005	0.003 5	0.050 6
	R^2	0.994 6	0.996 5	0.998 1	0.993 9	0.999 5
Magnetite[b]	k_{obs}	0.011 9	0.005 5	0.004 5	0.003 3	0.062 5
	R^2	0.989 5	0.987 7	0.990 4	0.990 3	0.990 2
Persulfate+Magnetite[a]	k_{obs}	1.493 3	0.086 9	0.018 9	0.013 4	0.053 1
	R^2	0.951 4	0.976 5	0.999 3	0.995 9	0.999 3
Persulfate+Magnetite[b]	k_{obs}	—	1.643 2	0.019 6	0.013 1	0.103 9
	R^2	—	0.972 8	0.992 1	0.996	0.999 9

[a] magnetite synthesized by stirring method; [b] magnetite synthesized by sonic method; -no data.

在单独磁铁矿溶液中，CFX 也会有一定程度的降解，由于在反应开始前溶液充分混合了半个小时，因此 CFX 的降解不可能是吸附作用引起的，而是与磁铁矿表面上的 Fe^{II} 或者 Fe^{III} 发生化学反应；CFX 的降解也呈一级降解动力学，扣除水解作用的影响后，其一级降解动力学常数随着 pH 的升高而降低，而当 pH 继续升高到 pH 11.0，其降解动力学常数又升高。即酸性和碱性条件有利于磁铁矿和 CFX 的直接作用。超声混合法合成的磁铁矿降解 CFX 的能力强于磁力搅拌法合成的磁铁矿，这是因为超声混合法合成的磁铁矿表面积大，界面活性更强，更有利于CFX在颗粒表面的化学反应。而在磁铁矿活化$S_2O_8^{2-}$的反应体系中，CFX的降解趋势和自由基探针降解趋势类似，即酸性条件下有利于CFX的降解，且随着pH的降低降解迅速加快；而在中性或碱性条件下CFX降解不明显。这也说明了CFX的降解是由体系中的活性自由基氧化降解，在中性或碱性条件下，体系中活性自由基少，CFX降解较慢，而在酸性条件下活性自由基产生量较大，从而CFX的降解加快。在酸性条件下，当$S_2O_8^{2-}$加入到溶液中启动反应后，由于磁铁矿表面富集大量的Fe^{II}，$S_2O_8^{2-}$被迅速活化产生大量的活性自由基，CFX瞬间被迅速降解，因此CFX在0 min取样点浓度远低于0.1 mM。随着反应的进行，磁铁矿表面初始富集的Fe^{II}逐渐被消耗，因此$S_2O_8^{2-}$活化速度变慢，但磁铁矿颗粒可以不断地提供Fe^{II}，活化$S_2O_8^{2-}$，磁铁矿作为一种稳定的Fe^{II}的释放源。因此，CFX的降解一开始很快，而后稍微变慢，其整个降解过程虽然也大致符合一级降解动力学，但其线性相对较差。

超声混合法合成的磁铁矿活化$S_2O_8^{2-}$的性能优于磁力搅拌法合成的磁铁矿，在pH 3.0时，CFX在5 min内几乎可以完全降解，其速度如此之快以致于无法得出其降解动力学常数；而磁力搅拌法合成的磁铁矿活化$S_2O_8^{2-}$的反应体系中，CFX完全降解需要2 h以上，并且其一级降解动力学常数仅相当于超声混合法合成的磁铁矿在pH 5.0时的CFX降解常数。反应体系中$S_2O_8^{2-}$的降解趋势如图5-15所示。在pH 3.0时，0 min取样点已有大量的$S_2O_8^{2-}$被降解，在超声混合法合成的磁铁矿的活化体系中$S_2O_8^{2-}$的降解尤其明显，大约有60%的$S_2O_8^{2-}$被瞬间降解，并且在6 h $S_2O_8^{2-}$完全降解，说明磁铁矿的表面积越大，反应活性越强；pH 5.0时，$S_2O_8^{2-}$的降解明显慢于pH 3.0，其降解也是先快后慢；pH 7.0和9.0时，$S_2O_8^{2-}$降解量小于pH 11.0。$S_2O_8^{2-}$在不同pH条件下的降解趋势和CFX的降解趋势相同，说明$S_2O_8^{2-}$被活化降解后产生活性自由基，直接氧化降解

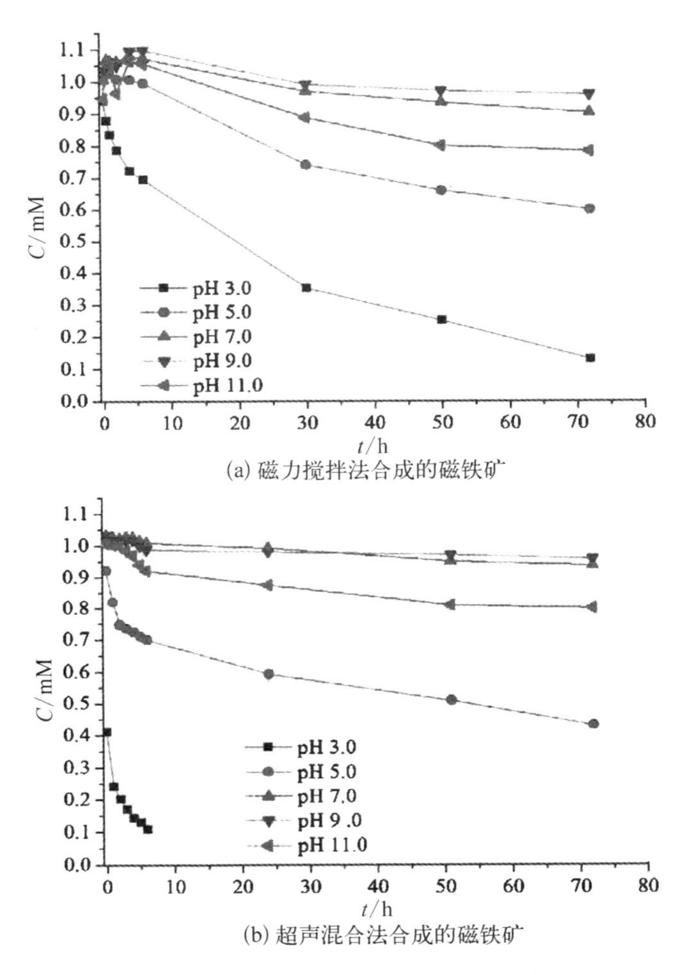

(a) 磁力搅拌法合成的磁铁矿

(b) 超声混合法合成的磁铁矿

图 5－15　磁铁矿活化 $S_2O_8^{2-}$ 反应体系中 $S_2O_8^{2-}$ 的降解

CFX。磁铁矿活化 $S_2O_8^{2-}$ 的性能与其表面积大小有关，表面积越大反应活性越强。当溶液中磁铁矿的浓度升高后，将有更多的表面反应位点活化 $S_2O_8^{2-}$ 。因此，我们考察了不同磁铁矿浓度活化 $S_2O_8^{2-}$ 反应体系中 CFX 的降解。由于 CFX 在 pH 3.0 时降解速度太快，而在 pH 7.0 和 9.0 时速度太慢，因此我们选取 pH 5.0 为降解条件；同时超声混合法合成的磁铁矿反应活性很强，因此我们采用磁力搅拌法合成的磁铁矿在 pH 5.0 时研究磁铁矿浓度对 CFX 降解的影响(图 5-16)。CFX 的降解随着磁铁矿的浓度升高而加快,但是浓度继续升高到 12.93 mM 时,CFX 的降解反而会有所抑制。磁铁矿作为 Fe^{II} 的稳定释放源,随着磁铁矿浓度的升高,磁铁矿表面和溶液中有更多的 Fe^{II} 活化 $S_2O_8^{2-}$ 产生活性自由基降解 CFX。但是,当磁铁矿浓度过高后,与磁铁矿本身反应的活性自由基比例升高;磁铁矿对活性自由基的消耗降低了活性自由基的有效利用率。与此同时,磁铁矿在高浓度时也可能发生团聚从而有效表面积减少,从而活化 $S_2O_8^{2-}$ 产生活性自由基的能力受到影响。

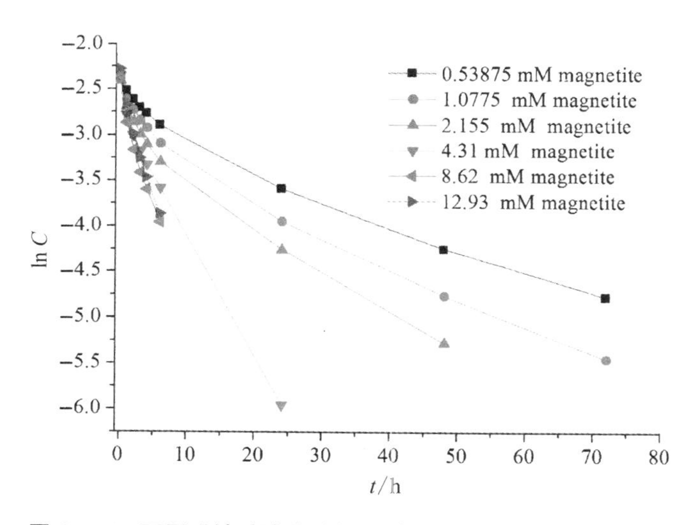

图 5-16　不同磁铁矿浓度活化 $S_2O_8^{2-}$ 反应体系中 CFX 的降解

在实际应用中,不仅要考虑磁铁矿对 $S_2O_8^{2-}$ 活化性能,磁铁矿的重复利用性也是很重要的一个指标。因此,我们考察了磁铁矿在 pH 5.0 时重复利用 3 次的过程中对 CFX 的降解情况。在第 1、第 2 次试验结束后,固液分离去除上清液,重新加入缓冲溶液、$S_2O_8^{2-}$ 和 CFX,CFX 的降解如图 5-17 所示。对于磁力搅拌法合成的磁铁矿,重复使用第 2 次时 CFX 的去除效果低于第 1 次,但在 72 h 时仍几乎能完全去除 CFX,而重复使用第 3 次时 CFX 的去除效果和第 2 次相当。磁铁矿在重复利用时,由于其表面

Fe^{II}逐渐被氧化，因此活化性能会逐渐降低。而超声混合法合成的磁铁矿在重复利用第 2 次时，CFX 的去除效果远低于第 1 次，在重复利用第 3 次时，CFX 的去除效果进一步降低，并且反应体系的颜色逐渐由黑色变为黄棕色，说明体系中固体颗粒正在逐渐由磁铁矿转化为其他晶体。由于超声混合法合成的磁铁矿有较大比表面积，其反应活性较高，表面的 Fe^{II} 被迅速消耗，逐渐破坏磁铁矿的晶体结构，重复利用时磁铁矿的活化性能逐渐降低。可见，虽然超声混合法合成的磁铁矿的反应活性高，但是其化学稳定性却相对更低，其重复利用性能也低于磁力搅拌法。

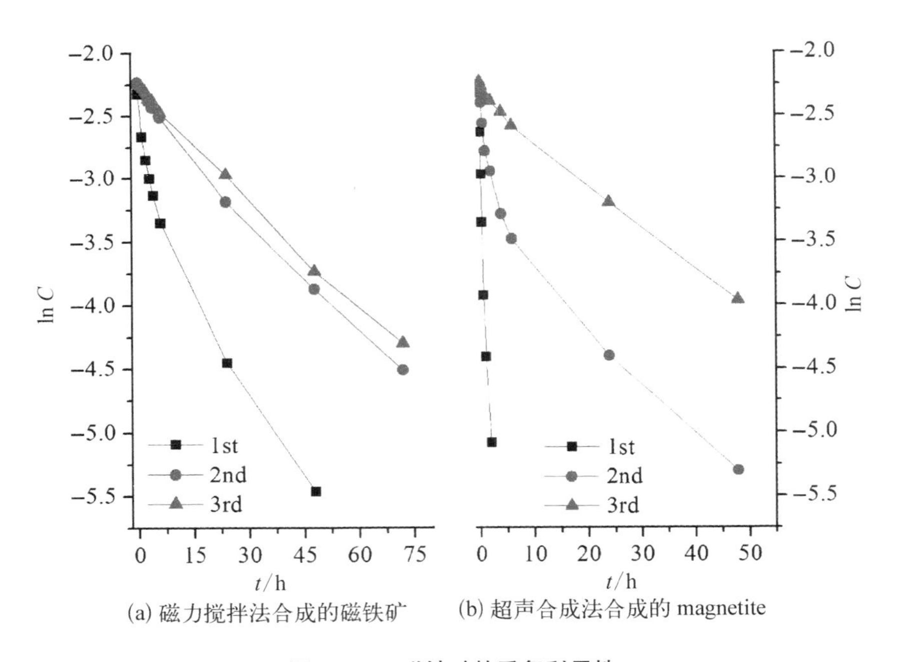

图 5-17　磁铁矿的重复利用性

5.2.3　磁铁矿/Cu^{II} 协同活化 $S_2O_8^{2-}$

由第 4.2.2 可知，磁铁矿在酸性条件下能够高效活化 $S_2O_8^{2-}$ 产生活性自由基，但是在实际工程应用中，一般都采用偏中性的环境。因此，如何在中性条件下提高磁铁矿活化 $S_2O_8^{2-}$ 的性能成为磁铁矿工程应用的关键。由第 4.2.1 可知，Cu^{II} 在中性偏碱性条件下高效活化 $S_2O_8^{2-}$ 降解 CFX，很自然地联想到磁铁矿和 Cu^{II} 共同存在时对 $S_2O_8^{2-}$ 的活化性能，于是随后研究了磁铁矿和 Cu^{II} 活化 $S_2O_8^{2-}$ 的反应体系中，CFX 的降解情况。在磁铁矿和 $S_2O_8^{2-}$ 的溶液中加入不同浓度 Cu^{II} 后，CFX 的降解趋势如图 5－18 所示。随着 Cu^{II} 浓度的升高，CFX 的降解也逐渐升高，其降解效果略好于 Cu^{II} 单独活化 $S_2O_8^{2-}$ 降解 CFX 效果，因此从 CFX 降解来看，磁铁矿和 Cu^{II} 在活化 $S_2O_8^{2-}$ 过程中未出现明显的协同作用。

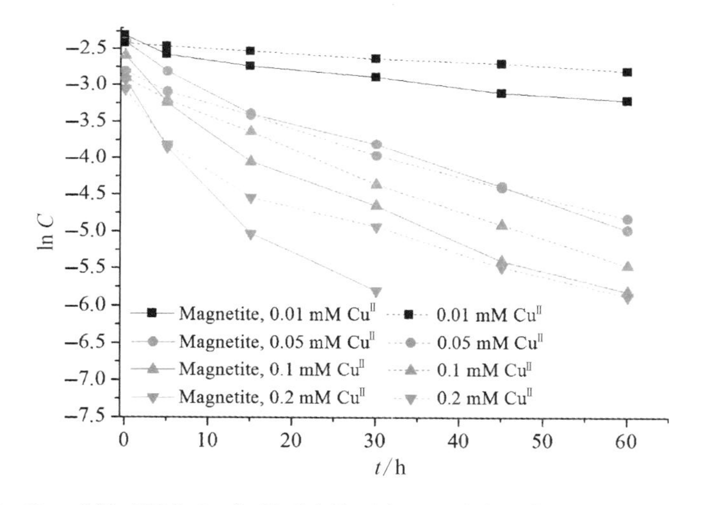

图 5－18　磁铁矿活化 $S_2O_8^{2-}$ 的反应体系中不同浓度 Cu^{II} 对 CFX 降解的影响

在磁铁矿和 Cu^{II} 活化 $S_2O_8^{2-}$ 的反应体系中加入 EDTA 后，CFX 和 $S_2O_8^{2-}$ 仍有显著的降解(图 5－19)。而在第 4.2.1 的研究中表明 EDTA 加入体系后会完全络合 Cu^{II}，从而完全抑制 CFX 的降解，因此，加入 EDTA 后 CFX 的降解可能与 Cu^{II} 没有关系。当 Cu^{II} 浓度由 0.05 mM 提高到 0.25 mM 后，CFX 和 $S_2O_8^{2-}$ 的降解几乎没有变化，这进一步说明了 CFX 的降解与 Cu^{II} 没有关系，而与磁铁矿和 EDTA 有关。有学者曾经报道过 EDTA/Fe^{III} 活化 $S_2O_8^{2-}$ 后降解 TCE[169]。在该反应体系中，EDTA 被 HO^-

或 SO_4^{2-} 降解的中间产物参与到 Fe^{II}/Fe^{III} 的氧化还原循环，从而使得溶液中的 Fe^{III} 重新还原为 Fe^{II} 而维持活化 $S_2O_8^{2-}$ 产生活性自由基。磁铁矿中含有 Fe^{II} 和 Fe^{III}，EDTA 加入后 EDTA/Fe^{III} 体系能够活化 $S_2O_8^{2-}$ 产生活性自由基降解 CFX。在磁铁矿/EDTA 活化 $S_2O_8^{2-}$ 的反应体系中，Cu^{II} 的加入反而会降低 CFX 的去除率和 $S_2O_8^{2-}$ 的降解率，这是因为 Cu^{II} 加入后吸附到磁铁矿的表面，从而会影响 $S_2O_8^{2-}$ 吸附，进而影响 $S_2O_8^{2-}$ 和活化剂的络合并降低活化效果；与此同时，Cu^{II} 也有可能通过发生化学反应参与到 EDTA/Fe^{III} 反应体系，不利于 $S_2O_8^{2-}$ 的活化。在磁铁矿/Cu^{II} 活化 $S_2O_8^{2-}$ 的反应体系中，加入 EtOH 后，CFX 降解受到抑制，说明 CFX 的降解有 HO^- 或 SO_4^{2-} 参与到反应中，而 $S_2O_8^{2-}$ 降解的迅速加快，则是 CFX 和 Cu^{II} 络合体系活化 $S_2O_8^{2-}$ 的过程中特有的现象，在第 4.2.1 中有详细介绍。

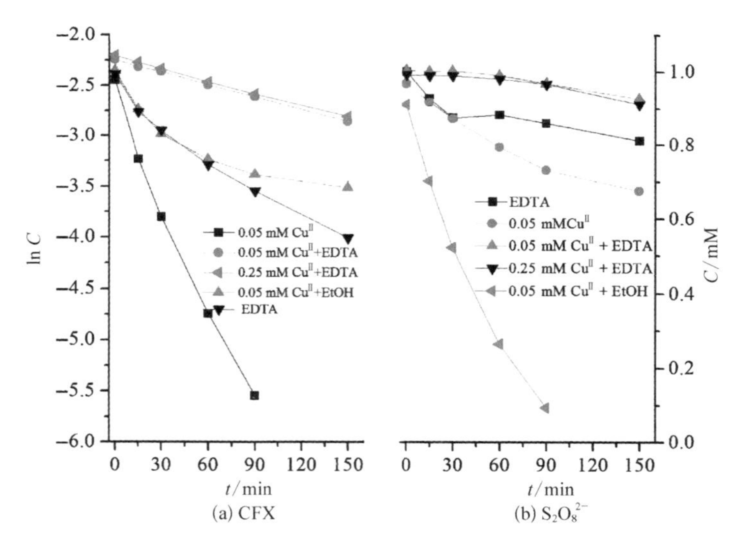

图 5-19　EtOH 和 EDTA 对 CFX(A)和 $S_2O_8^{2-}$(B)降解的影响

单独 EDTA 或磁铁矿本身不能有效降解 CFX，EDTA 也不能活化 $S_2O_8^{2-}$ 产生活性自由基。但是，即使不加 $S_2O_8^{2-}$，EDTA 和磁铁矿单独存在时也可以降解 CFX，不过 CFX 降解速度慢于加入 $S_2O_8^{2-}$ 后的降解速度(图

5-20)。这说明磁铁矿和EDTA不仅在活化 $S_2O_8^{2-}$ 时有协同作用,本身单独存在时也有协同作用降解CFX。由于磁铁矿表面的界面反应活跃,EDTA在磁铁矿表面可能发生了化学反应,产生某种活性物质,从而降解CFX。目前,我们不能确定EDTA/磁铁矿和EDTA/磁铁矿/ $S_2O_8^{2-}$ 体系中EDTA和磁铁矿之间的反应机理是否一样,而 $S_2O_8^{2-}$ 的加入是否仅仅是加快EDTA和磁铁矿之间的反应,这还需要进一步的研究。

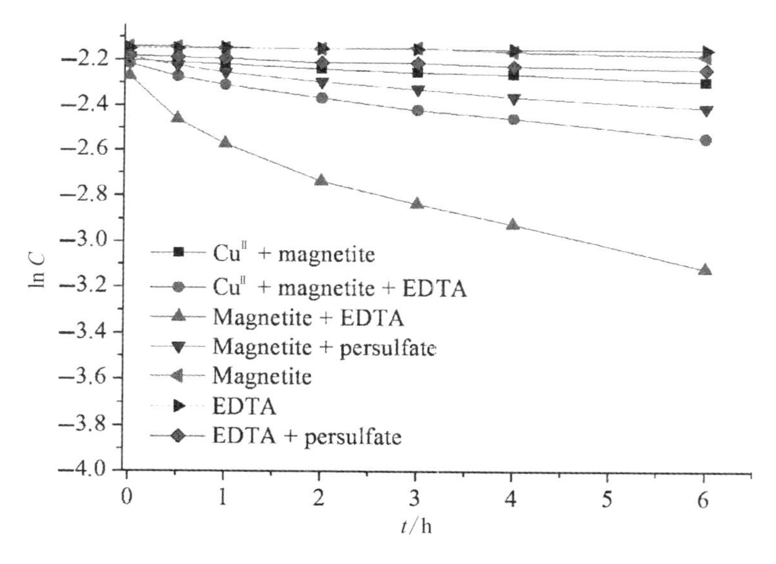

图5-20　EDTA和磁铁矿对CFX降解的影响

在中性条件下磁铁矿和 $Cu^{Ⅱ}$ 活化 $S_2O_8^{2-}$ 的反应体系中,磁铁矿和 $Cu^{Ⅱ}$ 对CFX的降解没有明显的协共同作用,但是,由于CFX会和体系中的 $Cu^{Ⅱ}$ 直接反应,这不利于研究它们之间的反应机理。于是,采用苯甲醚和硝基苯为目标物,研究磁铁矿/ $Cu^{Ⅱ}$ 活化 $S_2O_8^{2-}$ 的反应体系目标物的降解情况,同时,由于它们是 HO^- 和 SO_4^{2-} 自由基探针,也可以看出反应体系中产生活性自由基的情况。苯甲醚和硝基苯的降解情况如图5-21所示,中性条件下, $Cu^{Ⅱ}$ 或者磁铁矿单独存在时不能有效活化 $S_2O_8^{2-}$ 产生活性自由基,苯甲醚和硝基苯几乎不降解。但是,当 $Cu^{Ⅱ}$ 和磁铁矿同时存在活化 $S_2O_8^{2-}$ 的

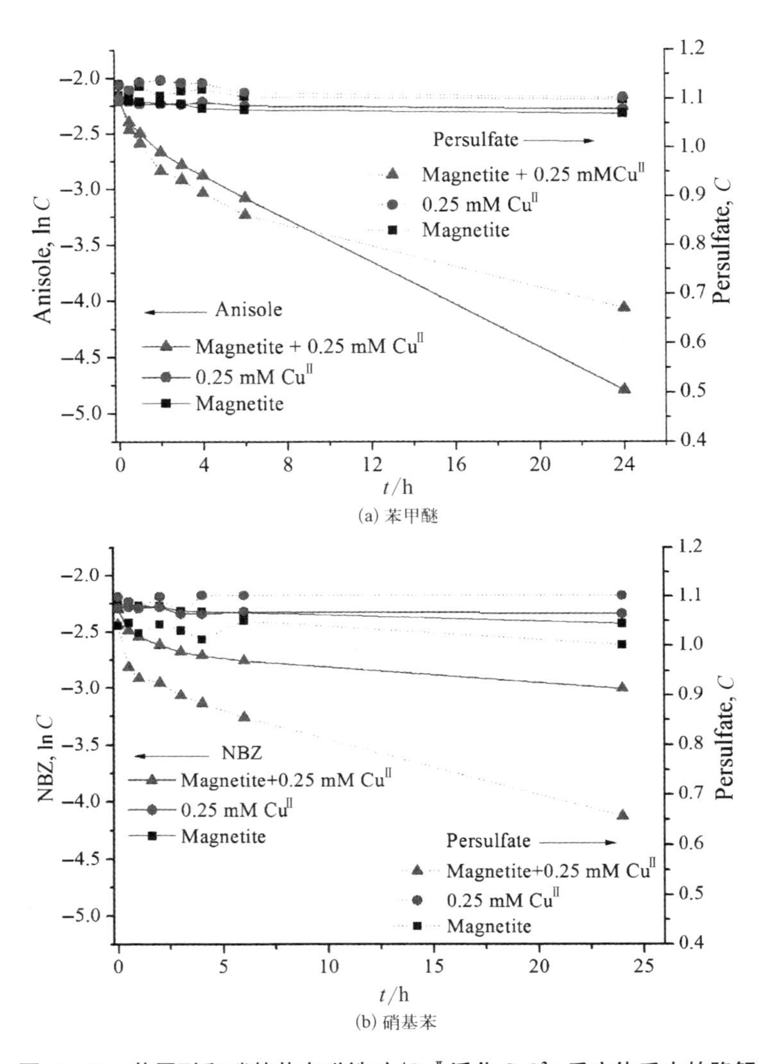

(a) 苯甲醚

(b) 硝基苯

图 5-21　苯甲醚和硝基苯在磁铁矿/Cu^{II} 活化 $S_2O_8^{2-}$ 反应体系中的降解

反应体系中，苯甲醚在 24 h 内几乎可以完全降解，而 $S_2O_8^{2-}$ 也降解了大约 35%；硝基苯也有明显的降解，只是其降解量少于苯甲醚，$S_2O_8^{2-}$ 的降解量和苯甲醚反应系统中一致。这说明在中性条件下，磁铁矿和 Cu^{II} 活化 $S_2O_8^{2-}$ 后产生 SO_4^{2-} 和 HO^- 自由基，其中 SO_4^{2-} 占主导。Cu^{II} 和磁铁矿在单独存在时不能有效活化 $S_2O_8^{2-}$，而在共同存在时能够高效活化 $S_2O_8^{2-}$，说明 Cu^{II} 和磁铁矿在活化 $S_2O_8^{2-}$ 中有协同作用。

在活化 $S_2O_8^{2-}$ 的过程中，Cu^{II} 和磁铁矿共存时有协同作用，而 EDTA 和磁铁矿共存时也有协同作用，因此我们进一步考察了当 Cu^{II}、磁铁矿和 EDTA 三者共存时对 $S_2O_8^{2-}$ 的活化情况。活性自由基探针在 Cu^{II}、磁铁矿和 EDTA 活化 $S_2O_8^{2-}$ 的反应体系中降解情况如图 5-22 所示。苯甲醚和硝基苯在 24 h 内都有一定程度的降解，但是其降解速度慢于 Cu^{II} 和磁铁矿两者共存时的速度，因为 EDTA 有较强的络合 Cu^{II} 能力，EDTA 的加入可以络合一定比例的 Cu^{II}，从而减少了吸附于磁铁矿表面的 Cu^{II} 的量，进而减少了磁铁矿和 Cu^{II} 协同作用活化 $S_2O_8^{2-}$。EDTA 加入后，$S_2O_8^{2-}$ 的降解显著加快，在 24 h 内降解了近 80%。由此可见，EDTA 的加入会促进 $S_2O_8^{2-}$ 的降解，但 $S_2O_8^{2-}$ 的降解可能不会产生活性自由基，更可能的是产生的活性自由基被 EDTA 消耗，而活性自由基氧化 EDTA 正是 EDTA 和磁铁矿协同作用的关键。可见，在 Cu^{II}、磁铁矿和 EDTA 三者共同存在时，没有出现协同作用活化 $S_2O_8^{2-}$。

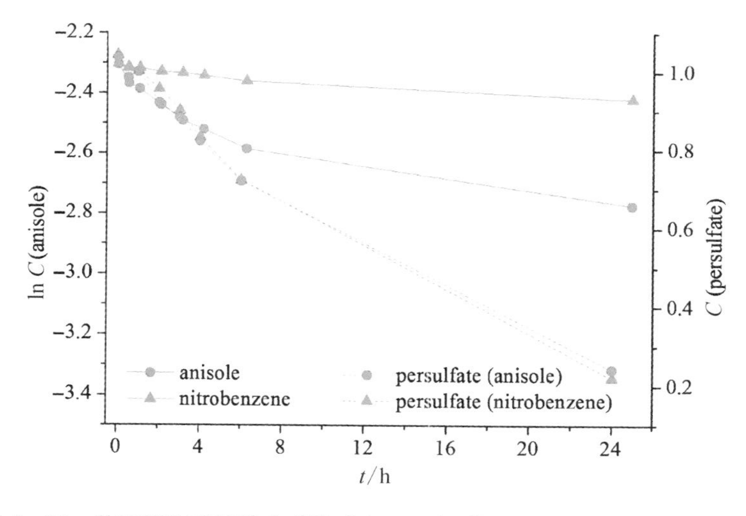

图 5-22　苯甲醚和硝基苯在磁铁矿/EDTA/Cu^{II} 活化 $S_2O_8^{2-}$ 反应体系中降解

5.2.4 $S_2O_8^{2-}$的新型活化机制

5.2.4.1 络合态 $Cu^{Ⅱ}$ 高效活化 $S_2O_8^{2-}$

苯甲醚和硝基苯不与 $Cu^{Ⅱ}$ 络合，游离态的 $Cu^{Ⅱ}$ 不能活化 $S_2O_8^{2-}$；而 $Cu^{Ⅱ}$ 与头孢类抗生素、青霉素和四环素络合后，能高效活化 $S_2O_8^{2-}$，说明只有络合态的 $Cu^{Ⅱ}$ 才能够活化 $S_2O_8^{2-}$ 产生活性自由基。Cu 一般有 0、+1、+2 和+3 价四种化合价态。其中 Cu^0 和 $Cu^{Ⅱ}$ 很稳定，是自然环境中 Cu 的主要价态；而 $Cu^{Ⅰ}$ 很不稳定，尤其是在氧化环境中；$Cu^{Ⅲ}$ 非常不稳定，很容易还原为稳定的 $Cu^{Ⅱ}$。在络合态 $Cu^{Ⅱ}$ 活化 $S_2O_8^{2-}$ 过程中，$Cu^{Ⅱ}$ 发生氧化还原反应从而发生价态改变，$Cu^{Ⅱ}$ 有可能被氧化为 $Cu^{Ⅲ}$。但是，由第 4 章研究可知，$Cu^{Ⅱ}$ 与 β-内酰胺抗生素络合后会被还原为 $Cu^{Ⅰ}$，Chen 等人的研究表明 $Cu^{Ⅱ}$ 与四环素络合后会也有部分会被还原为 $Cu^{Ⅰ}$[248]，而不稳定的 $Cu^{Ⅰ}$ 被 $S_2O_8^{2-}$ 氧化后重新变为 $Cu^{Ⅱ}$。因此络合态的 $Cu^{Ⅱ}$ 活化 $S_2O_8^{2-}$ 有两种可能的活化机制。

(1) 活化机制一(图 5-23)

$Cu^{Ⅱ}$ 络合有机配体后被还原为 $Cu^{Ⅰ}$，而 $Cu^{Ⅰ}$ 迅速被 $S_2O_8^{2-}$ 氧化为 $Cu^{Ⅱ}$，重新参与到与有机配体的反应中，同时 $S_2O_8^{2-}$ 被活化产生 SO_4^{2-}，部分 SO_4^{2-} 与溶液中的氢氧根反应生成羟基自由基，而所有的这些活性自由基可

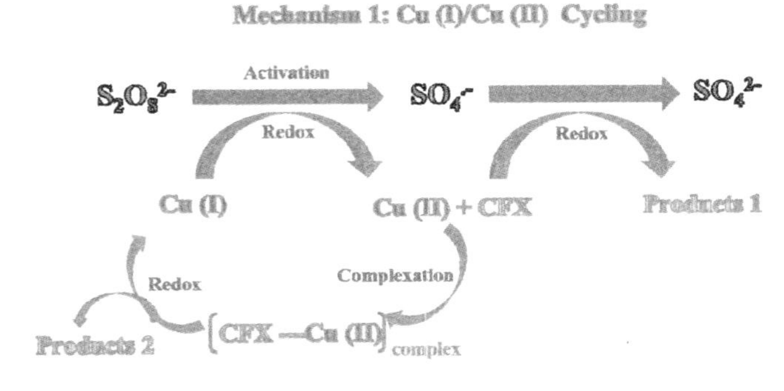

图 5-23 络合态 $Cu^{Ⅱ}$ 高效活化 $S_2O_8^{2-}$ 活化机制一

以进一步氧化降解有机配体，在这种反应机制中，涉及 Cu^{I}/Cu^{II} 的氧化还原循环，有机配体启动该循环，而 $S_2O_8^{2-}$ 相当于第4章中氧气的角色，维持着该循环的不断进行。

(2) 活化机制二(图5-24)

Cu^{II} 和有机配体络合后，其周围电子密度发生改变，当进一步和 $S_2O_8^{2-}$ 络合后，很容易发生电子转移进而 Cu^{II} 被氧化为 Cu^{III}，而 Cu^{III} 本身很不稳定，会重新回到稳定状态的 Cu^{II}。与此同时，$S_2O_8^{2-}$ 被活化产生 SO_4^{2-} 和 HO^-，这些活性自由基氧化降解有机配体。在该机制中涉及 Cu^{II}/Cu^{III} 的氧化还原循环，有机配体并未直接参与到该循环，而是通过改变与其络合的 Cu^{II} 化学特性来影响该循环，同样 $S_2O_8^{2-}$ 维持着该循环的不断进行。

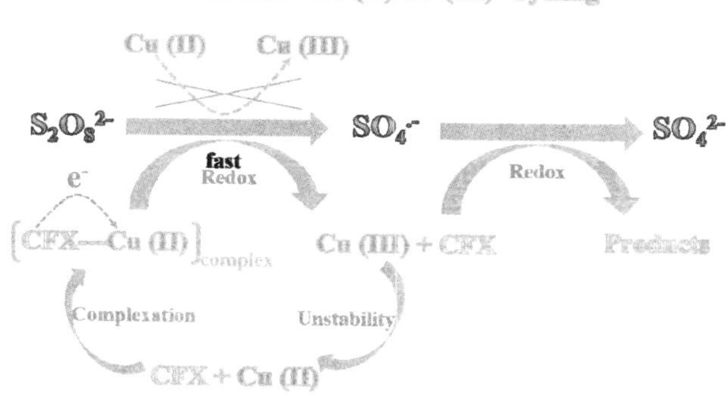

图5-24 络合态 Cu^{II} 高效活化 $S_2O_8^{2-}$ 活化机制二

如果络合态的 Cu^{II} 活化 $S_2O_8^{2-}$ 是按照活化机制一进行，Cu^{II} 氧化有机配体成为活化 $S_2O_8^{2-}$ 的关键，我们在第4章已研究过 Cu^{II} 参与β-内酰胺抗生素降解的情况。为了阐述该活化机制的合理性，可从以下几方面来探讨。① 从配体种类来看，Cu^{II} 促进β-内酰胺抗生素降解与抗生素的种类有关，Cu^{II} 与青霉素类抗生素和苯基甘氨酸头孢类抗生素络合后，与络合基团发生氧化还原反应被还原为 Cu^{I}，而对于非苯基甘氨酸头孢类抗生素，如头孢噻吩，在 Cu^{II} 存在时24 h内降解量很少，Cu^{II} 不会被还原为 Cu^{I}，因此如果按照活化机制一，头孢噻吩络合 Cu^{II} 后不能启动 Cu^{I}/Cu^{II} 的氧化还原循环，$S_2O_8^{2-}$ 不能被活化。而在本章研究中发现头孢噻吩在 2 h 内几乎完全降解，与此同时 $S_2O_8^{2-}$ 降解量远大于其他头孢，因此络合 Cu^{II} 活化 $S_2O_8^{2-}$ 可能不是按照活化机制一进行。② 从反应速率来看，如果络合态 Cu^{II} 活化 $S_2O_8^{2-}$ 是按照活化机制一进行，Cu^{I} 被氧化为 Cu^{II} 是一个快速的过程，因此 Cu^{II} 被 CFX 还原为 Cu^{I} 为反应的限速步骤。CFX 在 0.05 mM Cu^{II} 存在时即使有氧条件下 24 h 内也不能完全降解，而加入 $S_2O_8^{2-}$ 后 2 h 内几乎可以完全降解，降解速度迅速加快，因此活化机制一不能合理解释这一实验现象。③ 从 $S_2O_8^{2-}$ 降解量来看，如果按照活化机制一，CFX 和 Cu^{II} 的反应按照 1∶2 进行，而即使 0.1 mM CFX 全部用于还原 Cu^{II} 也只有总量为 0.2 mM Cu^{I} 生成，从而最多只有 0.2 mM $S_2O_8^{2-}$ 被氧化，而本书中当 CFX 被完全降解时，大约有 0.3 mM $S_2O_8^{2-}$ 被降解。④ 从 pH 影响来看，在 pH 3.0 和 5.0 时，Cu^{II} 不能促使 CFX 降解，没有 Cu^{I} 生成。如果按照活化机制一，在该 pH 下不能活化 $S_2O_8^{2-}$。但是在本书中，在加入 Cu^{II} 和 $S_2O_8^{2-}$ 后，CFX 在 pH 3.0 和 5.0 时有明显的降解，在 pH 5.0 时甚至 120 min 几乎可以降解完全。因此活化机制一不能合理解释这一现象。⑤ 从氧气影响来看，氧气可以显著加快 Cu^{II} 促使 CFX 降解的速度；但是加入 $S_2O_8^{2-}$ 后，氧气对 CFX 的降解没有影响，因此反应过程中有可能没有涉及 Cu^{I}/Cu^{II} 的氧化还原循环。⑥ 从产物角度来看，如果是按照活化机制一，Cu^{II} 促使 CFX 降解的产物会出现在 Cu^{II} 活化 $S_2O_8^{2-}$ 反应体系 CFX 的降解产物中，但是本研究中两者产物并不一致，LC 中的产物峰不匹配，说明不是按照活化机制一进行。因此络合态 Cu^{II} 活化 $S_2O_8^{2-}$ 可能是按照活化机制二进行。在有机合成反应中，Cu^{II} 催化 C－H 官能团化反应是有机合成中的重要反应，通常采用的 Cu^{II} 是络合状态的 Cu^{II}，络合态的 Cu^{II} 不仅有立体选择性，也有更高的反应活性，在反应中通常涉及 Cu 的价态转变[266]。有研究表明，与合适有机配体络合后，Cu^{II} 的氧化还原电位会发生改变，从而会提高其反应活性[257]。本书中采用的有机配体都含有富电子基团，如含氮基团。这些富电子基团和Cu^{II}络合后对Cu^{II}起供电子作用，使Cu^{II}原子周围电子密度增强，当与$S_2O_8^{2-}$络合后很容易失去电子被氧化为Cu^{III}，从而活化$S_2O_8^{2-}$产生活性自由基。在以往关于Cu^{II}活化$S_2O_8^{2-}$的报道中，Cu^{II}/Cu^{III}循环也被认为是其主要活化机理[141]。但是游离状态Cu^{II}活化$S_2O_8^{2-}$效率低，而与有机配体络合后可降低活化能，显著提高活化效率。

5.2.4.2 磁铁矿/Cu^{II}协同活化$S_2O_8^{2-}$

Cu^{I}很不稳定，很容易被重新氧化为Cu^{II}，在自然环境和细胞代谢生命活动中Cu^{I}和Cu^{II}之间的氧化还原循环起着重要作用。Cu^{I}和Cu^{II}在溶液中的标准氧化还原电位$E(Cu^{II}/Cu^{I})=0.159$ V，而在溶液中Fe^{II}和Fe^{III}的标准氧化还原电位为$E(Fe^{III}/Fe^{II})=0.77$ V。Fe^{III}/Fe^{II}的氧化还原电位高于Cu^{II}/Cu^{I}，理论上来说，在溶液中当上述四种离子存在时，Fe^{III}氧化Cu^{I}，最终生成Fe^{II}和Cu^{II}，因此Fe^{II}和Cu^{II}理论上可以共存于溶液。但是当环境条件改变后氧化还原电位可能改变，当Cu^{II}/Cu^{I}的氧化还原电位高于Fe^{III}/Fe^{II}时，Cu^{II}可以氧化Fe^{II}生成Fe^{III}和Cu^{I}。固体表面上的Fe^{II}由于其周围的羟基配体形成内层键，可以增强Fe^{II}周围的电子密度，同时由于表面吸附的各个Fe^{II}原子之间相互靠近，很可能有多电子转移反应，进一步增强Fe^{II}的活性，因此固体表面的Fe^{II}比溶液中的Fe^{II}有更强的还原性[267]，当其还原能力强到使得Fe^{III}/Fe^{II}的氧化还原电位低于Cu^{II}/Cu^{I}时，Fe^{II}就能把Cu^{II}还原为Cu^{I}。磁铁矿表面有Fe^{II}和Fe^{III}，Fe^{II}具有较强的还原活性，而纳米颗粒的较大比表面积又进一步增强了其反应活性，很有可能与吸附到颗粒表面的Cu^{II}发生氧化还原反应。为此我们在无氧条件下监测了磁铁矿和Cu^{II}的中性混合溶液中Cu^{I}的生成。当磁铁矿磁性分离沉淀后，上清液中检测到Cu^{I}的存在，证实了以上Fe^{II}还原Cu^{II}

假设的合理性。因此磁铁矿/Cu^{II} 协同作用活化 $S_2O_8^{2-}$ 机制见图 5-25，当磁铁矿和 Cu^{II} 同时存在时，Cu^{II} 吸附到磁铁矿表面，然后表面 Fe^{II} 将 Cu^{II} 还原为 Cu^{I}，而 Cu^{I} 很不稳定，是一种强还原剂，可以和强氧化剂 $S_2O_8^{2-}$ 发生氧化还原反应，产生活性自由基，进一步降解污染物。以上活化机制是磁铁矿界面反应特有机制，在溶液中 Fe^{II} 的还原能力不足以将 Cu^{II} 还原，进而不会有 $S_2O_8^{2-}$ 的活化。只有在界面上的 Fe^{II}，由于其周围电子密度增大，还原能力增强，将 Cu^{II} 还原为 Cu^{I}，进而有 $S_2O_8^{2-}$ 的活化。可见与络合态 Cu^{II} 活化 $S_2O_8^{2-}$ 机制不同，在磁铁矿表面 Fe^{II} 将 Cu^{II} 还原启动 $S_2O_8^{2-}$ 活化，Cu^{I}/Cu^{II} 的循环维持着 $S_2O_8^{2-}$ 的不断活化。

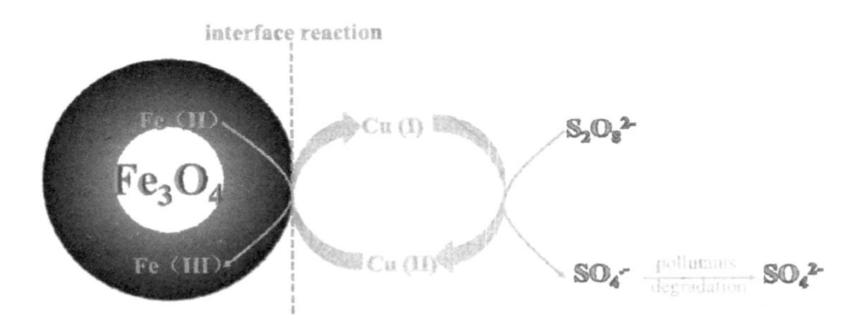

图 5-25　磁铁矿/Cu^{II} 协同作用活化 $S_2O_8^{2-}$ 机制

在磁铁矿/EDTA/Cu^{II} 体系活化 $S_2O_8^{2-}$ 的反应体系中，$S_2O_8^{2-}$ 的活化如图 5-26 所示。EDTA 单独存在时不能活化 $S_2O_8^{2-}$，而 Cu^{II} 在游离状态下活化 $S_2O_8^{2-}$ 效率很低，磁铁矿活化 $S_2O_8^{2-}$ 跟溶液 pH 有关，在低 pH 时能高效活化 $S_2O_8^{2-}$，但是在中性条件下，活化性能很差。当 EDTA 和 Cu^{II} 在溶液中共存时，过量的 EDTA 能够完全螯合 Cu^{II}，Cu^{II} 不能和 $S_2O_8^{2-}$ 络合从而不能活化 $S_2O_8^{2-}$，即 EDTA 能够抑制 Cu^{II} 活化 $S_2O_8^{2-}$。当 EDTA 和磁铁矿共存时，两者能够起协同作用活化 $S_2O_8^{2-}$，在活化过程中 EDTA 的降解中间产物涉及 Fe^{II}/Fe^{III} 的循环中，而 Fe^{II}/Fe^{III} 的不断循环维持着活化的有效进行。当 Cu^{II} 和磁铁矿共存时，两者也能够起协同作用活化 $S_2O_8^{2-}$，在

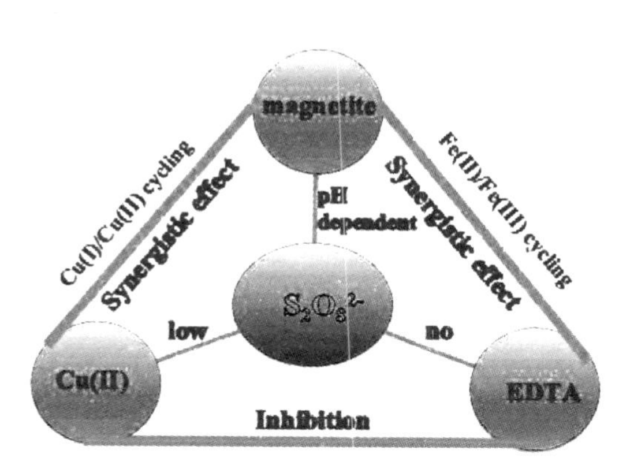

图5-26　磁铁矿/EDTA/Cu^{II}体系中$S_2O_8^{2-}$活化

活化过程中涉及Cu^{I}/Cu^{II}的循环，该循环的存在维持着$S_2O_8^{2-}$不断活化。当磁铁矿、EDTA和Cu^{II}三者共存时，并没有出现EDTA与磁铁矿或者Cu^{II}与磁铁矿共存时的协同活化作用，相反其活化效率还低于Cu^{II}与磁铁矿时的活化效率，起拮抗作用。当三者共存时，EDTA和Cu^{II}的络合使得可利用的Cu^{II}变少，更少的Cu^{II}吸附到磁铁矿表面，从而不利于Cu^{I}/Cu^{II}的循环，进而影响$S_2O_8^{2-}$的活化效率。

5.3　本章小结

本章研究了Cu^{II}和(或)磁铁矿活化$S_2O_8^{2-}$的反应体系中β-内酰胺抗生素的降解情况，就$S_2O_8^{2-}$的活化机制进行了深入的探讨。得出了如下结论：

(1) 游离金属离子Cu^{II}、Zn^{II}、Mn^{II}和Pb^{II}不能活化$S_2O_8^{2-}$产生活性自由基。有CFX等有机配体存在时，络合态的Cu^{II}能高效活化$S_2O_8^{2-}$产生活性自由基，降解有机配体CFX。而过量EDTA的加入可以完全络合Cu^{II}，从而抑制CFX和$S_2O_8^{2-}$的降解。在络合态Cu^{II}活化$S_2O_8^{2-}$的反应体系中，

CFX 的降解速率先快后慢，并且随着 $Cu^{Ⅱ}$ 浓度的升高而加快。在不同 pH 时 CFX 和 $Cu^{Ⅱ}$ 的络合方式不同，从而对 $S_2O_8^{2-}$ 的活化性能也不同，CFX 的降解随着 pH 的升高而加快。自由基猝灭实验表明，CFX 的降解过程中 HO^- 和 SO_4^{2-} 都起重要作用，而 SO_4^{2-} 作用占主导。

(2) 络合状态 $Cu^{Ⅱ}$ 活化 $S_2O_8^{2-}$ 的能力和有机配体种类和络合方式有关。$Cu^{Ⅱ}$ 和供电基团络合后，$Cu^{Ⅱ}$ 处的电子密度加大，当和 $S_2O_8^{2-}$ 进一步络合后，$Cu^{Ⅱ}$ 很容易失去电子，$S_2O_8^{2-}$ 得到电子被活化产生活性自由基 HO^- 和 SO_4^{2-}，这些活性自由基可以进一步降解有机配体。$Cu^{Ⅱ}$ 本身失去电子被氧化为 $Cu^{Ⅲ}$，$Cu^{Ⅲ}$ 很不稳定，很容易重新转化为稳定状态的 $Cu^{Ⅱ}$，与有机配体络合后重新参与到 $S_2O_8^{2-}$ 的活化中。$Cu^{Ⅱ}/Cu^{Ⅲ}$ 的不断循环维持着 $S_2O_8^{2-}$ 的高效活化。

(3) 不同方法合成的磁铁矿具有不同的结构特征和反应活性。超声混合法合成的磁铁矿比磁力搅拌法有更小的粒径和更大的比表面积，从而能更好地活化 $S_2O_8^{2-}$ 产生活性自由基，但是其化学稳定性和重复利用性能低于磁力搅拌法。磁铁矿对 $S_2O_8^{2-}$ 的活化在酸性条件随着 pH 的降低而升高；而在中性和碱性条件活化能力很弱。磁铁矿或 $S_2O_8^{2-}$ 单独存在时可以降解 CFX，但在酸性条件下其降解速度远慢于磁铁矿活化 $S_2O_8^{2-}$ 的反应体系中的降解，CFX 的降解符合一级降解动力学规律。

(4) 磁铁矿和 $Cu^{Ⅱ}$ 同时存在时，通过协同作用有效活化 $S_2O_8^{2-}$ 产生活性自由基。$Cu^{Ⅱ}$ 首先吸附到磁铁矿表面，在磁铁矿表面 $Cu^{Ⅱ}$ 被 $Fe^{Ⅱ}$ 还原成 $Cu^{Ⅰ}$，而 $Cu^{Ⅰ}$ 和 $S_2O_8^{2-}$ 发生氧化还原反应被重新氧化为 $Cu^{Ⅱ}$，同时产生活性自由基。$Cu^{Ⅰ}/Cu^{Ⅱ}$ 在磁铁矿表面的循环维持着 $S_2O_8^{2-}$ 的活化产生自由基。磁铁矿和 EDTA 同时存在时，也可通过协同作用有效活化 $S_2O_8^{2-}$ 产生活性自由基，EDTA 被氧化的中间产物参与到 $Fe^{Ⅱ}/Fe^{Ⅲ}$ 的氧化还原循环，而 $Fe^{Ⅱ}/Fe^{Ⅲ}$ 的循环维持活化 $S_2O_8^{2-}$ 产生活性自由基。而当磁铁矿，$Cu^{Ⅱ}$ 和 EDTA 三者共同存在时，通过拮抗作用反而会降低 $S_2O_8^{2-}$ 的活化效率。

第6章 结论和展望

6.1 结　论

本书针对目前全球关注的PPCPs的环境污染问题，选择几种被广泛关注的PPCPs，如三氯生、双氯芬酸、β-内酰胺抗生素为研究对象，首先研究了污染物对斑马鱼胚胎的毒性作用，重点从污染物的跨膜输运过程，胚胎发育内在分子毒性机制和外观毒性表现特征三方面综合分析污染物的毒性作用。然后就常见过渡金属离子对β-内酰胺抗生素的降解反应机理进行了深入的研究，重新审视了金属铜离子在β-内酰胺抗生素的降解中所起的作用。最后采用基于硫酸根自由基的新型氧化技术氧化降解β-内酰胺抗生素，重点关注 $S_2O_8^{2-}$ 的活化机制，包括络合状态的 Cu^{II} 对 $S_2O_8^{2-}$ 的活化以及界面反应的 Cu^{II} 对 $S_2O_8^{2-}$ 的活化。通过以上研究主要得到以下结论：

(1) DCF和TCS两种PPCPs结构不同，与斑马鱼胚胎相互作用时表现出的作用方式和分配规律不一样。DCF分子中含有疏水性部分如苯环，在低浓度时通过分配作用进入膜上和膜内；高浓度时通过非共价键综合作用吸附于胚胎表面，符合Freundlich模型。而TCS疏水性较强，主要通过疏水性作用分配进入膜上和膜内。大部分DCF都停留在胚胎膜外的溶液中，而只有少于 5%的 DCF 与胚胎膜发生相互作用，这部分大概等比例分配在胚胎膜膜上和膜内。而 TCS 分配作用强于 DCF，大约只有 40%TCS 停留在胚胎膜外，而 20%TCS 分布在膜上，剩下的 TCS 全部进入到膜内。斑马鱼胚胎暴露 DCF 后主要为心血管毒性和神经毒性，而暴露于 TCS 后有肝脏毒性，心血管毒性以及肠道毒性。DCF 会影响斑马鱼会影响 Wnt 信号通路的表达，其中抑制 Wnt 通路 Wnt3a 基因的表达，但是上调 Wnt 通路 Wnt8a 基因的表达；DCF 可抑制与心血管发育相关的基因 GATA4 的表达；但对与心血管发育相关的基因 Nkx2.5 的影响与药物浓度有关，低浓度时为抑制，高浓度时增加。这些基因表达的异常会导致心血管系统和神经系统发育异常，可能是 DCF 诱发斑马鱼毒性的分子机制之一。

(2) DCF 与 HSA 的结合常数为 3.36×10^4，结合位点数为 8.1，两者相互作用力以疏水性作用占主导，同时也存在静电引力作用。而 TCS 在进入 HSA 疏水腔后主要以氢键和疏水性相互作用结合在 HSA 上，结合距离为 1.81 nm，发生非辐射性能量转移形成复合物。DCF 或 TCS 与 HSA 相互作用后，导致 HSA 中色氨酸和铬氨酸残基微环境极性改变，蛋白质多肽链骨架展开，二级结构发生改变；从而影响 HSA 对维生素 B_2 的输运功能，因此过量的摄入药物和长期暴露于这些污染物将会影响人体蛋白质和酶的正常生理功能，从而引起人体健康风险。

(3) Cu^{II} 在 PG 降解过程所起的作用既包括催化水解，也包括氧化作用，这两种作用跟溶液 pH 有关。在 pH 7.0 和 9.0 时，PG 先被 Cu^{II} 催化水解成 BPC，BPC 随后被 Cu^{II} 进一步直接氧化，所有中间产物最终转化为成苯基乙酰胺。而 Cu^{II} 被还原为 Cu^{I}，Cu^{I} 在有氧条件下能够重新氧化为 Cu^{II}，Cu^{I}/Cu^{II} 的循环维持着 PG 的快速降解。无氧时 Cu^{I} 会在反应过程中积累。pH 5.0 时，Cu^{II} 所起的作用主要是水解催化，水解产生的 BPC 不会进一步被氧化降解。Cu^{II} 在 CFX 降解过程中所起的作用是直接氧化降解而不是催化水解，并且氧化作用也跟溶液 pH 有关。pH 5.0 时，由于

CFX 侧链伯胺的质子化，Cu^{II} 和 CFX 络合的概率较低，从而 CFX 不会被氧化降解；pH 7.0 和 9.0 时，Cu^{II} 首先络合于 CFX 侧链苯基甘氨酸上的伯胺，Cu^{II} 直接作用于该络合位点产生氧化产物，Cu^{II} 还可以直接氧化作用于噻嗪环，该环上的硫原子最终脱离；在 CFX 的各种形态中，Cu(CFX)OH 是主要的活性形态。AMP 与 CFX 具有相同的苯基甘氨酸侧链，与 PG 具有相同的氢化噻唑环，这种结构上的相似性导致其与 Cu^{II} 降解反应既有 PG 的特征，也有 CFX 的特征；AMP 既可以通过侧链伯胺和 Cu^{II} 络合直接被氧化，β-内酰胺环也可与 Cu^{II} 络合后催化水解，其水解速度慢于 PG，该水解产物能够被 Cu^{II} 进一步氧化降解。

（4）游离金属离子 Cu^{II}、Zn^{II}、Mn^{II} 和 Pb^{II} 不能活化 $S_2O_8^{2-}$ 产生活性自由基。有如头孢、青霉素、四环素等有机配体存在时，络合态的 Cu^{II} 能高效活化 $S_2O_8^{2-}$ 产生活性自由基 HO^- 和 SO_4^{2-}，降解有机配体。在络合态 Cu^{II} 活化 $S_2O_8^{2-}$ 的反应体系中，CFX 的降解先快后慢，并且随着 Cu^{II} 浓度的升高而加快。在不同 pH 时 CFX 和 Cu^{II} 的络合方式不同，从而对 $S_2O_8^{2-}$ 的活化性能也不同，CFX 的降解随着 pH 的升高而加快。络合状态 Cu^{II} 活化 $S_2O_8^{2-}$ 的能力和 Cu^{II} 的有机配体种类和络合方式有关，含氮原子基团络合的 Cu^{II} 有利于活化 $S_2O_8^{2-}$，而络合态的 Cu^{II} 只有在进一步和 $S_2O_8^{2-}$ 络合后才能活化其产生自由基。Cu^{II} 和供电基团络合后，Cu^{II} 处的电子密度加大，当和 $S_2O_8^{2-}$ 进一步络合后，Cu^{II} 很容易失去电子，$S_2O_8^{2-}$ 得到电子被活化产生活性自由基，降解有机配体。Cu^{II} 本身失去电子被氧化为 Cu^{III}，Cu^{III} 很不稳定，很容易重新转化为稳定状态的 Cu^{II}，与有机配体络合后重新参与到 $S_2O_8^{2-}$ 的活化中。Cu^{II}/Cu^{III} 的不断循环维持着 $S_2O_8^{2-}$ 的高效活化。

（5）不同方法合成的磁铁矿具有不同的结构特征和反应活性。超声混合法合成的磁铁矿比磁力搅拌法有更小的粒径和更大的比表面积，从而能更好地活化 $S_2O_8^{2-}$ 产生活性自由基 HO^- 和 SO_4^{2-}，而以 SO_4^{2-} 占主导，但是其化学稳定性和重复利用性能相对较低。磁铁矿对 $S_2O_8^{2-}$ 的活化在酸性条件随着 pH 的降低而升高；而在中性和碱性条件活化能力很弱。在中性条件下，磁铁矿活化 $S_2O_8^{2-}$ 的反应体系中加入 Cu^{II} 后，可通过协同作用大大提高活化性能。Cu^{II} 首先吸附到磁铁矿表面，在磁铁矿表面 Cu^{II} 被 Fe^{II} 还原成 Cu^{I}，而 Cu^{I} 和 $S_2O_8^{2-}$ 发生氧化还原反应被重新氧化为 Cu^{II}，同时产生活性自由基。Cu^{I}/Cu^{II} 在磁铁矿表面的循环维持着 $S_2O_8^{2-}$ 的活化产生自由基。磁铁矿和 EDTA 同时存在时，也可通过协同作用有效活化 $S_2O_8^{2-}$ 产生活性自由基，EDTA 降解的中间产物参与到 Fe^{II}/Fe^{III} 的氧化还原循环，而 Fe^{II}/Fe^{III} 的循环维持活化 $S_2O_8^{2-}$ 产生活性自由基。而当磁铁矿，Cu^{II} 和 EDTA 三者共同存在时，通过拮抗作用反而会降低 $S_2O_8^{2-}$ 的活化效率。

6.2 展　望

(1) 在污染物跨膜输送实验中，我们选择的实验对象是斑马鱼胚胎膜，虽然胚胎膜也是一种生物膜，但是与细胞膜还是有所区别，并且斑马鱼孵化后该膜会破裂。如果直接将培养的各种细胞暴露于污染物后，研究污染物在细胞膜上的跨膜输送规律，将会更有意义。但是与胚胎相比，细胞体积小，不易操作，污染物跨膜分布研究将遇到更大的困难和挑战，需要探索新的细胞膜分割方法。

(2) 在污染物暴露实验的分子机制研究中，还应该选择更多的基因进行基因表达分析，弄清基因表达变化的相互关系；如果能同时研究相关基因控制的蛋白表达的变化，将会更好地阐述污染物的分子毒性机制。

(3) 在污染物的降解实验中，应该采用更精密的仪器，如二级质谱，甚至三级质谱，来定性定量降解产物。同时应该采用核磁共振、红外光谱等技术手段来验证产物结构。

(4) 在污染物的降解反应中，本书主要是从反应机制、分子结构等方面进行基础研究。在实际环境条件下，污染物的降解更加复杂，环境中的共存离子、溶解性有机物、微生物、太阳光等方面都可能对降解造成影响，因此还需进一步研究在实际环境条件下污染物的降解机制。

6.3　本书特色和创新点

本书的特色和创新点主要包括以下几点。

(1) 一个新思路

从有机污染物和胚胎膜的跨膜输运过程，胚胎发育内在分子毒性机制和外观毒性表现特征三方面，将污染物致毒过程，致毒内在机制和外在宏观表现有机结合，从整体上全过程分析污染物的毒性作用，为污染物毒性研究提供新思路和新方法。

(2) 一个新发现

针对金属铜离子促进β-内酰胺抗生素的降解现象，发现其降解机理不仅有铜催化水解，铜离子也可以直接氧化β-内酰胺抗生素；金属铜离子的氧化作用与β-内酰胺抗生素的分子结构具有内在关联性。本文第一次全面系统地阐述了金属铜离子在促进β-内酰胺抗生素降解中所起的作用。

(3) 两个新机制

针对金属铜离子对过硫酸盐活化效率低的问题，提出了络合状态铜离子能够活化过硫酸盐产生硫酸根自由基的新机制；络合状态铜离子的活化性能与配体有机物的结构有关。针对纳米磁铁矿中性pHs下活化硫酸盐活化效率低的问题，发现金属铜离子的加入能够显著提高过硫酸盐活化效率，提出了金属铜离子在纳米颗粒表面的界面反应机理，以及协同作用活化机制。

附录 A　主要英文缩写词

英文缩写	英文全称	中文名称
AMP	Ampicillin	氨苄西林
AMX	Amoxicillin	阿莫西林
BC	Bathocuproinedisulfonic acid disodium salt hydrate	2,9-二甲基-4,7-二苯基-1,10-菲啰啉磺酸二钠盐
BPC	Benzyl penicilloic acid	苯基青霉素噻唑酸
CD	Circular dichroism	圆二色谱
CE-FA	Capillary electrophoresis-frontal analysis	毛细管电泳-前沿法分析法
CFX	Cefalexin	头孢氨苄
CHES	2-(cyclohexylamino)ethanesulfonic acid	2-环己胺基乙磺酸钠
DCF	Diclofenac	双氯芬酸
dpf	day post fertilization	受精后天数
dpt	day post treatment	处理后天数
EC50	Half effective concentration	半效应浓度
EDTA	Ethylene diamine tetraacetic acid	乙二胺四乙酸
ESI	Electrospray ionization	电喷雾离子化
EtOH	Ethanol	乙醇

续 表

英文缩写	英 文 全 称	中 文 名 称
Gata4	Gata binding protein 4	Gata 结合蛋白 4 基因
hpf	hour post fertilization	受精后小时数
HPLC	High Performance Liquid Chromatography	高效液相色谱
HSA	Human serum albumin	人血清白蛋白
ISCO	In situ chemical oxidation	原位化学修复
LC50	Half lethal concentration	半致死浓度
LOEC	Lowest observed effect concentration LOEC	最低可观察效应浓度
MeOH	Methanol	甲醇
MES	2 -(*N* - morpholino)ethanesulfonic acid	2 -(N -吗啉)乙磺酸
MOPS	4 - morpholinepropanesulfonic acid	3 -(N -吗啉)丙磺酸
MS	Mass spectroscopy	质谱
Nkx2. 5	Nk2 homeobox 5	Nk2 同源型基因 5
OTC	Oxytetracycline	氧四环素
PG	Penicillin G	青霉素 G
PPCPs	Pharmaceuticals and personal care products	药品和个人护理品
SEM	Scanning electronmicroscopy	扫描电镜
TBA	Tert-butanol	叔丁醇
TCS	Tricolsan	三氯生
TTC	Tetracycline	四环素
UV	Ultraviolet	紫外
Wnt3a	wingless-related MMTV integration site 3A	Wnt 信号通道基因 Wnt3a
Wnt8a	wingless-type MMTV integration site family, member 8a	Wnt 信号通道基因 Wnt8a
XRD	X - Rat Diffraction	X 射线衍射图

参考文献

[1] Daughton C G, Ternes T A. Pharmaceuticals and personal care products in the environment: agents of subtle change//Environmental Health Perspectives[M]. 1999.

[2] Kümmerer K. Pharmaceuticals in the environment: sources, fate, effects and risks, Springer[M]. 2008.

[3] Ellis J B. Pharmaceutical and personal care products (PPCPs) in urban receiving waters[J]. Environmental Pollution, 2006(144): 184 - 189.

[4] Kolpin D W, Furlong E T, Meyer M T, et al. Pharmaceuticals, hormones, and other organic wastewater contaminants in US streams, 1999 - 2000: A national reconnaissance[J]. Environmental Science & Technology, 2002(36): 1202 - 1211.

[5] Ternes T A. Occurrence of drugs in German sewage treatment plants and rivers [J]. Water Research, 1998(32): 3245 - 3260.

[6] Stumpf M, Ternes T A, Wilken R D, et al. Polar drug residues in sewage and natural waters in the state of Rio de Janeiro, Brazil[J]. Science of The Total Environment, 1999(225): 135 - 141.

[7] Kasprzyk-Hordern B, Dinsdale R M, Guwy A J. The occurrence of pharmaceuticals, personal care products, endocrine disruptors and illicit drugs in

surface water in South Wales, UK[J]. Water Research, 2008(42): 3498 - 3518.

[8] Moldovan Z, Schmutzer G, Tusa F, et al. An overview of pharmaceuticals and personal care products contamination along the river Somes watershed, Romania [J]. Journal of Environmental Monitoring, 2007(9): 986 - 993.

[9] Mompelat S, Le Bot B, Thomas O. Occurrence and fate of pharmaceutical products and by-products, from resource to drinking water[J]. Environment International, 2009(35): 803 - 814.

[10] Zorita S, Mårtensson L, Mathiasson L. Occurrence and removal of pharmaceuticals in a municipal sewage treatment system in the south of Sweden [J]. Science of The Total Environment, 2009(407): 2760 - 2770.

[11] Al-Rifai J H, Gabelish C L, Schäfer A I. Occurrence of pharmaceutically active and non-steroidal estrogenic compounds in three different wastewater recycling schemes in Australia[J]. Chemosphere, 2007(69): 803 - 815.

[12] Metcalfe C D, Koenig B G, Bennie D T, et al. Occurrence of neutral and acidic drugs in the effluents of Canadian sewage treatment plants[J]. Environmental Toxicology and Chemistry, 2003(22): 2872 - 2880.

[13] Nakada N, Komori K, Suzuki Y, et al. Occurrence of 70 pharmaceutical and personal care products in Tone River basin in Japan[J]. Water Science & Technology, 2007(56).

[14] Yoon Y, Ryu J, Oh J, et al. Occurrence of endocrine disrupting compounds, pharmaceuticals, and personal care products in the Han River (Seoul, South Korea)[J]. Science of The Total Environment, 210(408): 636 - 643.

[15] Ramaswamy B R, Shanmugam G, Velu G, et al. GC - MS analysis and ecotoxicological risk assessment of triclosan, carbamazepine and parabens in Indian rivers[J]. Journal of Hazardous Materials, 2011(186): 1586 - 1593.

[16] Sui Q, Huang J, Deng S, et al. Occurrence and removal of pharmaceuticals, caffeine and DEET in wastewater treatment plants of Beijing, China[J]. Water Research, 2010(44): 417 - 426.

[17] Shi L, Zhou X, Zhang Y, et al. Occurrence and Removal of Fluoroquinolone Antibiotics in a Sewage Treatment Plant in Shanghai, China [C]. 3rd International Conference on, IEEE, Bioinformatics and Biomedical Engineering, 2009.

[18] Zhou X, Dai C, Zhang Y, et al. A preliminary study on the occurrence and behavior of carbamazepine (CBZ) in aquatic environment of Yangtze River Delta, China[J]. Environmental Monitoring and Assessment, 2011(173): 45 - 53.

[19] Peng X, Yu Y, Tang C, et al. Occurrence of steroid estrogens, endocrine-disrupting phenols, and acid pharmaceutical residues in urban riverine water of the Pearl River Delta, South China[J]. Science of The Total Environment, 2008 (397): 158 - 166.

[20] 高海萍,周雪飞,张亚雷,等.三氯生对水生生物的毒性效应研究进展[J].环境化学,2012(31): 1145 - 1150.

[21] Moellering Jr R C. NDM - 1—a cause for worldwide concern[J]. New England Journal of Medicine, 2010(363): 2377 - 2379.

[22] Routledge E, Sheahan D, Desbrow C, et al. Identification of estrogenic chemicals in STW effluent. 2. In vivo responses in trout and roach [J]. Environmental Science & Technology, 1998(32): 1559 - 1565.

[23] Oaks J L, Gilbert M, Virani M Z, et al. Diclofenac residues as the cause of vulture population decline in Pakistan, Nature, 2004(427): 630 - 633.

[24] Prakash Reddy N C, Anjaneyulu Y, Sivasankari B, et al. Comparative toxicity studies in birds using nimesulide and diclofenac sodium [J]. Environmental Toxicology and Pharmacology, 2006(22): 142 - 147.

[25] Green R E, Taggart M A, Das D, et al. Collapse of Asian vulture populations: risk of mortality from residues of the veterinary drug diclofenac in carcasses of treated cattle[J]. Journal of Applied Ecology, 2006(43): 949 - 956.

[26] Hussain I, Khan M Z, Khan A, et al. Toxicological effects of diclofenac in four avian species[J]. Avian Pathology, 2008(37): 315 - 321.

[27] 唐光武.双氯芬酸钠对家禽的毒性作用研究[D].郑州：河南农业大学，2010.

[28] Paxus N. Removal of selected non-steroidal anti-inflammatory drugs(NSAIDs), gemfibrozil, carbamazepine, b-blockers, trimethoprim and triclosan in conventional wastewater treatment plants in five EU countries and their discharge to the aquatic environment[J]. Water Science & Technology, 2004(50): 253-260.

[29] Heberer T. Occurrence, fate, and removal of pharmaceutical residues in the aquatic environment: a review of recent research data[J]. Toxicology Letters, 2002(131): 5-17.

[30] Thomas K V, Hilton M J. The occurrence of selected human pharmaceutical compounds in UK estuaries[J]. Marine Pollution Bulletin, 2004(49): 436-444.

[31] Weigel S, Kuhlmann J, Hühnerfuss H. Drugs and personal care products as ubiquitous pollutants: occurrence and distribution of clofibric acid, caffeine and DEET in the North Sea[J]. Science of The Total Environment, 2002(295): 131-141.

[32] Grundwasser K I B O U, Heberer T, Schmidt-Bäumler K, et al. Occurrence and distribution of organic contaminants in the aquatic system in Berlin. Part I: Drug residues and other polar contaminants in Berlin surface and groundwater, Acta hydrochim[J]. Hydrobiol, 1998(26): 272-278.

[33] Heberer T. Tracking persistent pharmaceutical residues from municipal sewage to drinking water[J]. Journal of Hydrology, 2002(266): 175-189.

[34] 张爱涛，卜龙利，李薛刚，等.西安市某污水处理厂医药类污染物的分布与迁移转化规律[J].化工学报，2012(62)：3518-3524.

[35] 张爱涛.西安市某污水处理厂医药类污染物分布及迁移转化规律分析[D].西安:西安建筑科技大学，2011.

[36] Zou J, Neumann N F, Holland J W, et al. Fish macrophages express a cyclo-oxygenase-2 homologue after activation[j]. Biochem J, 1999(340): 153-159.

[37] Dietrich D, Prietz A. Fish embryotoxicity and teratogenicity of pharmaceuticals,

detergents and pesticides regularly detected in sewage treatment plant effluents and surface waters[J]. Toxicologist, 1999(48): 151.

[38] Schwaiger J, Ferling H, Mallow U, et al. Toxic effects of the non-steroidal anti-inflammatory drug diclofenac: Part I: histopathological alterations and bioaccumulation in rainbow trout[J]. Aquatic Toxicology, 2004(68): 141 - 150.

[39] Triebskorn R, Casper H, Heyd A, et al. Toxic effects of the non-steroidal anti-inflammatory drug diclofenac: Part II Cytological effects in liver, kidney, gills and intestine of rainbow trout (Oncorhynchus mykiss)[J]. Aquatic Toxicology, 2004(68): 151 - 166.

[40] Hoeger B, Köllner B, Dietrich D R, et al. Water-borne diclofenac affects kidney and gill integrity and selected immune parameters in brown trout (Salmo trutta f. fario)[J]. Aquatic Toxicology, 2005(75): 53 - 64.

[41] Ferrari B T, Paxéus N, Giudice R L, et al. Ecotoxicological impact of pharmaceuticals found in treated wastewaters: study of carbamazepine, clofibric acid, and diclofenac[J]. Ecotoxicology and Environmental Safety, 2003(55): 359 - 370.

[42] Schmitt-Jansen M, Bartels P, Adler N, et al. Phytotoxicity assessment of diclofenac and its phototransformation products[J]. Anal Bioanal Chem, 2007(387): 1389 - 1396.

[43] Rizzo L, Meric S, Kassinos D, et al. Degradation of diclofenac by TiO_2 photocatalysis: UV absorbance kinetics and process evaluation through a set of toxicity bioassays[J]. Water Research, 2009(43): 979 - 988.

[44] Shultz S, Baral H S, Charman S, et al. Diclofenac poisoning is widespread in declining vulture populations across the Indian subcontinent[J]. Proceedings of the Royal Society of London. Series B: Biological Sciences, 2004(271): S458 - S460.

[45] Green R E, Newton I, Shultz S, et al. Diclofenac poisoning as a cause of vulture population declines across the Indian subcontinent[J]. Journal of Applied

Ecology, 2004(41): 793 - 800.

[46] Cleuvers M. Mixture toxicity of the anti-inflammatory drugs diclofenac, ibuprofen, naproxen, and acetylsalicylic acid [J]. Ecotoxicology and Environmental Safety, 2004(59): 309 - 315.

[47] Piccoli A, Fiori J, Andrisano V, et al. Determination of triclosan in personal health care products by liquid chromatography (HPLC)[J]. Il Farmaco, 2002(57): 369 - 372.

[48] 周世兵,周雪飞,张亚雷,等. 三氯生在水环境中的存在行为及迁移转化规律研究进展[J]. 环境污染与防治,2008(30): 71 - 74.

[49] Yu J T, Bouwer E J, Coelhan M. Occurrence and biodegradability studies of selected pharmaceuticals and personal care products in sewage effluent[J]. Agricultural Water Management, 2006(86): 72 - 80.

[50] 周雪飞,陈家斌,周世兵,等. 污水处理系统中三氯生固相萃取(SPE气)-相色谱(GC)-电子俘获检测器(ECD)测定方法的建立和优化[J]. 环境化学,2011(30): 506 - 510.

[51] 周雪飞,陈家斌,周世兵,等. 三氯生检测方法的建立与优化[J]. 中国给水排水,2010: 126 - 129.

[52] Halden R U, Paull D H. Co-Occurrence of Triclocarban and Triclosan in U. S. Water Resources[J]. Environmental Science & Technology, 2005(39): 1420 - 1426.

[53] Chalew T E A, Halden R U. Environmental Exposure of Aquatic and Terrestrial Biota to Triclosan and Triclocarban1 [J]. Journal of the American Water Resources Association, 2009(45): 4 - 13.

[54] Bester K. Fate of Triclosan and Triclosan-methyl in sewage treatment plants and surface waters[J]. Arch Environ Contam Toxicol, 2005(49): 9 - 17.

[55] Coogan M A, Edziyie R E, La Point T W, et al. Algal bioaccumulation of triclocarban, triclosan, and methyl-triclosan in a North Texas wastewater treatment plant receiving stream[J]. Chemosphere, 2007(67): 1911 - 1918.

[56] Coogan M A, Point T W L. Snail bioaccumulation of triclocarban, triclosan, and methyltriclosan in a north texas, usa, stream affected by wastewater treatment plant runoff[J]. Environmental Toxicology and Chemistry, 2008(27): 1788 - 1793.

[57] Houtman C J, van Oostveen A M, Brouwer A, et al. Identification of estrogenic compounds in fish bile using bioassay-directed fractionation[J]. Environmental Science & Technology, 2004(38): 6415 - 6423.

[58] Valters K, Li H, Alaee M, et al. Polybrominated Diphenyl Ethers and Hydroxylated and Methoxylated Brominated and Chlorinated Analogues in the Plasma of Fish from the Detroit River[J]. Environmental Science & Technology, 2005(39): 5612 - 5619.

[59] Fair P A, Lee H B, Adams J, et al. Occurrence of triclosan in plasma of wild Atlantic bottlenose dolphins (Tursiops truncatus) and in their environment[J]. Environmental Pollution, 2009(157): 2248 - 2254.

[60] Bennett E R, Ross P S, Huff D, et al. Chlorinated and brominated organic contaminants and metabolites in the plasma and diet of a captive killer whale (Orcinus orca)[J]. Marine Pollution Bulletin, 2009(58): 1078 - 1083.

[61] Adolfsson-Erici M, Pettersson M, Parkkonen J, et al. Triclosan, a commonly used bactericide found in human milk and in the aquatic environment in Sweden [J]. Chemosphere, 2002(46): 1485 - 1489.

[62] Allmyr M, Adolfsson-Erici M, McLachlan M S, et al. Triclosan in plasma and milk from Swedish nursing mothers and their exposure via personal care products [J]. Science of The Total Environment, 2006(372): 87 - 93.

[63] Orvos D R, Versteeg D J, Inauen J, et al. Aquatic toxicity of triclosan[J]. Environmental Toxicology and Chemistry, 2002(21): 1338 - 1349.

[64] Ciniglia C, Cascone C, Giudice R L, et al. Application of methods for assessing the geno- and cytotoxicity of Triclosan to C ehrenbergii[J]. Journal of Hazardous Materials, 2005(122): 227 - 232.

[65] Kim J W, Ishibashi H, Yamauchi R, et al. Acute toxicity of pharmaceutical and personal care products on freshwater crustacean (Thamnocephalus platyurus) and fish (Oryzias latipes)[J]. Journal of toxicological sciences, 2009, 34(2): 227.

[66] Nassef M, Matsumoto S, Seki M, et al. Pharmaceuticals and personal care products toxicity to Japanese medaka fish (Oryzias latipes)[J]. Journal of the Faculty of Agriculture, Kyushu University, 2009(54): 407 - 411.

[67] Oliveira R, Domingues I, Koppe Grisolia C, et al. Effects of triclosan on zebrafish early-life stages and adults[J]. Environ Sci Pollut Res, 2009(16): 679 - 688.

[68] Nassef M, Kim S G, Seki M, et al. In ovo nanoinjection of triclosan, diclofenac and carbamazepine affects embryonic development of medaka fish (Oryzias latipes)[J]. Chemosphere, 2010(79): 966 - 973.

[69] Canesi L, Ciacci C, Lorusso L C, et al. Effects of Triclosan on Mytilus galloprovincialis hemocyte function and digestive gland enzyme activities: Possible modes of action on non target organisms[J]. Comparative Biochemistry and Physiology Part C: Toxicology & Pharmacology, 2007(145): 464 - 472.

[70] Binelli A, Cogni D, Parolini M, et al. In vivo experiments for the evaluation of genotoxic and cytotoxic effects of Triclosan in Zebra mussel hemocytes[J]. Aquatic Toxicology, 2009(91): 238 - 244.

[71] Binelli A, Cogni D, Parolini M, et al. Cytotoxic and genotoxic effects of in vitro exposure to Triclosan and Trimethoprim on zebra mussel (Dreissena polymorpha) hemocytes[J]. Comparative Biochemistry and Physiology Part C: Toxicology & Pharmacology, 2009(150): 50 - 56.

[72] Veldhoen N, Skirrow R C, Osachoff H, et al. The bactericidal agent triclosan modulates thyroid hormone-associated gene expression and disrupts postembryonic anuran development[J]. Aquatic Toxicology, 2006(80): 217 - 227.

[73] Fort D J, Rogers R L, Gorsuch J W, et al. Triclosan and Anuran

Metamorphosis: No Effect on Thyroid-Mediated Metamorphosis in Xenopus laevis[J]. Toxicological Sciences, 2010(113): 392 - 400.

[74] Foran C M, Bennett E R, Benson W H. Developmental evaluation of a potential non-steroidal estrogen: triclosan [J]. Marine Environmental Research, 2000 (50): 153 - 156.

[75] Ishibashi H, Matsumura N, Hirano M, et al. Effects of triclosan on the early life stages and reproduction of medaka Oryzias latipes and induction of hepatic vitellogenin[J]. Aquatic Toxicology, 2004(67): 167 - 179.

[76] Triclosan: environmental exposure, toxicity and mechanisms of action [J]. Journal of Applied Toxicology, 2011(31): 285 - 311.

[77] Mezcua M, Gómez M J, Ferrer I, et al. Evidence of 2, 7/2, 8-dibenzodichloro-p-dioxin as a photodegradation product of triclosan in water and wastewater samples[J]. Analytica Chimica Acta, 2004(524): 241 - 247.

[78] Fiss E M, Rule K L, Vikesland P J. Formation of chloroform and other chlorinated byproducts by chlorination of triclosan-containing antibacterial products[J]. Environmental science & technology, 2007(41): 2387 - 2394.

[79] Purcell M, Neault J F, Malonga H, et al. Interactions of atrazine and 2,4 - D with human serum albumin studied by gel and capillary electrophoresis, and FTIR spectroscopy[J]. Biochimica et Biophysica Acta (BBA)- Protein Structure and Molecular Enzymology, 2001(1548): 129 - 138.

[80] Il'ichev Y V, Perry J L, Simon J D. Interaction of Ochratoxin A with Human Serum Albumin. A Common Binding Site of Ochratoxin A and Warfarin in Subdomain IIA[J]. The Journal of Physical Chemistry B, 2001(106): 460 - 465.

[81] Uddin S, Shilpi A, Murshid G, et al. Determination of the Binding Sites of Arsenic on Bovine Serum Albumin Using Warfarin[J]. J. Biol. Sci, 2004(4): 609 - 612.

[82] Silva D I, Cortez C M, Cunha-Bastos J, et al. Methyl parathion interaction with human and bovine serum albumin[J]. Toxicology Letters, 2004(147): 53 - 61.

[83] Gao H W, Xu Q, Chen L, et al. Potential protein toxicity of synthetic pigments: binding of poncean S to human serum albumin[J]. Biophysical journal, 2008(94): 906 - 917.

[84] Wu L L, Chen L, Song C, et al. Potential enzyme toxicity of perfluorooctanoic acid[J]. Amino Acids, 2010(38): 113 - 120.

[85] Xu Z, Liu X W, Ma Y S, et al. Interaction of nano-TiO_2 with lysozyme: insights into the enzyme toxicity of nanosized particles[J]. Environ Sci Pollut Res, 2010(17): 798 - 806.

[86] Zhang Y L, Zhang X, Fei X C, et al. Binding of bisphenol A and acrylamide to BSA and DNA: insights into the comparative interactions of harmful chemicals with functional biomacromolecules[J]. Journal of hazardous materials, 2010(182): 877 - 885.

[87] Zhang X, Chen L, Fei X C, et al. Binding of PFOS to serum albumin and DNA: insight into the molecular toxicity of perfluorochemicals[J]. BMC Molecular Biology, 2009(10): 16.

[88] Østergaard J, Heegaard N H H. Capillary electrophoresis frontal analysis: Principles and applications for the study of drug-plasma protein binding[J]. Electrophoresis, 2003(24): 2903 - 2913.

[89] 赵燕燕,杨更亮,李海鹰,等. 高效前沿分析的发展及在药物-蛋白结合研究中的应用[J]. 化学通报,2003: 327 - 332.

[90] Ge F, Jiang L, Liu D, et al. Interaction between alizarin and human serum albumin by fluorescence spectroscopy[J]. Analytical Sciences, 2011(27): 79.

[91] 吴琼,李超宏,胡艳军,等. 光谱法研究咖啡因与人血清白蛋白的结合作用[J]. 中国科学: 化学,2010: 435.

[92] Donato M M, Jurado A S, Antunes-Madeira M C, et al. Bacillus stearothermophilus as a Model to Evaluate Membrane Toxicity of a Lipophilic Environmental Pollutant (DDT)[J]. Arch Environ Contam Toxicol, 1997(33): 109 - 116.

[93] Monteiro J P, Martins J D, Luxo P C, et al. Molecular mechanisms of the metabolite 4-hydroxytamoxifen of the anticancer drug tamoxifen: use of a model microorganism[J]. Toxicology in Vitro, 2003(17): 629 - 634.

[94] Donato M M, Jurado A S, Antunes-Madeira M C, et al. Effects of a Lipophilic Environmental Pollutant (DDT) on the Phospholipid and Fatty Acid Contents of Bacillus stearothermophilus[J]. Arch Environ Contam Toxicol, 1997(33): 341 - 349.

[95] Li L, Gao H W, Ren J R, et al. Binding of Sudan II and IV to lecithin liposomes and E. coli membranes: insights into the toxicity of hydrophobic azo dyes[J]. BMC Structural Biology, 2007(7): 16.

[96] Martins J, Monteiro J, Antunes-Madeira M, et al. Use of the microorganism Bacillus stearothermophilus as a model to evaluate toxicity of the lipophilic environmental pollutant endosulfan[J]. Toxicology in Vitro, 2003(17): 595 - 601.

[97] 宋超. 五种典型有机污染物的跨膜输运及致毒机理[D]. 上海: 同济大学,2011.

[98] Fei X C, Song C, Gao H W. Transmembrane transports of acrylamide and bisphenol A and effects on development of zebrafish (Danio rerio)[J]. Journal of Hazardous Materials, 2010(184): 81 - 88.

[99] Song C, Gao N Y, Gao H W. Transmembrane distribution of kanamycin and chloramphenicol: insights into the cytotoxicity of antibacterial drugs [J]. Molecular BioSystems, 2010(6): 1901 - 1910.

[100] Song C, Gao H W, Wu L L. Transmembrane transport of microcystin to Danio rerio zygotes: insights into the developmental toxicity of environmental contaminants[J]. Toxicological Sciences, 2011(122): 395 - 405.

[101] Wodzinski R S, Bertolini D. Physical state in which naphthalene and bibenzyl are utilized by bacteria[J]. Applied Microbiology, 1972(23): 1077 - 1081.

[102] Ren J R, Zhao H P, Song C, et al. Comparative transmembrane transports of four typical lipophilic organic chemicals [J]. Bioresource Technology, 2010

(101): 8632 - 8638.

[103] Leung H W, Minh T B, Murphy M B, et al. Distribution, fate and risk assessment of antibiotics in sewage treatment plants in Hong Kong, South China[J]. Environment International, 2012(42): 1 - 9.

[104] Gulkowska A, He Y, So M K, et al. The occurrence of selected antibiotics in Hong Kong coastal waters[J]. Marine Pollution Bulletin, 2007(54): 1287 - 1293.

[105] Gulkowska A, Leung H W, So M K, et al. Removal of antibiotics from wastewater by sewage treatment facilities in Hong Kong and Shenzhen, China [J]. Water Res, 2008(42): 395 - 403.

[106] Lin A Y C, Yu T H, Lateef S K. Removal of pharmaceuticals in secondary wastewater treatment processes in Taiwan[J]. Journal of Hazardous Materials, 2009(167): 1163 - 1169.

[107] Sui Q, Wang B, Zhao W, et al. Identification of priority pharmaceuticals in the water environment of China[J]. Chemosphere, 2012(89): 280 - 286.

[108] Chen H, Li X, Zhu S. Occurrence and distribution of selected pharmaceuticals and personal care products in aquatic environments: a comparative study of regions in China with different urbanization levels[J]. Environmental Science and Pollution Research, 2012(19): 2381 - 2389.

[109] Watkinson A J, Murby E J, Costanzo S D. Removal of antibiotics in conventional and advanced wastewater treatment: Implications for environmental discharge and wastewater recycling[J]. Water Res, 2007(41): 4164 - 4176.

[110] Andreozzi R, Caprio V, Ciniglia C, et al. Antibiotics in the Environment: Occurrence in Italian STPs, Fate, and Preliminary Assessment on Algal Toxicity of Amoxicillin[J]. Environmental Science & Technology, 2004(38): 6832 - 6838.

[111] Cha J M, Yang S, Carlson K H. Trace determination of beta-lactam antibiotics

in surface water and urban wastewater using liquid chromatography combined with electrospray tandem mass spectrometry[J]. Journal of Chromatography. A, 2006(1115): 46 - 57.

[112] Locatelli M, Sodré F, Jardim W. Determination of Antibiotics in Brazilian Surface Waters Using Liquid Chromatography-Electrospray Tandem Mass Spectrometry[J]. Arch Environ Contam Toxicol, 2011(60): 385 - 393.

[113] Blaha J M, Knevel A M, Kessler D P, et al. Kinetic analysis of penicillin degradation in acidic media[J]. Journal of Pharmaceutical Sciences, 1976(65): 1165 - 1170.

[114] Schneider C, De Weck A. A new chemical spect of penicillin allergy: the direct reaction of penicillin with epsilon-amino-groups[J]. Nature, 1965(208): 57 - 59.

[115] Hou J, Poole J. β - lactam antibiotics: Their physicochemical properties and biological activities in relation to structure[J]. Journal of Pharmaceutical Sciences, 1971(60): 503 - 532.

[116] Robinson-fuentes V, Jefferies T, Branch S. Degradation pathways of ampicillin in alkaline solutions[J]. Journal of Pharmacy and Pharmacology, 1997(49): 843 - 851.

[117] Malouin F, Bryan L. Modification of penicillin-binding proteins as mechanisms of beta-lactam resistance[J]. Antimicrobial Agents and Chemotherapy, 1986(30): 1.

[118] Dougherty T J, Koller A E, Tomasz A. Penicillin-binding proteins of penicillin-susceptible and intrinsically resistant Neisseria gonorrhoeae[J]. Antimicrobial Agents and Chemotherapy, 1980(18): 730 - 737.

[119] Yamana T, Tsuji A. Comparative stability of cephalosporins in aqueous solution: kinetics and mechanisms of degradation[J]. Journal of Pharmaceutical Sciences, 1976(65): 1563 - 1574.

[120] Bush K, Jacoby G A, Medeiros A A. A functional classification scheme for

beta-lactamases and its correlation with molecular structure[J]. Antimicrobial Agents and Chemotherapy, 1995(39): 1211.

[121] Tutt D E, Schwartz M A. Spectrophotometric assay of ampicillin (α aminobenzylpenicillin) involving initial benzoylation of the side chain α amino group[J]. Analytical Chemistry, 1971(43): 338 - 342.

[122] Ayim J S K, Rapson H D C. Zinc and copper(Ⅱ) ion catalyses of penicillins in alcohols[J]. J. Pharm. Pharmacol., 1972(24): 172 - 173.

[123] Navarro P G, Blázquez I H, Osso B Q, et al. Penicillin degradation catalysed by Zn (Ⅱ) ions in methanol [J]. International Journal of Biological Macromolecules, 2003(33): 159 - 166.

[124] Martínez J H, Navarro P G, Garcia A A M, et al. β - Lactam degradation catalysed by Cd^{2+} ion in methanol [J]. International Journal of Biological Macromolecules, 1999(25): 337 - 343.

[125] Navarro P G, El Bekkouri A, Reinoso E R. Spectrofluorimetric study of the degradation of α - amino β - lactam antibiotics catalysed by metal ions in methanol[J]. Analyst, 1998(123): 2263 - 2266.

[126] Cressman W A, Sugita E T, Doluisio J T, et al. Cupric ion-catalyzed hydrolysis of penicillins: Mechanism and site of complexation [J]. Journal of Pharmaceutical Sciences, 1969(58): 1471 - 1476.

[127] Gensmantel N P, Gowling E W, Page M I. Metal ion catalysis in the aminolysis of penicillin, Journal of the Chemical Society[J]. Perkin Transactions 1978(2): 335 - 342.

[128] Deshpande A D, Baheti K G, Chatterjee N R. Degradation of beta-lactam antibiotics[J]. Curr. Sci., 2004(87): 1684 - 1695.

[129] Uri J V, Actor P, Phillips L, et al. Structure dependent catalytic effect of cupric ion on the hydrolysis of cephalosporins[J]. Experientia, 1975(31): 54 - 56.

[130] Watts R J, Teel A L. Treatment of contaminated soils and groundwater using

ISCO, Practice Periodical of Hazardous[J]. Toxic, and Radioactive Waste Management, 2006(10): 2 - 9.

[131] Huie R E, Clifton C L, Neta P. Electron transfer reaction rates and equilibria of the carbonate and sulfate radical anions, International Journal of Radiation Applications and Instrumentation [J]. Part C. Radiation Physics and Chemistry, 1991(38): 477 - 481.

[132] Pennington D E, Haim A. Stoichiometry and mechanism of the chromium(Ⅱ)-peroxydisulfate reaction[J]. Journal of the American Chemical Society, 1968 (90): 3700 - 3704.

[133] George C, Rassy H E, Chovelon J M. Reactivity of selected volatile organic compounds (VOCs) toward the sulfate radical (SO_4^{2-})[J]. International Journal of Chemical Kinetics, 2001(33): 539 - 547.

[134] Kislenko V, Berlin A, Litovchenko N. Kinetics of oxidation of glucose by persulfate ions in the presence of Mn(Ⅱ) ions[J]. Kinetics and Catalysis, 1997 (38): 359 - 364.

[135] Forsey S P. In situ chemical oxidation of creosote/coal tar residuals: Experimental and numerical investigation[D]. University of Waterloo, 2004.

[136] Neta P, Madhavan V, Zemel H, et al. Rate constants and mechanism of reaction of sulfate radical anion with aromatic compounds[J]. Journal of the American Chemical Society, 1977(99): 163 - 164.

[137] 赵进英,张耀斌,全燮,等. 加热和亚铁离子活化过硫酸钠氧化降解 4 - CP 的研究[J]. 环境科学,2010: 1233 - 1238.

[138] Kolthoff I, Miller I. The chemistry of persulfate. I The kinetics and mechanism of the decomposition of the persulfate ion in aqueous medium1[J]. Journal of the American Chemical Society, 1951(73): 3055 - 3059.

[139] Liang C, Wang Z S, Bruell C J. Influence of pH on persulfate oxidation of TCE at ambient temperatures[J]. Chemosphere, 2007(66): 106 - 113.

[140] Huang K C, Couttenye R A, Hoag G E. Kinetics of heat-assisted persulfate

oxidation of methyl tert-butyl ether (MTBE)[J]. Chemosphere, 2002(49): 413 - 420.

[141] House D A. Kinetics and mechanism of oxidations by peroxydisulfate[J]. Chemical Reviews, 1962(62): 185 - 203.

[142] Anipsitakis G P, Dionysiou D D. Radical generation by the interaction of transition metals with common oxidants [J]. Environmental Science & Technology, 2004(38): 3705 - 3712.

[143] Tsitonaki A, Petri B, Crimi M, et al. In situ chemical oxidation of contaminated soil and groundwater using persulfate: a review[J]. Critical Reviews in Environmental Science and Technology, 2010(40): 55 - 91.

[144] Dahmani M A, Huang K, Hoag G E. Sodium persulfate oxidation for the remediation of chlorinated solvents (USEPA superfund innovative technology evaluation program)[J]. Water, Air, & Soil Pollution: Focus, 2006(6): 127 - 141.

[145] Nadim F, Huang K C, Dahmani A M. Remediation of soil and ground water contaminated with PAH using heat and Fe(Ⅱ)- EDTA catalyzed persulfate oxidation[J]. Water, Air, & Soil Pollution: Focus, 2006(6): 227 - 232.

[146] Liang C, Bruell C J, Marley M C, et al. Persulfate oxidation for in situ remediation of TCE II Activated by chelated ferrous ion[J]. Chemosphere, 2004(55): 1225 - 1233.

[147] Liang C, Bruell C J, Marley M C, et al. Persulfate oxidation for in situ remediation of TCE. I. Activated by ferrous ion with and without a persulfate-thiosulfate redox couple[J]. Chemosphere, 2004(55): 1213 - 1223.

[148] Liang C J, Bruell C J, Marley M C, et al. Thermally activated persulfate oxidation of trichloroethylene (TCE) and 1, 1, 1 - trichloroethane (TCA) in aqueous systems and soil slurries[J]. Soil and Sediment Contamination: An International Journal, 2003(12): 207 - 228.

[149] Sabri N, Hanna K, Yargeau V. Chemical oxidation of ibuprofen in the presence

of iron species at near neutral pH[J]. Science of The Total Environment, 2012 (427 - 428): 382 - 389.

[150] Crimi M L, Taylor J. Experimental evaluation of catalyzed hydrogen peroxide and sodium persulfate for destruction of BTEX contaminants [J]. Soil & sediment contamination, 2007(16): 29 - 45.

[151] Robinson D, Brown R, Dablow J, et al. Chemical oxidation of MGP residuals and dicyclopentadiene at a former MGP site, in: Proceedings of the Fourth International Conference on the Remediation of Chlorinated and Recalcitrant Compounds[C]. Monterey, Calif, 2004.

[152] Malato S, Blanco J, Richter C, et al. Enhancement of the rate of solar photocatalytic mineralization of organic pollutants by inorganic oxidizing species [J]. Applied Catalysis B: Environmental, 1998(17): 347 - 356.

[153] 李炳智.超声/过硫酸盐联合降解 1,1,1 -三氯乙烷的机理研究[J].安全与环境学报,2013: 29 - 36.

[154] 赵大传,于萍.微波活化过硫酸盐降解活性艳红 K - 2BP 废水[J].安徽大学学报(自然科学版): 1.

[155] 杨世迎,杨鑫,王萍,等.过硫酸盐高级氧化技术的活化方法研究进展[J].现代化工,2009: 13 - 19.

[156] Anipsitakis G P. Cobalt/peroxymonosulfate and related oxidizing reagents for water treatment[D]. University of Cincinnati, 2005.

[157] Chu W, Lau T K, Fung S C. Effects of combined and sequential addition of dual oxidants ($H_2O_2/S_2O_8^{2-}$) on the aqueous carbofuran photodegradation[J]. Journal of Agricultural and Food Chemistry, 2006(54): 10047 - 10052.

[158] Oh S Y, Kim H W, Park J M, et al. Oxidation of polyvinyl alcohol by persulfate activated with heat, Fe^{2+}, and zero-valent iron [J]. Journal of Hazardous Materials, 2009(168): 346 - 351.

[159] Liang H W, Sun H Q, Patel A, et al. Excellent performance of mesoporous Co_3O_4/MnO_2 nanoparticles in heterogeneous activation of peroxymonosulfate for

phenol degradation in aqueous solutions[J]. Appl. Catal. B-Environ., 2012(127): 330-335.

[160] Yang Q, Choi H, Al-Abed S R, et al. Iron-cobalt mixed oxide nanocatalysts: Heterogeneous peroxymonosulfate activation, cobalt leaching, and ferromagnetic properties for environmental applications[J]. Applied Catalysis B: Environmental, 2009(88): 462-469.

[161] Shi P, Su R, Zhu S, et al. Supported cobalt oxide on graphene oxide: Highly efficient catalysts for the removal of Orange II from water[J]. Journal of Hazardous Materials, 2012(229-230): 331-339.

[162] Muhammad S, Shukla P R, Tadé M O, et al. Heterogeneous activation of peroxymonosulphate by supported ruthenium catalysts for phenol degradation in water[J]. Journal of Hazardous Materials, 2012(215-216): 183-190.

[163] Shi P, Su R, Wan F, et al. Co_3O_4 nanocrystals on graphene oxide as a synergistic catalyst for degradation of Orange II in water by advanced oxidation technology based on sulfate radicals[J]. Applied Catalysis B: Environmental, 2012(123-124): 265-272.

[164] Neppolian B, Choi H, Sakthivel S, et al. Solar light induced and TiO_2 assisted degradation of textile dye reactive blue 4[J]. Chemosphere, 2002(46): 1173-1181.

[165] Ahmad M, Teel A L, Watts R J. Persulfate activation by subsurface minerals [J]. Journal of Contaminant Hydrology, 2010(115): 34-45.

[166] Block P A, Brown R A, Robinson D. Novel activation technologies for sodium persulfate in situ chemical oxidation [C]. Proceedings of the Fourth International Conference on the remediation of chlorinated and recalcitrant compounds, 2004.

[167] Lee Y C, Lo S L, Chiueh P T, et al. Efficient decomposition of perfluorocarboxylic acids in aqueous solution using microwave-induced persulfate[J]. Water Research, 2009(43): 2811-2816.

[168] Bennedsen L R, Muff J, Søgaard E G. Influence of chloride and carbonates on the reactivity of activated persulfate[J]. Chemosphere, 2012(86): 1092 - 1097.

[169] Liang C, Liang C P, Chen C C. pH dependence of persulfate activation by EDTA/Fe(Ⅲ) for degradation of trichloroethylene[J]. Journal of Contaminant Hydrology, 2009(106): 173 - 182.

[170] Kimmel C B, Ballard W W, Kimmel S R, et al. Stages of embryonic development of the zebrafish[J]. Developmental Dynamics, 1995(203): 253 - 310.

[171] Ferrari B, Paxéus N, Lo Giudice R, et al. Ecotoxicological impact of pharmaceuticals found in treated wastewaters: study of carbamazepine, clofibric acid, and diclofenac[J]. Ecotoxicology and Environmental Safety, 2003(55): 359 - 370.

[172] van den Brandhof E J, Montforts M. Fish embryo toxicity of carbamazepine, diclofenac and metoprolol[J]. Ecotoxicology and Environmental Safety, 2010(73): 1862 - 1866.

[173] Hallare A V, Köhler H R, Triebskorn R. Developmental toxicity and stress protein responses in zebrafish embryos after exposure to diclofenac and its solvent, DMSO[J]. Chemosphere, 2004(56): 659 - 666.

[174] Praskova E, Voslarova E, Siroka Z, et al. Assessment of diclofenac LC50 reference values in juvenile and embryonic stages of the zebrafish (Danio rerio)[J]. Polish Journal of Veterinary Sciences, 2011(14): 545 - 549.

[175] Kelly G M, Greenstein P, Erezyilmaz D F, et al. Zebrafish wnt8 and wnt8b share a common activity but are involved in distinct developmental pathways[J]. Development, 1995(121): 1787 - 1799.

[176] Shimizu T, Bae Y K, Muraoka O, et al. Interaction of Wnt and caudal-related genes in zebrafish posterior body formation[J]. Developmental Biology, 2005(279): 125 - 141.

[177] Erter C E, Wilm T P, Basler N, et al. Wnt8 is required in lateral mesendodermal precursors for neural posteriorization in vivo[J]. Development,

2001(128): 3571-3583.

[178] Lekven A C, Thorpe C J, Waxman J S, et al. Zebrafish Wnt8 Encodes Two Wnt8 Proteins on a Bicistronic Transcript and Is Required for Mesoderm and Neurectoderm Patterning[J]. Developmental Cell, 2001(1): 103-114.

[179] Agathon A, Thisse C, Thisse B. The molecular nature of the zebrafish tail organizer[J]. Nature, 2003(424): 448-452.

[180] Takada S, Stark K L, Shea M J, et al. Wnt3a regulates somite and tailbud formation in the mouse embryo[J]. Genes & Development, 1994(8): 174-189.

[181] Durocher D, Charron F, Warren R, et al. The cardiac transcription factors Nkx2-5 and GATA-4 are mutual cofactors[J]. EMBO J, 1997(16): 5687-5696.

[182] Zhang Y Y, Wang C G, Huang L X, et al. Low-level pyrene exposure causes cardiac toxicity in zebrafish (Danio rerio) embryos[J]. Aquatic Toxicology, 2012(114): 119-124.

[183] Balci M M, Akdemir R. NKX2.5 mutations and congenital heart disease: Is it a marker of cardiac anomalies[J]. International Journal of Cardiology, 2011(147): 44-45.

[184] Jamali M, Rogerson P J, Wilton S, et al. Nkx2-5 Activity Is Essential for Cardiomyogenesis[J]. Journal of Biological Chemistry, 2001(276): 42252-42258.

[185] Holtzinger A, Evans T. Gata4 regulates the formation of multiple organs[J]. Development, 2005(132): 4005-4014.

[186] Lickert H, Takeuchi J K, von Both I, et al. Baf60c is essential for function of BAF chromatin remodelling complexes in heart development[J]. Nature, 2004(432): 107-112.

[187] Takeuchi J K, Bruneau B G. Directed transdifferentiation of mouse mesoderm to heart tissue by defined factors[J]. Nature, 2009(459): 708-711.

[188] Olson E N. Gene Regulatory Networks in the Evolution and Development of the Heart[J]. Science, 2006(313): 1922 - 1927.

[189] Labieniec M, Gabryelak T. Interactions of tannic acid and its derivatives (ellagic and gallic acid) with calf thymus DNA and bovine serum albumin using spectroscopic method[J]. Journal of Photochemistry and Photobiology B: Biology, 2006(82): 72 - 78.

[190] Chen F F, Tang Y N, Wang S L, et al. Binding of brilliant red compound to lysozyme: insights into the enzyme toxicity of water-soluble aromatic chemicals [J]. Amino Acids, 2009(36): 399 - 407.

[191] Heinze A, Holzgrabe U. Determination of the extent of protein binding of antibiotics by means of an automated continuous ultrafiltration method[J]. International Journal of Pharmaceutics, 2006(311): 108 - 112.

[192] Singh S S, Mehta J. Measurement of drug-protein binding by immobilized human serum albumin-HPLC and comparison with ultrafiltration[J]. Journal of Chromatography B, 2006(834): 108 - 116.

[193] Alebic-Kolbah T, Kajfez F, Rendic S, et al. Circular dichroism and gel filtration study of binding of prochiral and chiral 1,4 - benzodiazepin - 2 - ones to human serum albumin[J]. Biochemical Pharmacology, 1979(28): 2457 - 2464.

[194] Wang H, Zou H, Zhang Y. Quantitative Study of Competitive Binding of Drugs to Protein by Microdialysis/High-Performance Liquid Chromatography[J]. Analytical Chemistry, 1998(70): 373 - 377.

[195] Zhang X, Chen L, Fei X C, et al. Binding of PFOS to serum albumin and DNA: insight into the molecular toxicity of perfluorochemicals[J]. BMC Molecular Biology, 2009(10): 1 - 12.

[196] Tanaka Y, Terabe S. Estimation of binding constants by capillary electrophoresis[J]. Journal of Chromatography B: Analytical Technologies in the Biomedical and Life Sciences, 2002(768): 81 - 92.

[197] Vuignier K, Schappler J, Veuthey J L, et al. Improvement of a capillary electrophoresis/frontal analysis (CE/FA) method for determining binding constants: Discussion on relevant parameters[J]. Journal of Pharmaceutical and Biomedical Analysis, 2010(53): 1288 - 1297.

[198] Hage D S, Austin J. High-performance affinity chromatography and immobilized serum albumin as probes for drug — and hormone-protein binding [J]. Journal of Chromatography B: Biomedical Sciences and Applications, 2000 (739): 39 - 54.

[199] Wu L L, Gao H W, Gao N Y, et al. Interaction of perfluorooctanoic acid with human serum albumin[J]. BMC Structural Biology, 2009(9): 1 - 7.

[200] Zsila F, Bikádi Z, Simonyi M. Probing the binding of the flavonoid, quercetin to human serum albumin by circular dichroism, electronic absorption spectroscopy and molecular modelling methods[J]. Biochemical Pharmacology, 2003(65): 447 - 456.

[201] Ross P D, Subramanian S. Thermodynamics of protein association reactions: forces contributing to stability[J]. Biochemistry, 1981(20): 3096 - 3102.

[202] Trnkova L, Bousova I, Stankova V, et al. Study on the interaction of catechins with human serum albumin using spectroscopic and electrophoretic techniques [J]. Journal of Molecular Structure, 2010(985): 243 - 250.

[203] 任娇蓉.多环芳烃跨膜分配作用及致毒分子机制研究[D].上海：华东师范大学,2007.

[204] Zhang Y Z, Zhou B, Zhang X P, et al. Interaction of malachite green with bovine serum albumin: Determination of the binding mechanism and binding site by spectroscopic methods[J]. Journal of Hazardous Materials, 2009(163): 1345 - 1352.

[205] Jiang C Q, Gao M X, Meng X Z. Study of the interaction between daunorubicin and human serum albumin, and the determination of daunorubicin in blood serum samples[J]. Spectrochimica Acta Part A: Molecular and Biomolecular

Spectroscopy，2003(59)：1605 - 1610.

[206] Ware W R. Oxygen Quenching of fluorescence in solution: an experimental study of the diffusion process[J]. The Journal of Physical Chemistry，1962(66)：455 - 458.

[207] Jiang C Q，Gao M X，He J X. Study of the interaction between terazosin and serum albumin: Synchronous fluorescence determination of terazosin[J]. Analytica Chimica Acta，2002(452)：185 - 189.

[208] Rahman M H，Maruyama T，Okada T，et al. Study of interaction of carprofen and its enantiomers with human serum albumin — I: Mechanism of binding studied by dialysis and spectroscopic methods[J]. Biochemical Pharmacology，1993(46)：1721 - 1731.

[209] Bhattacharya A A，Curry S，Franks N P. Binding of the General Anesthetics Propofol and Halothane to Human Serum Albumin: high resolution crystal structures[J]. Journal of Biological Chemistry，2000(275)：38731 - 38738.

[210] Förster T. Zwischenmolekulare Energiewanderung und Fluoreszenz[J]. Annalen der Physik，1948(437)：55 - 75.

[211] Horrocks W D，Collier W E. Lanthanide ion luminescence probes. Measurement of distance between intrinsic protein fluorophores and bound metal ions: quantitation of energy transfer between tryptophan and terbium(Ⅲ) or europium(Ⅲ) in the calcium-binding protein parvalbumin[J]. Journal of the American Chemical Society，1981(103)：2856 - 2862.

[212] Sklar L A，Hudson B S，Simoni R D. Conjugated polyene fatty acids as fluorescent probes: synthetic phospholipid membrane studies[J]. Biochemistry，1977(16)：819 - 828.

[213] Mahammed A，Gray H B，Weaver J J，et al. Amphiphilic Corroles Bind Tightly to Human Serum Albumin[J]. Bioconjugate Chemistry，2004(15)：738 - 746.

[214] Apicella B，Ciajolo A，Tregrossi A. Fluorescence Spectroscopy of Complex

Aromatic Mixtures[J]. Analytical Chemistry, 2004(76) :2138 - 2143.

[215] Yu X, Liu R, Yang F, et al. Study on the interaction between dihydromyricetin and bovine serum albumin by spectroscopic techniques[J]. Journal of Molecular Structure, 2011(985): 407 - 412.

[216] Zhang H M, Chen J, Zhou Q H, et al. Study on the interaction between cinnamic acid and lysozyme[J]. Journal of Molecular Structure, 2011(987): 7 - 12.

[217] Mote U S, Han S H, Patil S R, et al. Effect of temperature and pH on interaction between bovine serum albumin and cetylpyridinium bromide: Fluorescence spectroscopic approach[J]. Journal of Luminescence, 2010(130): 2059 - 2064.

[218] Ding F, Liu W, Li Y, et al. Determining the binding affinity and binding site of bensulfuron-methyl to human serum albumin by quenching of the intrinsic tryptophan fluorescence [J]. Journal of Luminescence, 2010 (130): 2013 - 2021.

[219] Ding F, Zhao G, Chen S, et al. Chloramphenicol binding to human serum albumin: Determination of binding constants and binding sites by steady-state fluorescence[J]. Journal of Molecular Structure, 2009(929): 159 - 166.

[220] Cui F L, Fan J, Li J P, et al. Interactions between 1-benzoyl - 4-p-chlorophenyl thiosemicarbazide and serum albumin: investigation by fluorescence spectroscopy[J]. Bioorganic & Medicinal Chemistry, 2004(12): 151 - 157.

[221] Dodd M C, Rentsch D, Singer H P, et al. Transformation of β - Lactam antibacterial agents during aqueous ozonation: reaction pathways and quantitative bioassay of biologically-active oxidation products [J]. Environmental Science & Technology, 2010(44): 5940 - 5948.

[222] Sher A, Veber M, Marolt-Gomišček M. Spectroscopic and polarographic investigations: Copper(Ⅱ)- penicillin derivatives[J]. International Journal of Pharmaceutics, 1997(148): 191 - 199.

[223] Kümmerer K. Antibiotics in the aquatic environment — A review — Part II[J]. Chemosphere, 2009(75): 435 - 441.

[224] Cohen N C. Beta-lactam antibiotics-geometrical requirements for anti-bacterial activities[J]. Journal of Medicinal Chemistry, 1983(26): 259 - 264.

[225] Page M I. The mechanisms of reactions of . beta. -lactam antibiotics[J]. Accounts of Chemical Research, 1984(17): 144 - 151.

[226] Kakemi K, Sezaki H, Iwamoto K, et al. Studies on the Stability of Drugs in Biological Media. III. Effect of Cupric Ion on the Stability and Antibacterial Activity of Penicillins in Culture Medium[J]. Chemical & Pharmaceutical Bulletin, 1971(19): 730 - 736.

[227] Solomon E I, Sundaram U M, Machonkin T E. Multicopper Oxidases and Oxygenases[J]. Chemical Reviews, 1996(96): 2563 - 2606.

[228] Canhota F P, Salomão G C, Carvalho N M F, et al. Cyclohexane oxidation catalyzed by 2,2′- bipyridil Cu(Ⅱ) complexes[J]. Catalysis Communications, 2008(9): 182 - 185.

[229] Lieberman R L, Shrestha D B, Doan P E, et al. Purified particulate methane monooxygenase from Methylococcus capsulatus (Bath) is a dimer with both mononuclear copper and a copper-containing cluster[J]. Proceedings of the National Academy of Sciences of the United States of America, 2003(100): 3820 - 3825.

[230] Gamez P, Aubel P G, Driessen W L, et al. Homogeneous bio-inspired copper-catalyzed oxidation reactions[J]. Chemical Society Reviews, 2001(30): 376 - 385.

[231] Chen X, Hao X S, Goodhue C E, et al. Cu(Ⅱ)- Catalyzed Functionalizations of Aryl C - H Bonds Using O_2 as an Oxidant[J]. Journal of the American Chemical Society, 2006(128): 6790 - 6791.

[232] Rodionov V O, Presolski S I, Díaz Díaz D, et al. Ligand-Accelerated Cu - Catalyzed Azide-Alkyne Cycloaddition: A Mechanistic Report[J]. Journal

of the American Chemical Society, 2007(129): 12705 - 12712.

[233] Moffett J W, Zika R G. Measurement of copper(I) in surface waters of the subtropical Atlantic and Gulf of Mexico[J]. Geochimica et Cosmochimica Acta, 1988(52): 1849 - 1857.

[234] Pérez-Almeida N, González-Dávila M, Santana-Casiano J M, et al. Oxidation of Cu(I) in Seawater at Low Oxygen Concentrations[J]. Environmental Science & Technology, 2012(47): 1239 - 1247.

[235] Yuan X, Pham A N, Xing G, et al. Effects of pH, Chloride, and Bicarbonate on Cu(I) Oxidation Kinetics at Circumneutral pH[J]. Environmental Science & Technology, 2011(46): 1527 - 1535.

[236] Huang C H, Stone A T. Synergistic catalysis of dimetilan hydrolysis by metal ions and organic ligands[J]. Environmental Science & Technology, 2000(34): 4117 - 4122.

[237] Itoh T, Hisada H, Usui Y, et al. Hydrolysis of phosphate esters catalyzed by copper(II)- triamine complexes. The effect of triamine ligands on the reactivity of the copper(II) catalysts[J]. Inorganica Chimica Acta, 1998(283): 51 - 60.

[238] Huang C H, Stone A T. Transformation of the plant growth regulator daminozide (Alar) and structurally related compounds with Cu - II ions: Oxidation versus hydrolysis[J]. Environmental Science & Technology, 2003 (37): 1829 - 1837.

[239] Jungbluth G, Ruhling I, Ternes W. Oxidation of flavonols with Cu(II), Fe (II) and Fe(III) in aqueous media[J]. Journal of the Chemical Society, Perkin Transactions 2, 2000: 1946 - 1952.

[240] Kamau P, Jordan R B. Kinetic Study of the Oxidation of Catechol by Aqueous Copper(II)[J]. Inorganic Chemistry, 2002(41): 3076 - 3083.

[241] Boehm J R, Balch A L, Bizot K F, et al. Oxidation of 1,1 - dimethylhydrazine by cupric halides. Isolation of a complex of 1, 1 - dimethyldiazene and a salt containing the 1, 1, 5, 5 - tetramethylformazanium ion[J]. Journal of the

American Chemical Society, 1975(97): 501 - 508.

[242] Pham A N, Rose A L, Waite T D. Kinetics of Cu(Ⅱ) Reduction by Natural Organic Matter[J]. The Journal of Physical Chemistry A, 2012(116): 6590 - 6599.

[243] Fernández-González A, Badía R, Díaz-García M E. Insights into the reaction of β - lactam antibiotics with copper(Ⅱ) ions in aqueous and micellar media: Kinetic and spectrometric studies[J]. Analytical Biochemistry, 2005(341): 113 - 121.

[244] Moffett J W, Zika R G, Petasne R G. Evaluation of bathocuproine for the spectro-photometric determination of copper(Ⅰ) in copper redox studies with applications in studies of natural waters[J]. Analytica Chimica Acta, 1985(175): 171 - 179.

[245] Kheirolomoom A, Kazemi-Vaysari A, Ardjmand M, et al. The combined effects of pH and temperature on penicillin G decomposition and its stability modeling[J]. Process Biochemistry, 1999(35): 205 - 211.

[246] Pan S C. Simultaneous Determination of Penicillin and Penicilloic Acid in Fermentation Samples by Colorimetric Method[J]. Analytical Chemistry, 1954(26): 1438 - 1444.

[247] Gensmantel N P, Proctor P, Page M I. Metal-ion catalysed hydrolysis of some [small beta]-lactam antibiotics[J]. Journal of the Chemical Society, Perkin Transactions 2, 1980: 1725 - 1732.

[248] Chen W R, Huang C H. Transformation of Tetracyclines Mediated by Mn(Ⅱ) and Cu(Ⅱ) Ions in the Presence of Oxygen[J]. Environmental Science & Technology, 2009(43): 401 - 407.

[249] Yuan X, Pham A N, Miller C J, et al. Copper-Catalyzed Hydroquinone Oxidation and Associated Redox Cycling of Copper under Conditions Typical of Natural Saline Waters[J]. Environmental Science & Technology, 2013(47): 8355 - 8364.

[250] Alekseev V G. Metal complexes of penicillins and cephalosporins (Review)[J]. Pharm Chem J, 2012(45): 679 - 697.

[251] Cressman W A, Sugita E T, Doluisio J T, et al. Complexation of penicillins and penicilloic acids by cupric ion[J]. Journal of Pharmacy and Pharmacology, 1966(18): 801 - 808.

[252] Moffett J W, Zika R G. Oxidation kinetics of Cu(Ⅰ) in seawater: implications for its existence in the marine environment[J]. Marine Chemistry, 1983(13): 239 - 251.

[253] Kamau P, Jordan R B. Complex Formation Constants for the Aqueous Copper (Ⅰ) - Acetonitrile System by a Simple General Method [J]. Inorganic Chemistry, 2001(40): 3879 - 3883.

[254] Fazakerley G V, Jackson G E. Metal ion coordination by some penicillin and cephalosporin antibiotics[J]. Journal of Inorganic and Nuclear Chemistry, 1975 (37): 2371 - 2375.

[255] Hay R W, Basak A K, Pujari M P, et al. The copper(Ⅱ) promoted hydrolysis of benzylpenicillin. Evidence for the participation of a Cu - OH species in the hydrolysis of the [small beta]-lactam ring[J]. Journal of the Chemical Society-Dalton Transactions, 1989: 197 - 201.

[256] Lapshin S V, Alekseev V G. Copper (Ⅱ) complexation with ampicillin, amoxicillin, and cephalexin[J]. Russ. J. Inorg. Chem., 2009(54): 1066 - 1069.

[257] Mandal S, Kazmi N H, Sayre L M. Ligand dependence in the copper-catalyzed oxidation of hydroquinones[J]. Archives of Biochemistry and Biophysics, 2005 (435): 21 - 31.

[258] Teel A L, Ahmad M, Watts R J. Persulfate activation by naturally occurring trace minerals[J]. Journal of Hazardous Materials, 2011(196): 153 - 159.

[259] Yan J C, Lei M, Zhu L H, et al. Degradation of sulfamonomethoxine with Fe_3O_4 magnetic nanoparticles as heterogeneous activator of persulfate[J].

Journal of Hazardous Materials, 2011(186): 1398 - 1404.

[260] Fang G D, Dionysiou D D, Al-Abed S R, et al. Superoxide radical driving the activation of persulfate by magnetite nanoparticles: Implications for the degradation of PCBs[J]. Applied Catalysis B: Environmental, 2013(129): 325 - 332.

[261] Nfodzo P, Choi H. Triclosan decomposition by sulfate radicals: Effects of oxidant and metal doses[J]. Chemical Engineering Journal, 2011(174): 629 - 634.

[262] Liu C S, Shih K, Sun C X, et al. Oxidative degradation of propachlor by ferrous and copper ion activated persulfate [J]. Science of The Total Environment, 2012(416): 507 - 512.

[263] Xu L, Wang J. Fenton-like degradation of 2,4 - dichlorophenol using Fe_3O_4 magnetic nanoparticles[J]. Applied Catalysis B: Environmental, 2012(123 - 124): 117 - 126.

[264] Wang N, Zhu L, Wang D, et al. Sono-assisted preparation of highly-efficient peroxidase-like Fe_3O_4 magnetic nanoparticles for catalytic removal of organic pollutants with H_2O_2[J]. Ultrasonics Sonochemistry, 2010(17): 526 - 533.

[265] Yamana T, Tsuji A, Kanayama K, et al. Comparative stabilities of cephalosporins in aqueous solution[J]. The Journal of antibiotics, 1974(27): 1000 - 1002.

[266] Wendlandt A E, Suess A M, Stahl S S. Copper-Catalyzed Aerobic Oxidative C H Functionalizations: Trends and Mechanistic Insights [J]. Angewandte Chemie International Edition, 2011(50): 11062 - 11087.

[267] Amonette J E, Workman D J, Kennedy D W, et al. Dechlorination of Carbon Tetrachloride by Fe(Ⅱ) Associated with Goethite[J]. Environmental Science & Technology, 2000(34): 4606 - 4613.

后 记

光阴如梭，同济的几年求学生涯将告一段落。

值本文完成之际，我要衷心地感谢我的导师张亚雷教授。从本书的选题构思、研究开展到初稿的润色修改，都凝聚着您的心血和智慧。您国际化的学术视野和严谨勤奋的治学风格让我永志不忘，深刻影响着我日后的工作和学习。您分析问题的睿智和运筹帷幄、统揽全局的气魄，给了很多的启示和激励。您治学、处事、为人的高尚品格，更是给我树立了崇高的榜样。来到同济后，您自始至终给予我极大的支持、鼓励和宽容。感谢您为我提供了丰富的科研资源和宽松的科研氛围，让我能够顺利地完成课题研究；感谢您为我提供各种学术交流的机会并且推荐我到美国学习深造，让我能够进一步锻炼和提高。感谢您教导我们如何待人接物和为人处事，使我在能力和信心等方面有了全面地提高。

感谢环境学院部洪文教授，本文毒性作用部分能够顺利地完成，离不开您的悉心指导和严格要求。从最初文稿的设计，到最后的书写，都倾注了您的大量心血。您严谨求实的治学风范、锲而不舍的科学精神使我受益终身；您在科研上触类旁通、大跨度地思维方式更是让我深深地敬佩！

感谢我的硕士导师周雪飞教授。自从来到同济后，周老师在学习、生活和工作上都给予了我极大地关心和帮助。您渊博的知识、严谨的态度和开阔的视野深深地感染和激励着我。感谢您对我在科研选题的引导和帮助，在本书写作中孜孜不倦的教诲。感谢您在我科研遇到困难时对我的关心和鼓励。感谢您对我在外地实验和国外联合培养时对我一如既往的关心和帮助。

感谢我在美国佐治亚理工学院市政与环境工程系的副导师 Ching-Hua Huang 教授。您渊博的知识和新兴污染物研究中高深的造诣让我受益匪浅。您严谨的科研态度和耐心的科研品质值得我永远学习。永远怀念与您每周一次科研讨论中的“头脑风暴”，是您的鼓励和支持我才有勇气去攻克科研中的难题，才能圆满完成科研课题。此外，还要感谢 Gatech 的 Guangxuan Zhu 博士对我实验仪器使用上的帮助和指导；特别感谢校友孙佩哲博士在科研和生活中的帮助；感谢朋友 Wan-Ning Lee，Jay E Renew，Jonathan C Callura，Wenlong Zhang，Weiling Sun 等在实验上的帮助；感谢徐勇教授、骆健美教授、贲伟伟研究员等在生活上的关心和帮助，与你们在异国他乡的相遇让我同样感受到家的温暖。

在学习和科研工作中，感谢师兄沈峥博士、代朝猛博士、苏鸿洋博士、褚华强博士、蒋明博士、宋超博士和师姐石璐博士、桑文静博士等对我学术上的指导和生活上的关心，你们的帮助让我在科研上少走了很多弯路，祝你们在工作和生活中一切顺利。感谢苑辉、张纯敏、刘战广、黄丽、孟伟忠、侯艳娇、李佳晶、洪洁、文志潘、陈小华、滑熠龙、胡茂东、孙振、杨鸿瑞、李金鹏、李俊鹏、陈潇、邵迎、高海萍、张勤、刘红梅等在书稿期间给予的帮助和支持，祝你们都有一个美好的前程。

感谢我的家人、朋友，感谢他们的关怀、鼓励和支持。

最后，再次深深地感谢导师张亚雷教授和所有关心过我的老师和同学们，真诚地祝愿你们永远幸福快乐！

陈家斌